普通高等教育"十二五"规划教材

土木工程制图

TUMU GONGCHENG ZHITU

周佳新　王志勇　主　编

刘　鹏　沈丽萍　韦　杰　副主编

邓学雄　主　审

U0293800

TUMU GONGCHENG ZHITU

化学工业出版社

·北京·

本书共分 9 章，重点介绍制图的基本知识、建筑形体的表达方法、建筑施工图、钢筋混凝土结构施工图、钢结构施工图、设备施工图、路桥涵隧工程图、机械工程图等内容。

本书可作为土木工程、道桥工程、城市地下空间工程、安全、力学、测绘、环境工程、暖通、给排水、建筑学、园林、规划、环境设计、工程管理、造价、土地、房地产、城市、物业、电气、自动化、智能、通信、信息等专业本科、专科学生的教学用书，也可供相关工程技术人员参考。

与本书配套的《土木工程制图习题及解答》（周佳新主编）由化学工业出版社同时出版发行。教材与习题解答均有配套的 PPT 课件。

图书在版编目（CIP）数据

土木工程制图/周佳新，王志勇主编. —北京：化学
工业出版社，2015.1（2020.7重印）
普通高等教育"十二五"规划教材
ISBN 978-7-122-22295-4

Ⅰ.①土…　Ⅱ.①周…②王…　Ⅲ.①土木工程-建筑
制图-高等学校-教材　Ⅳ.①TU204

中国版本图书馆 CIP 数据核字（2014）第 260667 号

责任编辑：满悦芝　石　磊　　　　　　　　文字编辑：刘丽菲
责任校对：吴　静　　　　　　　　　　　　装帧设计：关　飞

出版发行：化学工业出版社（北京市东城区青年湖南街 13 号　邮政编码 100011）
印　　装：大厂聚鑫印刷有限公司
787mm×1092mm　1/16　印张 16½　字数 483 千字　2020 年 7 月北京第 1 版第 4 次印刷

购书咨询：010-64518888　　　　　　　　售后服务：010-64518899
网　　址：http://www.cip.com.cn
凡购买本书，如有缺损质量问题，本社销售中心负责调换。

定　　价：35.00 元　　　　　　　　　　　　　　　　版权所有　违者必究

前　言

　　土木工程制图是土木工程、道桥工程、城市地下空间工程、安全、力学、测绘、环境工程、暖通、给排水、建筑学、园林、规划、环境设计、工程管理、造价、土地、房地产、城市、物业、电气、自动化、智能、通信、信息等土木建筑类各专业必修的技术基础课程之一，是工程技术人员表达设计思想的理论基础。本书综合了各专业的教学特点，依据教育部批准印发的《普通高等院校工程图学课程教学基本要求》，并根据当前土木工程制图教学改革的发展，结合多年从事工程实践及土木工程制图教学的经验而编写。

　　本书遵循认知规律，将工程实践与理论相融合，以新规范为指导，通过实例、图文结合的形式，循序渐进地介绍了土木工程制图的基本知识、读图的思路、方法和技巧，精选内容，强调实用性和可读性。教材的体系具有科学性、启发性和实用性。

　　全书共分 9 章，在内容的编排顺序上进行了优化，主要讲授制图的基本知识、建筑形体表达方法、建筑施工图、钢筋混凝土结构施工图、钢结构施工图、设备施工图、路桥涵隧工程图、机械工程图等内容。着重培养学生的空间想象、空间分析、空间表达问题的能力，为后续课程打基础。

　　与本书配套使用的《土木工程制图习题及解答》（周佳新主编）同时出版，可供选用。教材和习题解答均有配套 PPT 课件，需要者可与出版社或周佳新教授（zhoujiaxin@sohu.com）联系。

　　本书的编写工作由沈阳建筑大学的周佳新、王志勇、刘鹏、沈丽萍、王铮铮、张喆、姜英硕、李鹏、张楠、马晓娟、牛彦；辽宁科技学院的方亦元、韦杰；沈阳城市建设学院的王娜、赵欣、李琪、陈璐、宋小艳、李丽；沈阳大学的潘苏蓉等承担。由周佳新、王志勇任主编，刘鹏、沈丽萍、韦杰任副主编。

　　本书承蒙华南理工大学邓学雄教授审阅，提出了许多宝贵的意见和建议，在此我们表示衷心的感谢！

　　由于水平所限，书中难免出现疏漏，敬请各位读者批评指正。

编　者

2015 年 1 月

目　录

绪　　论

一、课程的性质和目的

　　本课程是土木建筑类各专业必修的技术基础课。主要研究用投影法图示和图解空间几何问题的理论和方法。通过本课程的学习，使学生具有图示和图解空间几何问题的能力，为后续课程打基础。

　　图样被喻为"工程界的语言"，它是工程技术人员表达技术思想的重要工具，是工程技术部门交流技术经验的重要资料。图是有别于文字、声音的另一种人类思想活动的交流工具。所谓的"图"通常是指绘制在画纸、图纸上的二维平面图形、图案、图样等。我们是生活在三维的空间里，要用二维的平面图形去表达三维的立体（空间）。如何用二维图形准确地表达三维的形体，以及如何准确地理解二维图形所表达的三维形体，就是土木工程制图课程要研究的主要问题。

　　工程是一切与生产、制造、建设、设备等相关的重大的工作门类的总称，如机械工程、建筑工程、化学工程等。每个行业都有其自身的专业体系和专业规范，相应的有机械图、建筑图、化工图等之分。然而，这些工程图样也有其共性之处，主要体现在几何形体的构成及表达、图样的投影原理、工程图通用规范的应用以及工程问题的分析方法上。本课程将主要研究这些问题，重点介绍土木工程制图。

二、课程的内容和研究对象

　　土木工程制图的主要内容有两部分：土木工程制图基础和相关专业制图。

　　土木工程制图基础包括：制图的基本知识与技能、绘图工具和仪器的使用方法、建筑形体的表达方法等，其主要内容是介绍、贯彻国家有关制图标准。该部分是学习土木工程制图基本知识和技能的首要渠道。

　　相关专业制图包括：建筑施工图、钢筋混凝土结构施工图、钢结构施工图、设备施工图、路桥涵隧工程图、机械工程图等内容。其主要内容是介绍土木建筑相关专业的各种专业图的表达及绘制方法。该部分着重培养学生相关专业图的绘制、阅读等能力。

三、课程的任务和学习方法

　　课程的任务是：

① 学习国家相应制图标准的规定，为绘制和应用各种工程图样打下理论基础。

② 培养土木建筑形体的图示与创新能力。

③ 培养绘制和阅读各类土木建筑工程图的初步能力。

④ 培养空间想象力和分析能力。

⑤ 培养认真负责的工作态度和严谨细致的工作作风。

　　课程的学习方法：

（1）联系的观点　画法几何、平面几何、立体几何同属几何学范畴，应联系起来学习。

（2）投影的观点　运用投影的方法，掌握投影的规律。

（3）想象的观点　会画图（将空间几何关系用投影的方法绘制到平面上）、会看图（已绘制完成的平面图形应想象出空间立体的形状）。

（4）实践的观点　理论联系实际，独立完成一定的作业、练习。

总之，本课程的学习有一个鲜明的特点，就是用图来表达设计思想。首先，听课是学习本课程内容的重要手段。课程中各章节的概念和难点，通过教师在课堂上形象地讲授，容易理解和接受；其次，必须认真地解题读图，及时完成一定数量的作业，有一个量的积累。读图和画图的过程是实现空间思维分析的过程，也是培养空间逻辑思维和想象能力的过程。只有通过实践，才能检验是否真正地掌握了课堂上所学的内容。本课程是为以后的课程学习和工作打下坚实的基础。

四、课程的发展概述

中国是具有几千年历史的文明古国，早在公元前春秋时期的《周礼·考工记》中，就有"规"（即圆规）、"矩"（即直尺）、"绳墨"（即墨斗）、"悬"（即铅垂线）、"水"（即水平线）等绘图工具、仪器的记载。

1977年，在河北省平山县出土了战国时期（约公元前四世纪）的铜板——"兆域图"，如图0-1所示。"兆"是中国古代对墓域的称谓，图中绘制的是中山王陵的规划设计平面图，是迄今世界上罕见的早期建筑图样。

图 0-1　"兆域图"

1100年前后北宋时期的李诫，总结了我国两千多年的建筑技术和成就，写下了《营造法式》这部经典著作。书中有图样一千多幅，其中包括了当今仍然在应用的用投影法绘制的平面图、立面图、剖面图、大样图等，如图0-2所示的是大木作殿堂结构示意图。《营造法式》是世界上最早的建筑规范巨著。

计算机应用技术的日臻成熟，极大地促进了图学的发展，计算机图形学的兴起开创了图学应用和发展的新纪元。以计算机图形学为基础的计算机辅助设计（CAD）技术，推动了几乎所有领域的设计革命。设计者可以在计算机所提供的虚拟空间中进行构思设计，设计的"形"与生产的"物"之间，是以计算机的"数"进行交换的，亦即以计算机中的数据取代了图纸中的图样，这种三维的设计理念对传统的二维设计方法带来了强烈的冲击，也是今后工程应用发展的方向。

值得一提的有两点：一是计算机的广泛应用，并不意味着可以取代人的作用；二是

图 0-2 《营造法式》大木作殿堂结构示意图

CAD/CAPP/CAM 一体化，实现无纸生产，并不等于无图生产，而且对图提出了更高的要求。计算机的广泛应用，CAD/CAPP/CAM 一体化，技术人员可以用更多的时间进行创造性的设计工作，而创造性的设计离不开运用图形工具进行表达、构思和交流。所以，随着 CAD 和无纸生产的发展，图形的作用不仅不会削弱，反而显得更加重要。因此，作为从事土木建筑工程的技术人员，掌握工程图学的知识是必不可少的。

第一章　制图的基本知识

根据投影原理、标准或有关规定，表示工程对象，并有必要的技术说明的图称为图样。图样被喻为工程界的语言，是工程技术人员用来表达设计思想，进行技术交流的重要工具。为便于绘制、阅读和管理工程图样，国家标准管理机构依据国际标准化组织制定的国际标准，制定并颁布了各种工程图样的制图国家标准，简称"国标"，代号"GB"。其中，技术制图标准适用于工程界各种专业技术图样。有关土木制图的国家标准主要包括：总纲性质的《房屋建筑制图统一标准》（GB/T 50001—2010）和专业部分的《总图制图标准》（GB/T 50103—2010）、《建筑制图标准》（GB/T 50104—2010）、《建筑结构制图标准》（GB/T 50105—2010）、《建筑给水排水制图标准》（GB/T 50106—2010）、《暖通空调制图标准》（GB/T 50114—2010）。工程建设人员应熟悉并严格遵守国家标准的有关规定。

本章主要介绍《技术制图图纸幅面和格式》（GB/T 14689—2008）、《技术制图比例》（GB/T 14690—1993）、《技术制图字体》（GB/T 14691—1993）和《房屋建筑制图统一标准》（GB/T 50001—2010）中有关制图技能的基本知识及基本规定。

第一节　制图标准的基本规定

一、图幅和格式

1. 图幅

图幅即图纸幅面的大小，图纸的幅面是指图纸宽度与长度组成的图面。为了使用和管理图纸方便、规整，所有设计图纸的幅面必须符合国家标准的规定，见表1-1。

表1-1　图纸幅面及图框尺寸　　　　　　　　　　　　　　单位：mm

幅面代号	A0	A1	A2	A3	A4
尺寸($b \times l$)	841×1189	594×841	420×594	297×420	210×297
c		10			5
a			25		

必要时允许选用规定的加长幅面，图纸的短边一般不应加长，长边可以加长，但应符合表1-2的规定。

表1-2　图纸长边加长尺寸　　　　　　　　　　　　　　　单位：mm

幅面尺寸	长边尺寸	长边加长后尺寸
A0	1189	1486　1635　1783　1932　2080　2230　2378
A1	841	1051　1261　1471　1682　1892　2102
A2	594	743　891　1041　1189　1338　1486　1635　1783　1932　2080
A3	420	630　841　1051　1261　1471　1682　1892

注：有特殊需要的图纸，可采用$b \times l$为841×891与1189×1261的幅面。

2. 格式

图框是图纸上限定绘图区域的线框，是图纸上绘图区域的边界线。图框的格式有横式和立式两种，以短边作为垂直边称为横式，以短边作为水平边称为立式，如图1-1所示。

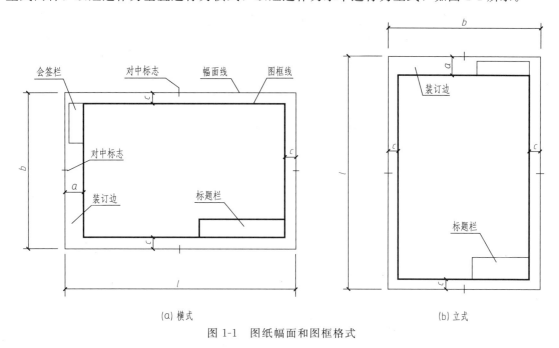

(a) 横式　　　　　　　　　　　(b) 立式

图1-1　图纸幅面和图框格式

一般A0～A3图纸宜横式使用，必要时也可立式使用。在绘制图样时应优先选用表1-1中所规定的图纸幅面和图框尺寸，必要时允许按国标有关规定加长图纸长边，短边一般不加长，加长详细尺寸可查阅表1-2。

二、标题栏和会签栏

1. 标题栏

由名称及代号区、签字区、更改区和其他区组成的栏目称为标题栏。标题栏是用来标明设计单位、工程名称、图名、设计人员签名和图号等内容的，必须画在图框内右下角，标题栏中的文字方向代表看图方向，如图1-2所示。涉外工程的标题栏内，各项主要内容的中文下方应附有译文，设计单位的上方或左方应加注"中华人民共和国"字样。

图1-2　标题栏

2. 会签栏

会签栏是各设计专业负责人签字用的一个表格，如图1-3所示。会签栏宜画在图框外侧，如图 1-1 所示。不需会签的图纸可不设会签栏。

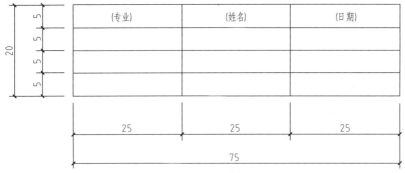

图 1-3　会签栏

3. 对中标志

需要缩微复制的图纸，可采用对中标志。对中标志应画在图纸各边的中点处，线宽应为 0.35mm，伸入框区内应为 5mm，如图 1-1 所示。

三、图线

1. 图线宽度

为了使图样表达统一和使图面清晰，国家标准规定了各类工程图样中图线的宽度 b，绘图时，应根据图样的复杂程度与比例大小，从下列线宽系列中选取线型宽度：$b＝2.0$mm、1.4mm、1.0mm、0.7mm、0.50mm、0.35mm，常用的 b 值为 0.35～1.0mm；工程图样中线型宽度分粗、中、细三种，线宽比率为 4：2：1。按表 1-3 所规定的线宽比例确定粗线、中线、细线，由此得到绘图所需的线宽组。

表 1-3　线宽组　　　　　　　　　　　　　　　　　　单位：mm

线宽	线宽组					
b	2.0	1.4	1.0	0.7	0.5	0.35
$0.5b$	1.0	0.7	0.5	0.35	0.25	0.18
$0.25b$	0.5	0.35	0.25	0.18		

注：1. 需要微缩的图纸，不宜采用 0.18mm 及更细的线宽。

2. 同一张图纸内，各不同线宽中的细线，可统一采用较细的线宽组的细线。

图纸的图框和标题栏线，可采用表 1-4 线宽。

表 1-4　图框、标题栏的线宽　　　　　　　　　　　　单位：mm

图幅代号	图框线	标题栏	
		外框线	分格线
A0、A1	1.4	0.7	0.35
A2、A3、A4	1.0	0.7	0.35

2. 图线线型及用途

各类图线线型及其主要用途列于表 1-5。

3. 图线的要求及注意事项

① 同一张图纸内，相同比例的各个图样，应选用相同的线宽组；

② 同一种线型的图线宽度应保持一致。图线接头处要整齐，不要留有空隙；

表 1-5　图线

名　称		线　型	线宽/mm	主要用途
实线	粗	——————————	b	主要可见轮廓线,图名下横线、剖切线
	中	——————————	$0.5b$	可见轮廓线
	细	——————————	$0.25b$	可见轮廓线、尺寸线、标注引出线、标高符号,索引符号,图例线
虚线	粗	– – – – – – –	b	详见有关专业制图标准,如采暖回水管、排水管
	中	– – – – – – –	$0.5b$	不可见轮廓线
	细	– – – – – – –	$0.25b$	不可见轮廓线、图例线
单点长画线	粗	—— · —— · ——	b	详见有关专业制图标准,如柱间支撑、垂直支撑、设备基础轴线图中的中心线
	细	—— · —— · ——	$0.25b$	定位轴线、对称线、中心线
双点长画线	粗	—— ·· —— ·· ——	b	详见有关专业制图标准,如预应力钢筋线
	细	—— ·· —— ·· ——	$0.25b$	假想轮廓线、成型前原始轮廓线
折断线		30° / 30°	$0.25b$	断开界线
波浪线		～～～	$0.25b$	断开界线

③ 虚线、点画线的线段长度和间隔宜各自相等;

④ 点画线的两端不应是点。各种图线彼此相交处,都应画成线段,而不应是间隔或画成"点"。虚线为实线的延长线时,两者之间不得连接,应留有空隙,如图 1-4 所示;

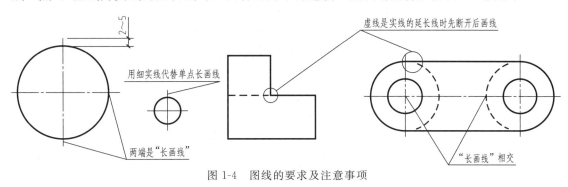

图 1-4　图线的要求及注意事项

⑤ 图线不得与文字、数字或符号重叠、混淆,不可避免时,应首先保证文字的清晰。图线在实际绘图中的用法如图 1-5 所示。

四、字体

字体指图样上汉字、数字、字母和符号等的书写形式,国家标准规定书写字体均应"字体工整、笔划清晰、排列整齐、间隔均匀",标点符号应清楚正确。文字、数字或符号的书写大小用号数表示。字体号数表示的是字体的高度,应从如下系列中选用:$h=1.8$、2.5、3.5、5、7、10、14、20。字体宽度约为 $h/\sqrt{2}$。如 10 号字的字体高度为 10mm,字体宽度约为 7mm。

1. 汉字

图样及说明中的汉字应采用国家公布的简化字,宜采用长仿宋体书写,字号一般不小于

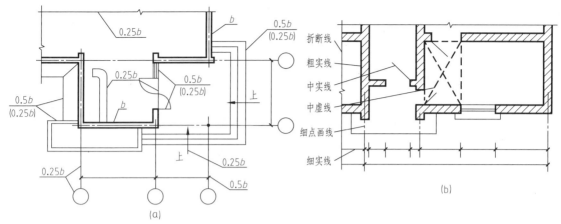

图 1-5　图线的用法

3.5。书写长仿宋体的基本要领：横平竖直、注意起落、结构均匀、填满方格。如图 1-6 所示为长仿宋体字示例。

图 1-6　长仿宋体字示例

2. 数字和字母

阿拉伯数字、拉丁字母和罗马字母的字体有正体和斜体（逆时针向上倾斜 75°）两种写法，它们的字号一般不小于 2.5。拉丁字母示例如图 1-7 所示，罗马数字、阿拉伯数字示例如图 1-8 所示。用作指数、分数、注脚等的数字及字母一般应采用小一号字体。

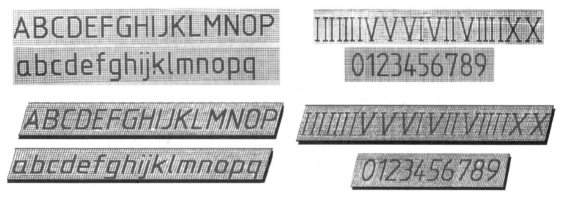

图 1-7　拉丁字母示例（正体与斜体）　　　图 1-8　罗马数字、阿拉伯数字示例（正体与斜体）

五、比例

图样中图形与实物相应要素的线性尺寸之比称为比例。绘图所选用的比例是根据图样的用途和被绘对象的复杂程度来确定的。图样一般应选用表 1-6 所示的常用比例，特殊情况下也可选用可用比例。

表 1-6　绘图比例

常用比例	1∶1	1∶2	1∶5	1∶10	1∶20	1∶50	
	1∶100	1∶150	1∶200	1∶500	1∶1000	1∶2000	
	1∶5000	1∶10000	1∶2000	1∶50000	1∶100000	1∶200000	
可用比例	1∶3	1∶4	1∶6	1∶15	1∶30	1∶40	1∶60	1∶80
	1∶250	1∶300	1∶400	1∶600			

比例必须采用阿拉伯数字表示，比例一般应标注在标题栏中的"比例"栏内，如 1∶50 或 1∶100 等。比例一般注写在图名的右侧，字的基准下对齐，比例的字高一般比图名的字高小 1 号或 2 号，如：<u>基础平面图</u>1∶100

比例分为原值比例、放大比例和缩小比例三种。原值比例即比值为 1∶1 的比例；放大比例即为比值大于 1 的比例，如 2∶1 等；缩小比例即为比值小于 1 的比例，如 1∶2 等，如图 1-9 所示。

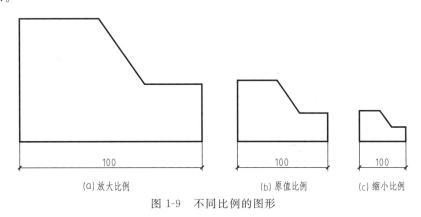

图 1-9　不同比例的图形

六、尺寸标注

图形只能表达形体的形状，而形体的大小则必须依据图样上标注的尺寸来确定。尺寸标注是绘制工程图样的一项重要内容，是施工的依据，应严格遵照国家标准中的有关规定，保证所标注的尺寸完整、清晰、准确。

1. 尺寸的组成与基本规定

图样上的尺寸由尺寸界线、尺寸线、尺寸起止符号和尺寸数字四部分组成，如图 1-10（a）所示。

（1）尺寸界线　用细实线绘制，表示被注尺寸的范围。一般应与被注长度垂直，其一端应离开图样轮廓线不小于 2mm，另一端宜超出尺寸线 2～3mm，如图 1-10（a）所示。必要时，图样轮廓线可用作尺寸界线，如图 1-10（b）所示的 240 和 3360。

（2）尺寸线　表示被注线段的长度。用细实线绘制，不能用其他图线代替。尺寸线应与被注长度平行，且不宜超出尺寸界线。每道尺寸线之间的距离一般为 7mm，如图 1-10（b）

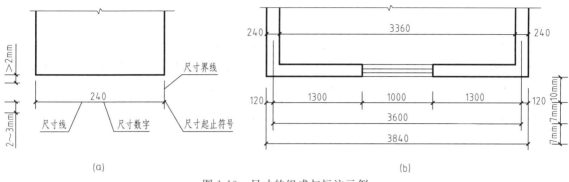

图 1-10　尺寸的组成与标注示例

所示。

（3）尺寸起止符号　一般应用中粗斜短线绘制，其倾斜方向与尺寸界线成顺时针 45°

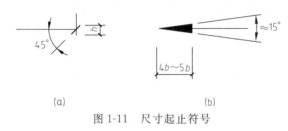

图 1-11　尺寸起止符号

角，高度（h）宜为 2～3mm，如图 1-11（a）所示。半径、直径、角度与弧长的尺寸起止符号应用箭头表示，箭头尖端与尺寸界线接触，不得超出也不得分开，如图 1-11（b）所示。

（4）尺寸数字　表示被注尺寸的实际大小，它与绘图所选用的比例和绘图的准确程度无关。图样上的尺寸应以尺寸数字为准，不得从图上直接量取。尺寸的单位除标高和总平面图以 m（米）为单位外，其他一律以 mm（毫米）为单位，图样上的尺寸数字不再注写单位。同一张图样中，尺寸数字的大小应一致。

尺寸数字应按如图 1-12（a）所示规定的方向注写。若尺寸数字在 30° 斜线区内，宜如图 1-12（b）所示的形式注写。

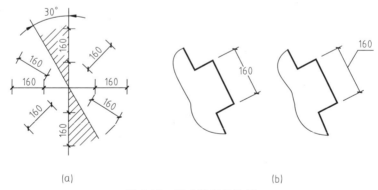

图 1-12　尺寸数字的注写

（5）尺寸的排列与布置　尺寸宜标注在图样轮廓线以外，不宜与图线、文字及符号等相交；互相平行的尺寸线，应从图样轮廓线由内向外整齐排列，小尺寸在内，大尺寸在外；尺寸线与图样轮廓线之间的距离不宜小于 10mm，尺寸线之间的间距为 7～10mm，并保持一致，如图 1-10（b）所示。

狭小部位的尺寸界线较密，尺寸数字没有位置注写时，最外边的尺寸数字可写在尺寸界线外侧，中间相邻的可错开或引出注写，如图 1-13 所示。

2. 直径、半径、球径的尺寸标注

标注圆的直径或半径尺寸时，在直径或半径数字前应加注符号"ϕ"或"R"。在圆内标注的直径尺寸线应通过圆心画成斜线，圆内的半径尺寸线的一端从圆心开

图 1-13　狭小部位的尺寸标注

始，圆外的半径尺寸线应指向圆心。直径尺寸线、半径尺寸线不可用中心线代替。标注球的直径或半径尺寸时，应在直径或半径数字前加注符号"$S\phi$"或"SR"，如图 1-14 所示。

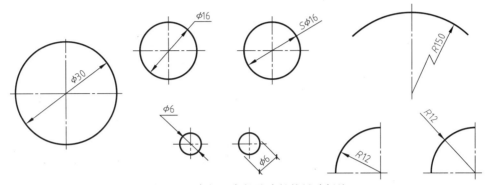

图 1-14　直径、半径及球径的尺寸标注

3. 角度、弧长、弦长的尺寸标注

① 角度的尺寸线画成圆弧，圆心应是角的顶点，角的两条边为尺寸界线。角度数字一律水平书写。如果没有足够的位置画箭头，可用圆点代替箭头，如图 1-15（a）所示。

② 标注圆弧的弧长时，尺寸线应以与该圆弧线同心的圆弧表示，尺寸界限垂直于该圆弧的切线方向，用箭头表示起止符号，弧长数字的上方应加注圆弧符号，如图 1-15（b）所示。

③ 标注圆弧的弦长时，尺寸线应以平行于该弦的直线表示，尺寸界限垂直于该弦，起止符号以中粗斜短线表示，如图 1-15（c）所示。

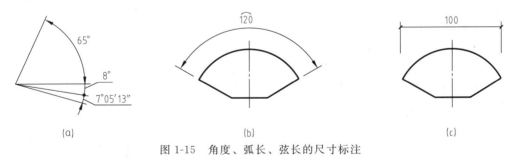

图 1-15　角度、弧长、弦长的尺寸标注

4. 坡度、薄板厚度、正方形、非圆曲线等的尺寸标注

① 坡度可采用百分数或比例的形式标注。在坡度数字下，应加注坡度符号（单面箭头），箭头应指向下坡方向，如图 1-16（a）所示。坡度也可用直角三角形形式标注，如图 1-16（b）所示。

② 在薄板板面标注板的厚度时，应在表示厚度的数字前加注符号"t"，如图 1-17 所示。

③ 在正方形的一边标注正方形的尺寸，可以采用"边长×边长"表示法，如图 1-18（a）所示。也可以在边长数字前加注表示正方形的符号"□"，如图 1-18（b）所示。

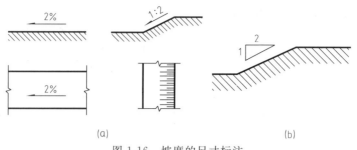

(a)   (b)

图 1-16　坡度的尺寸标注

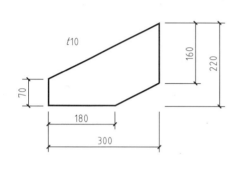

图 1-17　薄板厚度的尺寸标注

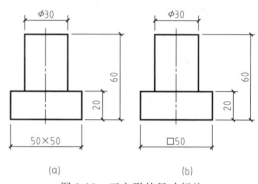

(a)   (b)

图 1-18　正方形的尺寸标注

④ 外形为非圆曲线的构件，一般用坐标形式标注尺寸，如图 1-19 所示。

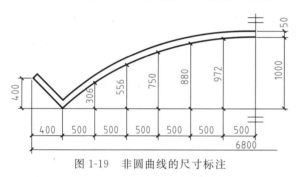

图 1-19　非圆曲线的尺寸标注

图 1-20　复杂图形的尺寸标注

⑤ 复杂的图形，可用网格形式标注尺寸，如图 1-20 所示。

5. 尺寸的简化标注

① 杆件或管线的长度，在单线图（如桁架简图、钢筋简图、管线简图等）上，可直接将尺寸数字沿杆件或管线的一侧注写，但读数方法依旧按前述规则执行，如图 1-21 所示。

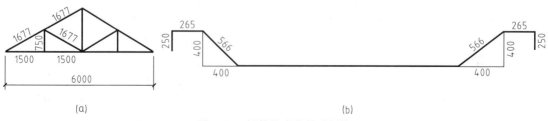

(a)   (b)

图 1-21　杆件长度的尺寸标注

② 连续排列的等长尺寸，可采用"个数×等长尺寸＝总长"的乘积形式表示，如图 1-22 所示。

③ 构配件内具有诸多相同构造要素（如孔、槽）时，可只标注其中一个要素的尺寸，如图 1-23 所示。

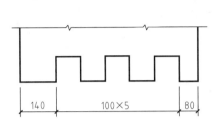

图 1-22　等长尺寸的尺寸标注

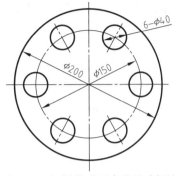

图 1-23　相同构造要素的尺寸标注

④ 对称构配件采用对称省略画法时，该对称构配件的尺寸线应略超过对称符号，仅在尺寸线的一端画尺寸起止符号，尺寸数字应按整体全尺寸注写，其注写位置宜与对称符号对齐，如图 1-24 所示。

⑤ 两个构配件，如个别尺寸数字不同，可在同一图样中将其中一个构配件的不同尺寸数字注写在括号内，该构配件的名称也应注写在相应的括号内，如图 1-25 所示。

图 1-24　对称构配件的尺寸标注

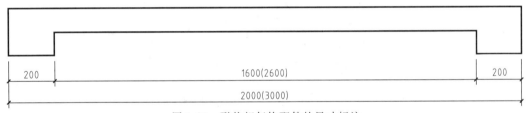

图 1-25　形状相似构配件的尺寸标注

⑥ 数个构配件，如仅某些尺寸不同，这些有变化的尺寸数字，可用拉丁字母注写在同一图样中，其具体尺寸另列表格写明，如图 1-26 所示。

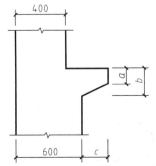

构件编号	a	b	c
$Z-1$	200	200	200
$Z-2$	250	450	200
$Z-3$	200	450	250

图 1-26　多个相似构配件尺寸的列表标注

七、图例

以图形规定出的画法称为图例，图例应按"国标"规定画法绘出。在绘制工程图中，如用了一些"国标"上没有的图例，应在图纸的适当位置加以说明。

常用建筑材料图例见表1-7。

表1-7　常用建筑材料图例

序号	名　称	图　例	说　明
1	自然土壤		包括各种自然土壤
2	夯实土壤		
3	砂、灰土		靠近轮廓线点较密
4	砂砾石、碎砖、三合土	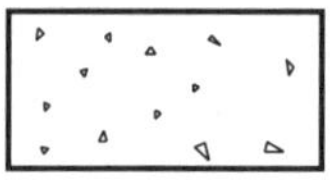	
5	天然石材	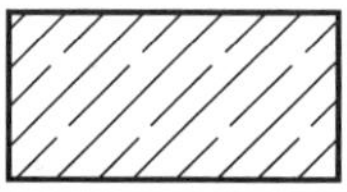	包括岩层、砌体、铺地、贴面等材料
6	毛石	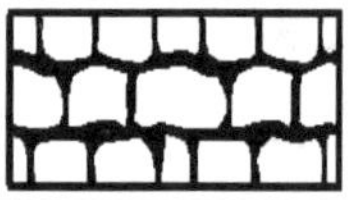	
7	普通砖	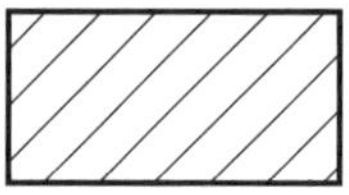	1. 包括砌体、砌块； 2. 断面较窄,不易画出图例线时可涂红
8	耐火砖	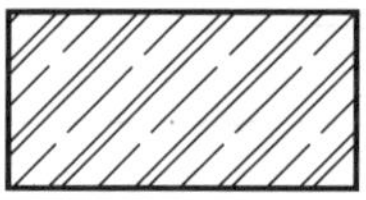	包括耐酸砖等
9	空心砖		包括各种多孔砖
10	饰面砖		包括铺地砖、陶瓷锦砖、人造大理石等
11	混凝土	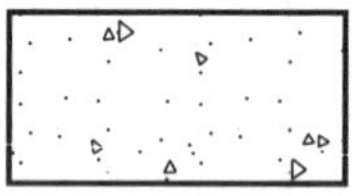	1. 本图例仅适用于能承重的混凝土及钢筋混凝土； 2. 包括各种标号、集料、添加剂的混凝土； 3. 在剖面图上画出钢筋时,不画图例线； 4. 断面较窄,不易画出图例线时,可涂黑
12	钢筋混凝土	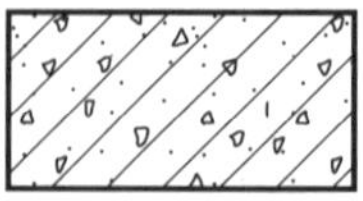	
13	焦渣、矿渣	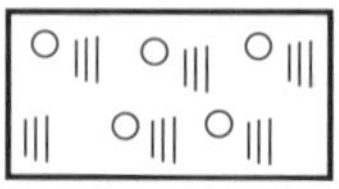	包括与水泥、石灰等混合而成的材料
14	多孔材料	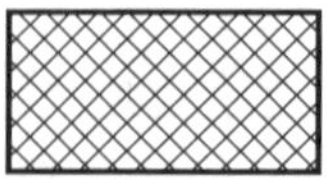	包括水泥珍珠岩、沥青珍珠岩、泡沫混凝土、非承重加气混凝土、泡沫塑料、软木等
15	纤维材料		包括丝麻、玻璃棉、矿渣棉、木丝板、纤维板等

序号	名 称	图 例	说 明
16	松散材料		包括木屑、石灰木屑、稻壳等
17	木材	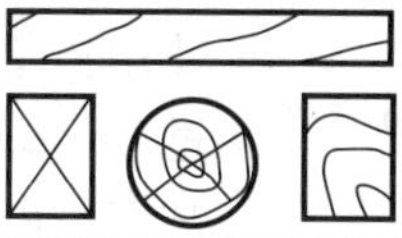	1. 上图为横断面,下图左为垫木、木砖、木龙骨; 2. 下图中右为纵断面
18	胶合板		应注明×层胶合板
19	石膏板	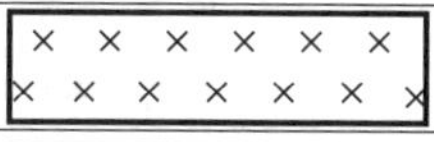	
20	金属		1. 包括各种金属; 2. 图形小时,可涂黑
21	网状材料		1. 包括金属、塑料等网状材料; 2. 注明材料
22	液体		注明液体名称
23	玻璃	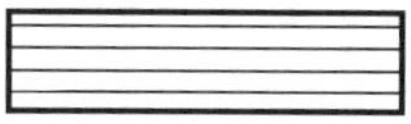	包括平板玻璃、磨砂玻璃、夹丝玻璃、钢化玻璃等
24	橡胶	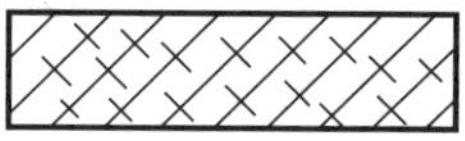	
25	塑料	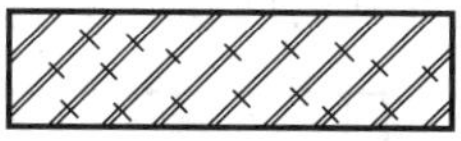	包括各种软、硬塑料及有机玻璃等
26	防水材料		构造层次多或比例较大时,采用上面图例
27	粉刷		本图例点较稀

注:序号1、2、5、7、8、12、14、18、24、25图例中的斜线、短斜线、交叉斜线等一律为45°。

第二节 绘图工具和仪器的使用方法

正确使用绘图工具和绘图仪器对提高绘图速度和保证图面质量起着很重要的作用。因此,应对绘图工具的用途有所了解,并熟练掌握它们的使用方法。

常用的绘图工具有:铅笔、图板、丁字尺、三角板、圆规、分规、针管笔、比例尺、曲线板和各类模板。

一、铅笔

绘图铅笔有各种不同的硬度。标号 B、2B、…、6B 表示软铅芯,数字越大,表示铅芯越软。标号 H、2H、…、6H 表示硬铅芯，数字越大，表示铅芯越硬。标号 HB 表示中软。画底稿宜用 H 或 2H，徒手作图可用 HB 或 B，加重直线用 H、HB（细线）、HB（中粗线）、B 或 2B（粗线）。铅笔尖应削成锥形，芯露出 6～8mm。削铅笔时要注意保留有标号的一端，以便始终能识别其软硬度。使用铅笔绘图时，用力要均匀，用力过大会划破图纸或在纸上留下凹痕，甚至折断铅芯。画长线时要边画边转动铅笔，使线条粗细一致。画线时，从正面看笔身应倾斜约 60°，从侧面看笔身应铅直。持笔的姿势要自然，笔尖与尺边距离始终保持一致，线条

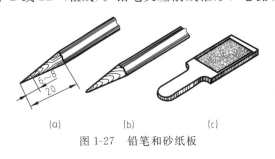

图 1-27　铅笔和砂纸板

才能画得平直准确。砂纸板是用来磨铅笔用的。如图 1-27 所示。

二、图板和丁字尺

图板是用作画图时的垫板。要求板面平坦、光洁。贴图纸用透明胶纸，不宜用图钉。如图 1-28 所示，图板的左边是导边，导边要求平直，从而使丁字尺的工作边在任何位置保持平衡。

图板的大小有各种不同规格，可根据需要而选定。0 号图板适用于画 A0 号图纸，1 号图板适用于画 A1 号图纸，四周还略有宽余。图板放在桌面上，板身宜与水平桌面成 10°～15°倾斜。图板不可用水刷洗和在日光下曝晒。

丁字尺由相互垂直的尺头和尺身组成。尺身要牢固地连接在尺头上，尺头的内侧面必须平直，用时应紧靠图板的左侧导边。在画同一张图纸时，尺头不可以在图板的其他边滑动，以避免由于图板各边不成直角时，画出的线不准确的问题。丁字尺的尺身工作边必须平直光滑，不可用丁字尺击物和用刀片沿尺身工作边裁纸。丁字尺用完后，宜竖直挂起来，以避免尺身弯曲变形或折断。

丁字尺主要用于画水平线，并且只能沿尺身上侧画线。作图时，左手把住尺头，使它始终紧靠图板左侧，然后上下移动丁字尺，直至工作边对准要画线的地方，再从左向右画水平线。画较长的水平线时，可把左手滑过来按住尺身，以防止尺尾翘起和尺身摆动，如图 1-28 所示。

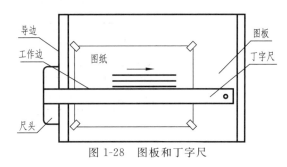

图 1-28　图板和丁字尺

三、三角板

三角板每副有两块，与丁字尺配合可以画垂直线及 30°、60°、45°、15°、75°等倾斜线。两块三角板配合可以画已知直线的平行线和垂直线。

画铅垂线时，先将丁字尺移动到所绘图线的下方，把三角尺放在应画线的右方，并使一直角边紧靠丁字尺的工作边，然后移动三角尺，直到另一直角边对准要画线的地方，再用左手按住丁字尺和三角尺，自下而上画线，如图 1-29 所示。

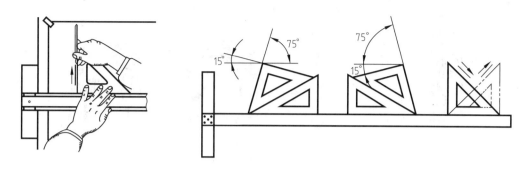

图 1-29　丁字尺与三角板

四、圆规

圆规用以画圆或圆弧，也可当分规使用。圆规的一条腿上装有钢针，用带台阶的一端画圆，以防止圆心扩大，从而保证画圆的准确度；另一条腿上附有插脚，可作不同用途。画圆时，圆规稍向前倾斜，顺时针旋转。画较大圆应调整针尖和插脚与纸面垂直。画更大圆要接延长杆。圆规铅芯宜磨成凿形，并使斜面向外。铅芯硬度比画同种直线的铅笔软一号，以保证图线深浅一致，如图 1-30 所示。

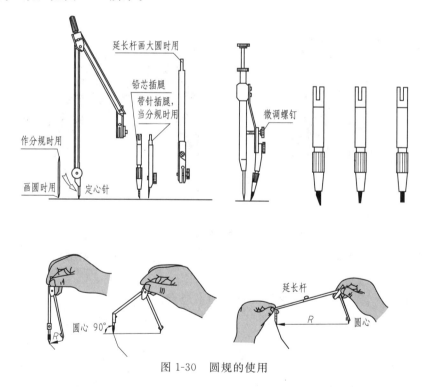

图 1-30　圆规的使用

五、分规

分规用以量取长度和截取或等分线段。使用方法如图 1-31 所示。两脚并拢后，其尖对齐。从比例尺上量取长度时，切忌用尖刺入尺面。当量取若干段相等线段时，可令两个针尖交替地作为旋转中心，使分规沿着不同的方向旋转前进。

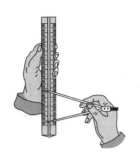

两手指转动微调轮

图 1-31　分规的使用

六、针管笔

绘图墨水笔的笔尖是一支细的针管，能像普通钢笔那样吸墨水，又名针管笔，如图1-32所示。针管笔是绘制图纸的基本工具之一，能绘制出均匀一致的线条。笔身是钢笔状，笔头是长约 2cm 中空钢制圆环，里面藏着一条活动细钢针，上下摆动针管笔，能及时清除堵塞笔头的纸纤维。笔尖的口径有多种规格，针管笔的针管管径的大小决定所绘线条的宽窄。可视线型粗细而选用。在制图中至少应备有细、中、粗三种不同粗细的针管笔。画直线时直尺的斜边要在下面，笔一定要垂直于纸面，匀速行笔，并稍加转动。为保证墨水流畅，必须使用碳素墨水。用毕后洗净针管。

图 1-32　针管笔

使用针管笔时应注意：

① 绘制线条时，针管笔身应尽量保持与纸面垂直，以保证画出粗细均匀一致的线条。

② 针管笔作图顺序应依照先上后下、先左后右、先曲后直、先细后粗的原则，运笔速度及用力应均匀、平稳。

③ 用较粗的针管笔作图时，落笔及收笔均不应有停顿。

④ 针管笔除用来作直线段外，还可以借助圆规的附件和圆规连接起来作圆周线或圆弧线。

⑤ 平时宜正确使用和保养针管笔，以保证针管笔有良好的工作状态及较长的使用寿命。针管笔在不使用时应随时套上笔帽，以免针尖墨水干结，并应定时清洗针管笔，以保持用笔流畅。

七、比例尺

比例尺是刻有各种比例的直尺，绘图时用它直接量得物体的实际尺寸，常用的三棱比例尺刻有六种不同的比例，尺上刻度所注数字的单位是 m，如图 1-33 所示。比例尺只能用来量尺寸，不能作直尺用，以免损坏刻度。

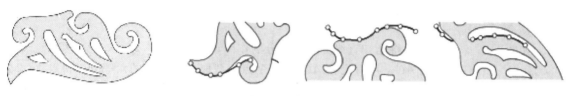

图 1-33　比例尺

八、曲线板

曲线板用以画非圆曲线，其轮廓线由多段不同曲率半径的曲线组成。使用曲线板之前，必须先定出曲线上的若干控制点。用铅笔徒手沿各点轻轻勾画出曲线。然后选择曲线板上曲率相应的部分，分段描绘。每次至少有三点与曲线板相吻合，并留下一小段不描，在下段中与曲线板再次吻合后描绘，以保证曲线光滑，如图 1-34 所示。

图 1-34　曲线板

九、其他

为了提高绘图质量和速度，还要准备一些其他用具。如图 1-35 所示的建筑模板、擦图片、透明胶带、修图刀片、橡皮、小刀、手帕等。

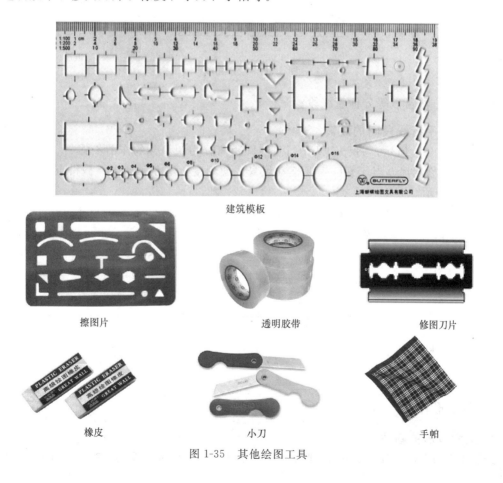

建筑模板

擦图片　　　　　　透明胶带　　　　　　修图刀片

橡皮　　　　　　小刀　　　　　　手帕

图 1-35　其他绘图工具

建筑模板主要用来画各种建筑标准图例和常用符号。模板上刻有可以画出各种不同图例或符号的孔，其大小已符合一定的比例，只要用笔沿孔内画一周，图例就画出来了。

第三节 几何作图

几何作图指的是只限用圆规和直尺等绘图工具，根据给定的条件，完成所需图形。

一、等分线段作图

1. 等分线段

如图 1-36 （a）所示，将已知直线分成六等分的作图步骤：

① 过点作任意直线 AC，用直尺在 AC 上从 A 点起截取任意长度的六等分，得点 1、2、3、4、5、6，如图 1-36 （b）所示。

② 连 B6，过其余点分别作直线平行于 B6，交 AB 于五个分点，即为所求，如图 1-36 （c）所示。

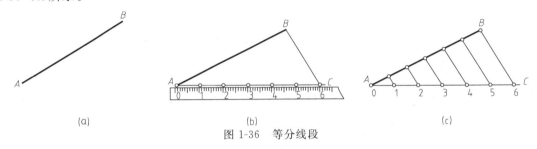

图 1-36 等分线段

利用类似方法可以等分任意线段。

2. 等分两平行线段间的距离

如图 1-37 （a）所示，将已知两平行直线间距离分为四等分的作图步骤。

① 将直线刻度尺 0 点于 CD 上，摆动尺身，使刻度 4 落在 AB 上，截得点 1、2、3，如图 1-37 （b）所示。

② 过各等分点作 AB 或 CD 的平行线，即为所求，如图 1-37 （c）所示。

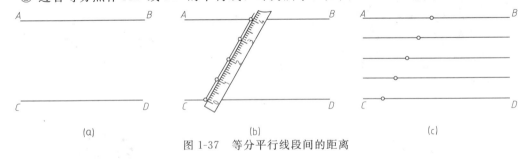

图 1-37 等分平行线段间的距离

二、正多边形作图

1. 正六边形的画法

绘制正六边形，一般利用正六边形的边长等于外接圆半径的原理，绘制步骤如图 1-38 所示。

① 已知半径的圆 O，如图 1-38（a）所示。

② 分别以 A、D 为圆心，R 为半径作圆弧，分圆周为六等分，如图 1-38（b）所示。

③ 顺序连接各等分点 A、B、C、D、E、F、A，即为所求，如图 1-38（c）所示。

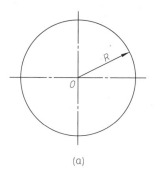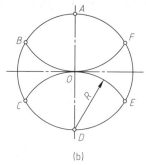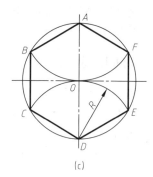

图 1-38　作已知圆的内接正六边形

作已知圆的内接正六边形，还可以利用直角三角板作图，方法如图 1-39 所示。

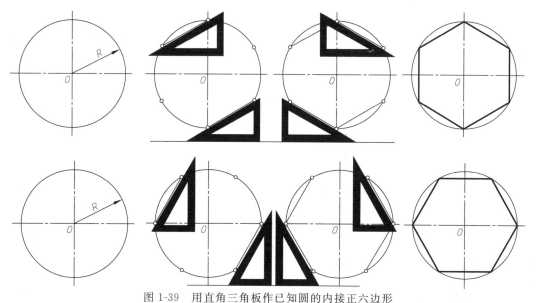

图 1-39　用直角三角板作已知圆的内接正六边形

2. 正五边形的画法

作图方法和步骤如图 1-40 所示。

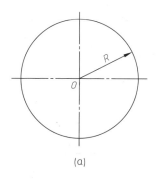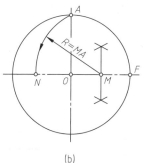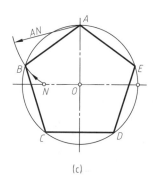

图 1-40　作已知圆的内接正五边形

① 已知半径的圆 O，如图 1-40 （a）所示。

② 取半径 OF 的中点 M，以 M 为圆心，MA 为半径作圆弧，交直径于 N，如图 1-40 （b）所示。

③ 以 AN 为半径，分圆周为五等分，顺序连接各等分点 A、B、C、D、E、A，即为所求，如图 1-40 （c）所示。

三、椭圆的画法

椭圆的画法很多，常用的椭圆近似画法为四心圆法。

如图 1-41 所示，是用四段圆弧连接起来的图形近似代替椭圆的方法。如果已知椭圆的长、短轴 AB、CD，则其近似画法的步骤如下。

① 连 AC，以 O 为圆心，OA 为半径画弧交 CD 延长线于 E，再以 C 为圆心，CE 为半径画弧交 AC 于 F，如图 1-41 （b）所示。

② 作 AF 线段的中垂线分别交长、短轴于 O_1、O_2，并作 O_1、O_2 的对称点 O_3、O_4，即求出四段圆弧的圆心。在 AB 上截取 $OO_3 = OO_1$，又在 CD 延长线上截取 $OO_4 = OO_2$，如图 1-41 （c）所示。

③ 分别以 O_1、O_2、O_3、O_4 为圆心，O_1A、O_2C、O_3B、O_4D 为半径作弧画成近似椭圆，切点为 K、N、N_1、K_1，如图 1-41 （d）所示。

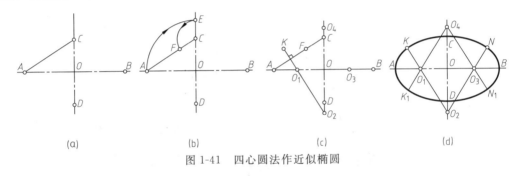

（a） （b） （c） （d）

图 1-41　四心圆法作近似椭圆

四、圆弧连接

在绘制工程图时经常要遇见从一条线（包括直线和圆弧）光滑地过渡到另一条线的情况，这种光滑过渡就是平面几何中的相切，即用已知半径圆弧（称连接弧），光滑连接（即相切）已知直线或圆弧。为了保证光滑连接，关键在于正确找出连接圆弧的圆心和切点。圆弧连接的典型作图方法如表 1-8 所示。

表 1-8　圆弧连接画法

种类	已知条件	作图步骤		
		求连接圆弧圆心 O	求切点 A 和 B	弧连接圆弧
圆弧连接两直线				

种类	已知条件	作图步骤		
		求连接圆弧圆心 O	求切点 A 和 B	弧连接圆弧
圆弧内接直线和圆弧	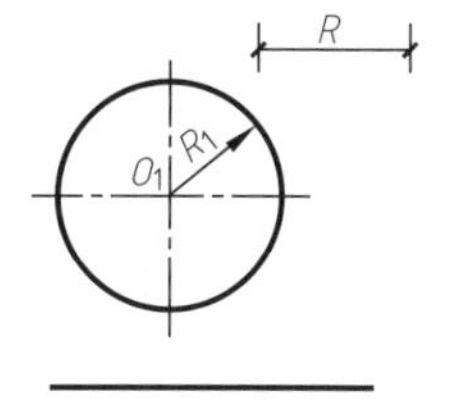	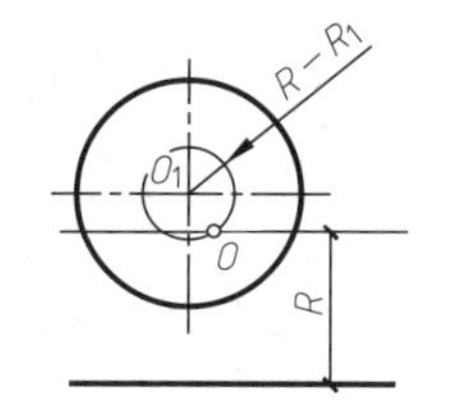	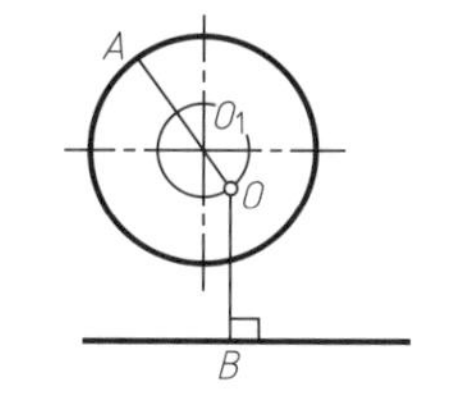	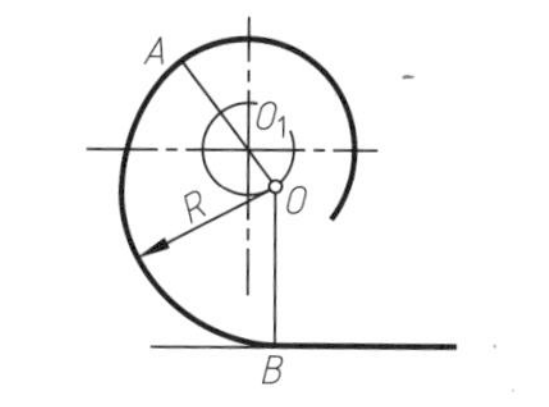
圆弧外接两圆弧	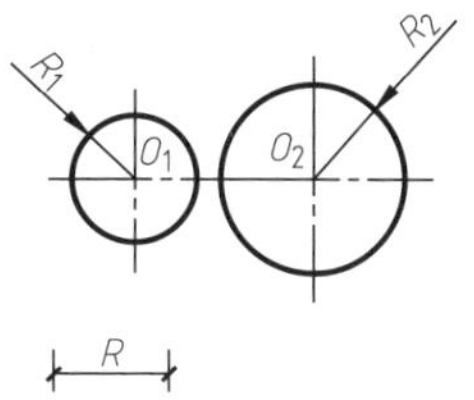	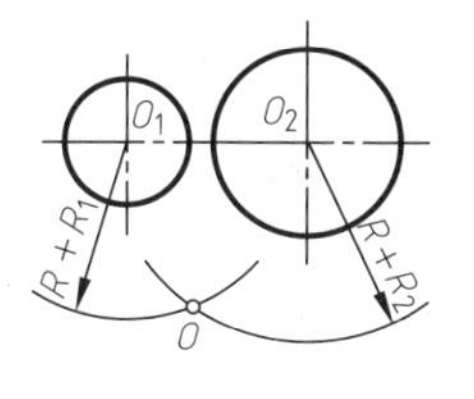	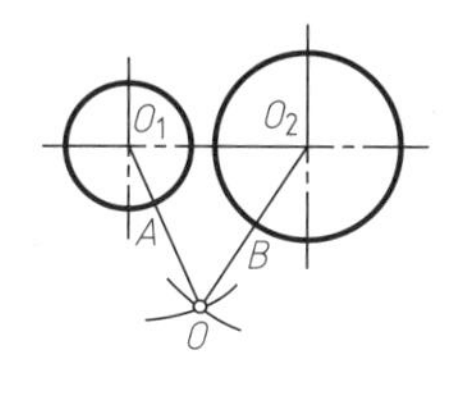	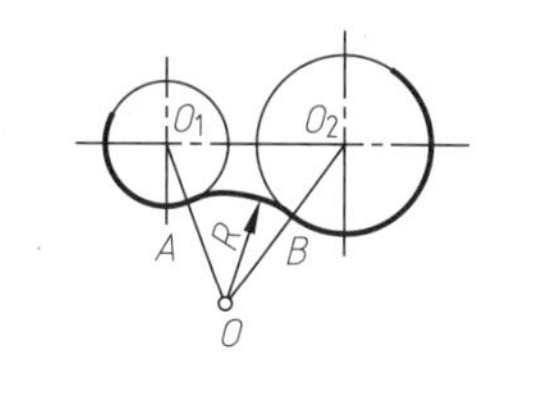
圆弧内接两圆弧	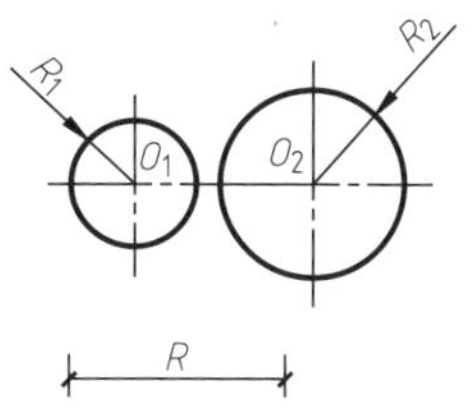	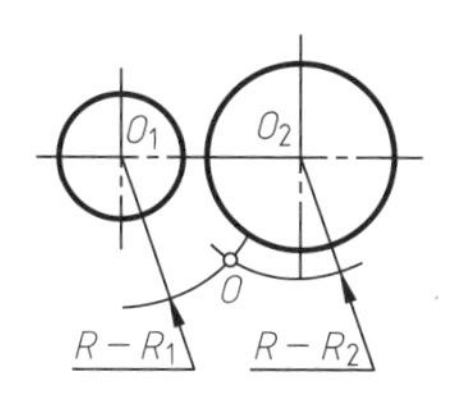	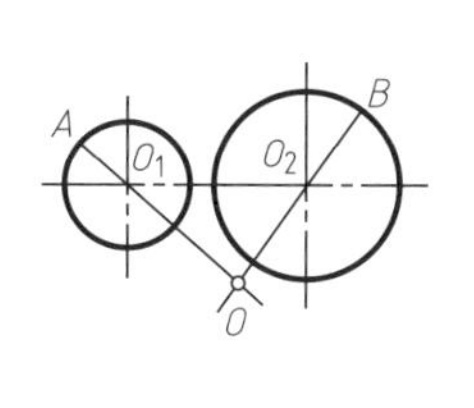	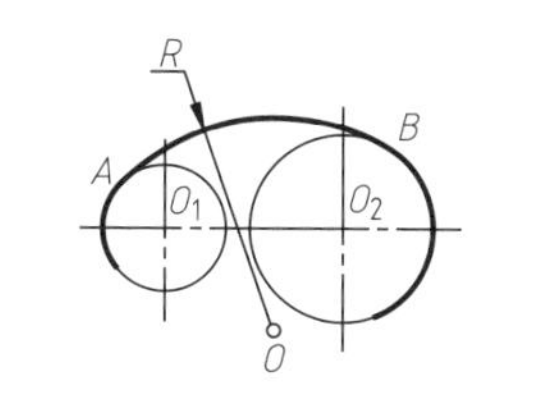
圆弧分别内外接两圆弧	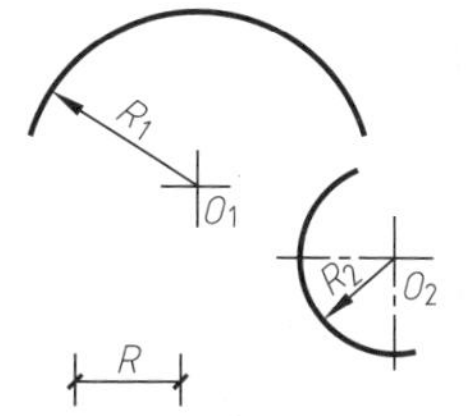	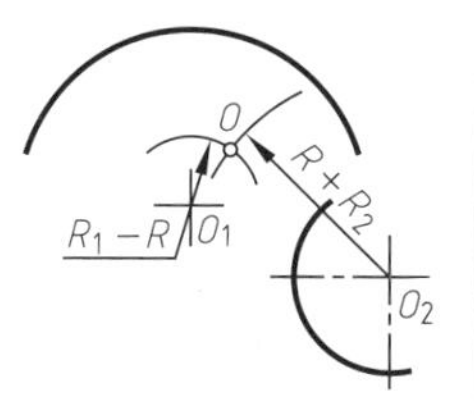	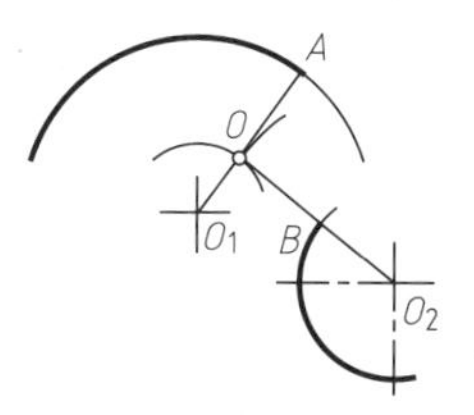	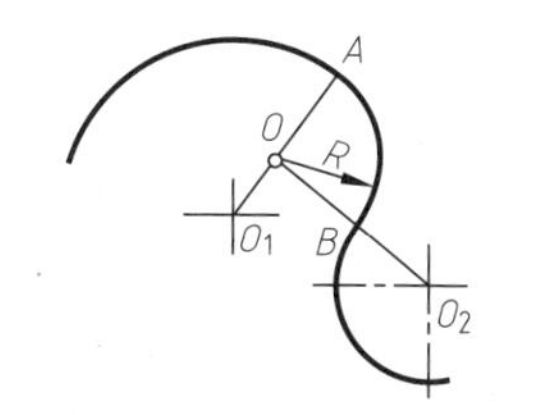

第四节　平面图形的画法

平面图形一般由一个或多个封闭线框组成，这些封闭线框是由一些线段连接而成。因此，要想正确地绘制平面图形，首先必须对平面图形进行尺寸分析和线段分析。

一、平面图形的尺寸分析

1. 定形尺寸

定形尺寸是指确定平面图形上几何元素形状大小的尺寸，如图 1-42 所示中的 $\phi 2400$、1000、400。一般情况下确定几何图形所需定形尺寸的个数是一定的，如直线的定形尺寸是长度，圆的定形尺寸是直径，圆弧的定形尺寸是半径，正多边形的定形尺寸是边长，矩形的定形尺寸是长和宽两个尺寸等。

2. 定位尺寸

定位尺寸是指确定各几何元素相对位置的尺寸，如图 1-42 所示的 1500、6740。确定平

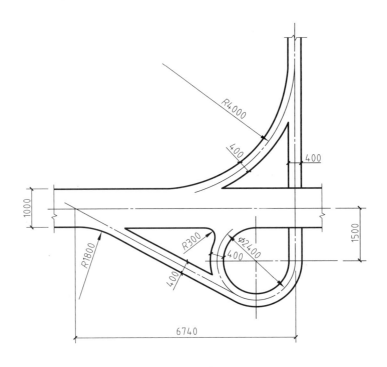

高速公路1:50

图 1-42　高速公路节点

面图形位置需要两个方向的定位尺寸，即水平方向和垂直方向，也可以以极坐标的形式定位，即半径加角度。

3. 尺寸基准

任意两个平面图形之间必然存在着相对位置，就是说必有一个是参照的。标注尺寸的起点称为尺寸基准，简称基准。平面图形尺寸有水平和垂直两个方向（相当于坐标轴 x 方向和 y 方向），因此基准也必须从水平和垂直两个方向考虑。平面图形中尺寸基准是点或线。常用的点基准有圆心、球心、多边形中心点、角点等，线基准往往是图形的对称中心线或图形中的边线。如图 1-42 所示图形的基准分别为水平路线的中轴线（1500 的起点），垂直路线的中轴线（6740 的起点）。

二、平面图形的线段分析

根据定形、定位尺寸是否齐全，可以将平面图形中的图线分为以下三大类。

1. 已知线段

指定形、定位尺寸齐全的线段。

作图时该类线段可以直接根据尺寸作图，如图 1-42 所示的 $\phi 2400$ 的圆、$\phi(2400+400/2)$ 的圆弧、$\phi(2400-400/2)$ 的圆弧、1000 和 400 宽的直线均属已知线段。

2. 中间线段

指只有定形尺寸和一个定位尺寸的线段。

作图时必须根据该线段与相邻已知线段的几何关系，通过几何作图的方法求出，如图 1-42 所示轴线与 $\phi 2400$ 相切的宽度为 400 的线段。

3. 连接线段

指只有定形尺寸没有定位尺寸的线段。其定位尺寸需根据与线段相邻的两线段的几何关系，通过几何作图的方法求出，如图 1-42 所示的 $R1800$、$R300$、$R4000$ 圆弧段以及 $R(4000+400/2)$、$R(4000-400/2)$ 圆弧段。

在两条已知线段之间，可以有多条中间线段，但必须而且只能有一条连接线段。否则，尺寸将出现缺少或多余。

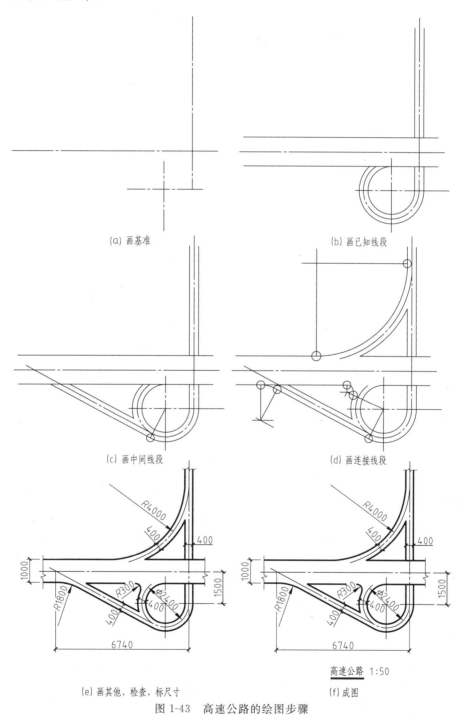

(a) 画基准

(b) 画已知线段

(c) 画中间线段

(d) 画连接线段

(e) 画其他、检查、标尺寸

(f) 成图

高速公路 1:50

图 1-43　高速公路的绘图步骤

三、平面图形的画图步骤

绘图方法如图 1-43 所示。

① 根据图形大小选择比例及图纸幅面。

② 分析平面图形中哪些是已知线段，哪些是连接线段，以及所给定的连接条件。

③ 根据各组成部分的尺寸关系确定作图基准、定位线。

④ 依次画基准线、定位线；已知线段；中间线段和连接线段。

⑤ 整理全图，检查无误后加深图线，标注尺寸。

第五节　制图的方法和步骤

手工绘制图样，一般均要借助绘图工具和仪器。为了提高图样质量和绘图速度，除了必须熟悉国家制图标准，掌握几何作图的方法和正确使用绘图工具外，还必须掌握正确的绘图程序和方法。

一、绘图前的准备工作

① 阅读有关文件、资料，了解所画图样的内容和要求。

② 准备好绘图用的图板、丁字尺、三角板、圆规及其他工具、用品，把铅笔按线型要求削好。

③ 根据所绘图形或物体的大小和复杂程度选定比例，确定图纸幅面，将图纸用透明胶带固定在图板上。在固定图纸时，应使图纸的上下边与丁字尺的尺身平行。当图纸较小时，应将图纸布置在图板的左下方，且使图板的下边缘至少留有一个尺深的宽度，以便放置丁字尺。

二、画底稿

① 按国家标准规定画图框和标题栏。

② 布置图形的位置。根据每个图形的长、宽尺寸确定位置，同时要考虑标注尺寸或说明等其他内容所占的位置，使每一图形周围要留有适当空余，各图形间要布置得均匀整齐。

③ 先画图形的轴线或对称中心线，再画主要轮廓线，然后由主到次、由整体到局部，画出其他所有图线。

④ 画其他。图中的尺寸数字和说明在画底稿时可以不注写，待以后铅笔加深或上墨时直接注写，但必须在底稿上用轻、淡的细线画出注写的数字的字高线和仿宋字的格子线。

三、校对，修正

仔细检查校对，擦去多于线条和污垢。

四、加深

加深或上墨的图线线型要遵守 GB/T 50001—2010 的规定，应做到线型正确，粗细分明，连接光滑，图面整洁。同一类线型，加深后的粗细要一致。加深或上墨宜先左后右、先上后下、先曲后直，分批进行。其顺序一般是：

① 加深点画线；

② 加深粗实线圆和圆弧；

③ 由上至下加深水平粗实线，再由左至右加深垂直的粗实线，最后加深倾斜的粗实线；

④ 按加深粗实线的顺序依次加深所有的虚线圆及圆弧，水平的、垂直的和倾斜的虚线；

⑤ 加深细实线、波浪线；

⑥ 画符号和箭头，注尺寸，书写注释和标题栏等。

五、复核

复核已完成的图纸，发现错误和缺点，应该立即改正。如果在上墨图中发现描错或染有小点墨污需要修改时，要待它全干后在纸下垫上硬板，再用锋利的刀片轻刮，直至刮净，并作必要的修饰。

第二章　建筑形体表达方法

第一节　建筑形体的视图

建筑形体的形状和结构是多种多样的，当其比较复杂时，仅用三面投影图表达是难以满足要求的。为此，在制图的国家标准中规定了多种表达方法，绘图时可根据建筑形体的形状特征选用。一般来讲，建筑形体往往要同时采用几种方法，以达到将其内外结构表达清楚的目的。

一、基本视图

用正投影法在三个投影面（V、H、W）上获得形体的三个投影图，在工程上叫做三视图。其中，正面投影图叫做主视图，水平投影图叫做俯视图，侧面投影图叫做左视图。从投影原理上讲，形体的形状一般用三面投影图均可表示。三视图的排列位置以及它们之间的"三等关系"如图 2-1 所示。所谓三等关系，即主视图和俯视图反映形体的同一长度，主视图和左视图反映形体的同一高度，俯视图和左视图反映形体的同一宽度。也就是：长对正，高平齐，宽相等。

图 2-1　三视图

但是，当形体的形状比较复杂时，它的六个面的形状都可能不相同。若单纯用三面投影图表示则看不见的部分在投影图中都要用虚线表示，这样在图中各种图线易于密集、重合，不仅影响图面清晰，有时也会给读图带来困难。为了清晰地表达形体的六个方面，标准规定在三个投影面的基础上，再增加三个投影面组成一个方形立体。构成立方体的六个投影面称为基本投影面。

把形体放在立方体中，将形体向六个基本投影面投影，可得到六个基本视图。这六个基本视图的名称是：从前向后投射得到主视图（正立面图），从上向下投射得到俯视图（平面图），从左向右投射得到左视图（左侧立面图），从右向左投射得到右视图（右侧立面图），从下向上投射得到仰视图（底面图），从后向前投射得到后视图（背立面图）。括号里的名称为房屋建筑制图规定的名称。

六个投影面的展开方法，如图 2-2 所示。正立投影面保持不动，其他各个投影面按箭头所指方向逐步展开到与正立投影面在同一个平面上。

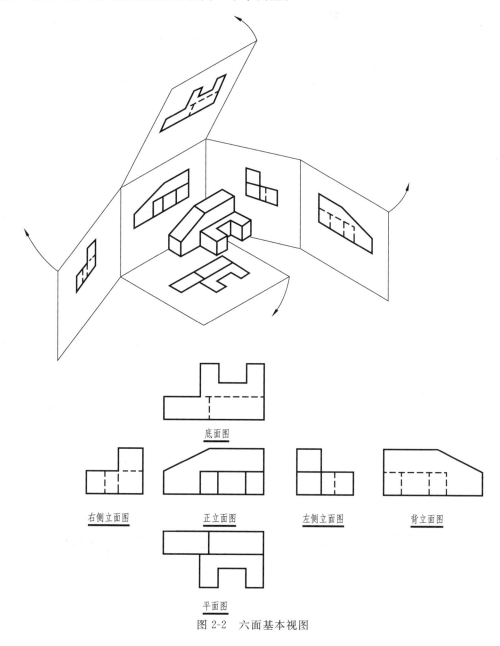

图 2-2　六面基本视图

六个视图的投影对应关系是。

① 六视图的度量对应关系，仍保持"三等"关系，即主视图（正立面图）、后视图（背立面图）、左视图（左侧立面图）、右视图（右侧立面图）高度相等；主视图（正立面图）、后视图（背立面图）、俯视图（平面图）、仰视图（底面图）长度相等；左视图（左侧立面图）、右视图（右侧立面图）、俯视图（平面图）、仰视图（底面图）宽度相等。

② 六视图的方位对应关系，除后视图（背立面图）外，其他视图在远离主视图（正立

面图）的一侧，仍表示形体的前面部分。

在实际工作中，为了合理利用图纸，当在同一张图纸中绘制六面图或其中的某几个图时，图样的顺序应按主次关系从左至右依次排列，如图 2-3 所示。每个图样，一般均应标注图名，图名宜标注在图样的下方或一侧，并在图名下绘制一粗实线，其长度应以图名所占长度为准。

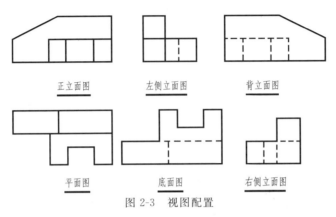

图 2-3　视图配置

用正投影图表达形体时，正立面图应尽可能反映形体的主要特征，其他投影图的选用，可在保证形体表达完整、清晰的前提下，使投影图数量为最少，力求制图简便，如图 2-4 所示。

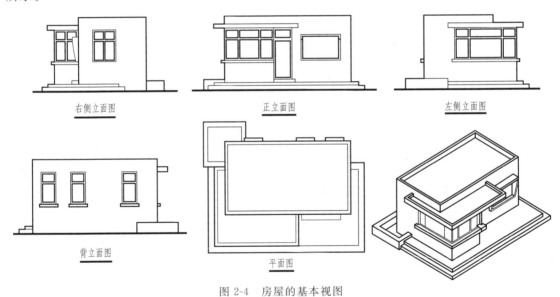

图 2-4　房屋的基本视图

二、镜像视图

镜像视图是形体在镜面中的反射图形的正投影，该镜面应平行于相应的投影面，如图 2-5（a）所示。用镜像投影法绘制的投影图应在图名后注写"镜像"二字，以便读图时识别，如图 2-5（b）所示。必要时也可画出镜像视图的识别符号，如图 2-5（c）所示。

镜像视图可用于表示某些工程的构造，如板梁柱构造节点，如图 2-6 所示。因为板在上面，梁、柱在下面，按直接正投影法绘制平面图的时候，梁、柱为不可见，要用虚线绘制，

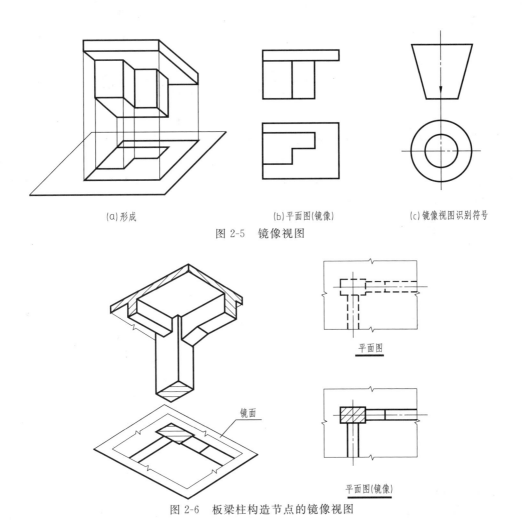

(a)形成　　　　(b)平面图(镜像)　　　　(c)镜像视图识别符号

图 2-5　镜像视图

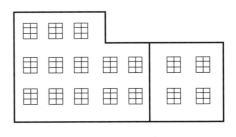

平面图

平面图(镜像)

图 2-6　板梁柱构造节点的镜像视图

这样给读图和绘图都带来不便。如果把 H 面当成镜面，在镜面中就得到了梁、柱的可见反射图像。镜像视图在装饰工程中应用较多，如吊顶平面图，是将地面看作一面镜子，得到吊顶的镜像平面图。

三、展开视图

有些建筑形体的造型呈折线形或曲线形，此时该形体的某些面可能与投影面平行，而另外一些面则不平行。与投影面平行的面，可以画出反映实形的视图，而倾斜或弯曲的面则不可能反映出实形。为了同时表达出这些面的形状和大小，可假想将这些面展开至与某一个选定的投影面平行后，再用直接正投影法绘制，用这种画法得到的视图称为展开视图，如图 2-7 所示。

展开视图不做任何标注，只需在图名后

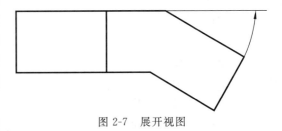

正立面图(展开)

图 2-7　展开视图

面注写"展开"二字即可，如图 2-7 所示。

第二节　建筑形体视图的画法

建筑形体可以抽象成画法几何学中的组合体，是由许多棱柱、棱锥（台）、圆柱、圆锥等基本形体按一定方式组合而成。绘制建筑形体的投影图时，在表达清楚的情况下，视图的数量越少越好。一般来说应采用形体分析的方法，将复杂的建筑形体"分解"为若干个基本形体，分析它们的组合形式和相对位置，然后再绘制成投影图。

一、叠加式形体的画法

现以图 2-8 的组合体为例来说明绘图过程。

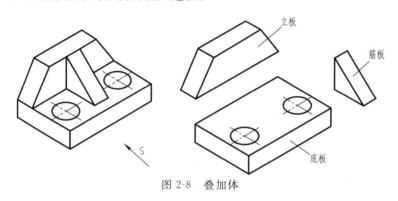

图 2-8　叠加体

1. 形体分析

应用形体分析法，我们可以把它分解成三个部分：底板、立板、筋板。

2. 选择视图

在三视图中，主视图是最主要的视图，因此主视图的选择最为重要。选择主视图时通常将物体放正，而使物体的主要平面（或轴线）平行或垂直于投影面。一般选取最能反映物体结构形状特征的这一个视图作为主视图。通常将底板、立板的对称平面放成平行于投影面的位置。显然，选取 S 方向作为主视图的投影方向最好，因为组成该组合体的各基本形体及它们间的相对位置关系在此方向表达最为清晰，最能反映该组合体的结构形状特征。

3. 画图步骤

具体步骤如图 2-9 所示。

（1）布置视图　画出各个视图的定位线、主要形体的轴线和中心线，并注意三个视图的间距，使视图均匀布置在图幅内，如图 2-9(a) 所示。

（2）画底稿　从每一形体具有形状特征的视图开始，用细线逐个地画出它们的各个投影。

画图的一般顺序是：先画主要部分，后画次要部分；先画大形体，后画小形体；先画整体形状，后画细节形状，如图 2-9（a）画底板，图 2-9（b）画立板，图 2-9（c）画筋板。

在画图时应注意的几个问题。

① 画图时，常常不是画完一个视图后再画另一个视图，而是尽可能做到三个视图同时

画，以便利用投影之间的对应关系。

②各形体之间的相对位置，要保持正确。例如在绘制图 2-9（a）时，孔应位于底板左右对称位置。在绘制图 2-9（b）时，底板与立板的后表面应对齐。绘制图 2-9（c）时，筋板要画在左右对称中间。

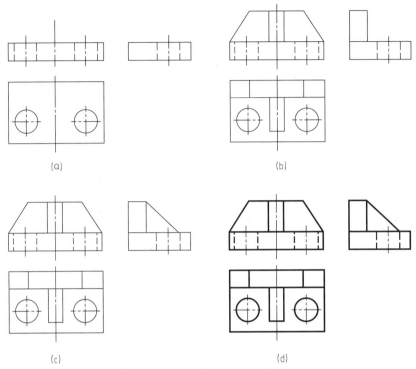

图 2-9　叠加式组合体三视图的画法

③各形体之间的表面结合线要表示正确。例如，筋板与底板前表面不对齐，因此在画俯视图时，底板与筋板的结合处是有实线的。

（3）检查、加深：底稿完成后，应仔细检查。检查时要分析每个形体的投影是否都画全了，相对位置是否都画对了，表面过渡关系是否都表达正确了。最后，擦去多余线，经过修改再加深，如图 2-9（d）所示。

二、挖切式形体的画法

如图 2-10 所示的形体可以看作是由四棱柱切去一个梯形四棱柱（双点画线）和一个斜面三棱柱（双点画线）而形成的。它的形体分析和上面讲的叠加式组合体基本相同，只不过各个形体是一块块挖切下来，而不是叠加上去罢了。

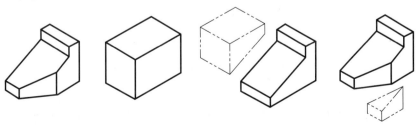

图 2-10　挖切体

图 2-10 中表示了该形体的画图步骤。

（1）画四棱柱的三视图　注意三个视图的间距。如图 2-11（a）所示。

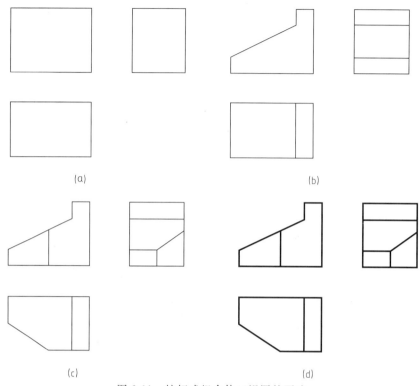

图 2-11　挖切式组合体三视图的画法

（2）逐个画切去形体后的三视图　图 2-11（b）是画切去梯形四棱柱后的三视图，注意三个视图产生的交线。图 2-11（c）是画切去斜面三棱柱后的三视图，注意三个视图产生的交线。

（3）检查、加深　底稿完成后，应仔细检查缺少的线和多余线，经过修改再加深，见图 2-11（d）。

在画图时要注意两个问题。

① 对于被切去的形体应先画出反映其形状特征的视图，然后再画其他视图。例如图 2-11（b）切去梯形四棱柱后应先画主视图。

② 画挖切式组合体，当斜面比较多时，除了对物体进行形体分析外，还应对一些主要的斜面进行线面分析。根据前面讲的平面的投影特性，一个平面在各个视图上的投影，除了有积聚性的投影外，其余的投影都应该表现为一个封闭线框，各封闭线框的形状应与该面的实形类似。例如图 2-11（c）画切去斜面三棱柱后的原形体前面左下角出现一个梯形四边形，主视图与左视图都出现了与实形类似的梯形的类似形的投影。在作图时，利用这个特性，对面的投影进行分析、检查，有助于我们正确地画图和看图，这种方法叫做线面分析法。

第三节　建筑形体的尺寸标注

土木建筑中常见的形体或构（配）件大都是由基本形体通过叠加和挖切组合成的组合体，因此掌握组合体的尺寸标注是非常重要的。组合体尺寸标注的基本原则是要符合正确、完整和清晰的要求。正确，是指尺寸标注要符合国家标准的有关规定。完整，是指尺寸标注要齐全，不能遗漏。清晰，是指尺寸布置要整齐，不重复，便于看图。

一、尺寸分类

组合体的尺寸，不仅能表达出组成组合体的各基本形状的大小，而且还能表达出各基本形体相互间的位置及组合体的整体大小。因此，组合体的尺寸可分为定形尺寸、定位尺寸和总体尺寸三类尺寸。

1. 定形尺寸

确定基本形体大小的尺寸，称为定形尺寸。常见的基本形体有棱柱、棱锥、棱台、圆柱、圆锥、圆台、球等。这些常见的基本形体的定形尺寸标注，如图 2-12 所示。

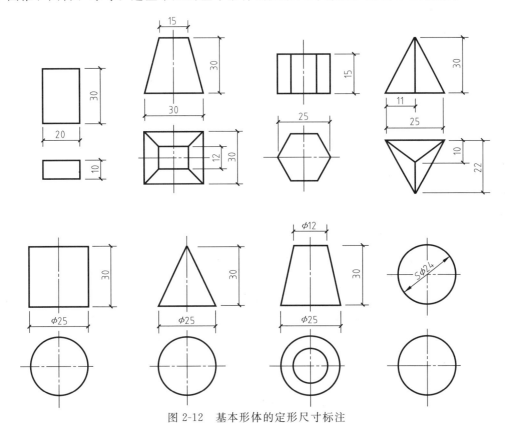

图 2-12　基本形体的定形尺寸标注

2. 定位尺寸

确定各基本形体之间相互位置所需要的尺寸，称为定位尺寸。标注定位尺寸的起始点，称为尺寸的基准。在组合体的长、宽、高三个方向上标注的尺寸都要有基准。通常把组合体的底面、侧面、对称线、轴线、中心线等作为尺寸基准。

图 2-13 是各种定位尺寸标注的示例，现说明如下。

图 2-13（a）所示形体是两长方体组合而成的，两形体有共同的底面，高度方向不需要定位，但是应该标注出两形体前后和左右的定位尺寸 a 和 b。标注尺寸 a 时选后一长方体的后面为基准，标注尺寸 b 时选后一长方体的左侧面为基准。

图 2-13（b）所示形体是由两个长方体叠加而成的，两长方体有一重叠的水平面，高度

方向不需要定位，但是应该标注其前后和左右两个方向的尺寸 a 和 b，它们的基准分别为下一长方体的后面和右面。

图 2-13（c）所示形体是由两个长方体前、后对称叠加而成的，则它们的前后位置可由对称线确定，而不必标出前后方向的定位尺寸，只需标注出左、右方向的定位 b 即可，其基准为下一长方体的右面。

图 2-13（d）所示形体是由圆柱和长方体叠加而成的。叠加时前后、左右方向上都对称，相互位置可以由两条对称线确定。因此，长、宽、高三个方向的定位尺寸都可省略。

图 2-13（e）所示形体是在长方体上挖切出两个圆孔而成，两圆孔的定形尺寸为已知（图中未标出），为了确定这两个圆孔在长方体上的位置，必须标出它们的定位尺寸，即圆心的位置。在左右方向上，以长方体的左侧面为基准标出左边圆孔的定位尺寸 15；然后再以左边圆孔的垂直轴线为基准继续标注出右边圆孔的定位尺寸 30；在前后方向上，两个圆孔的定位尺寸在长方体的对称中心线上，它们的前后位置可由对称线确定，不必标出前后方向的定位尺寸。

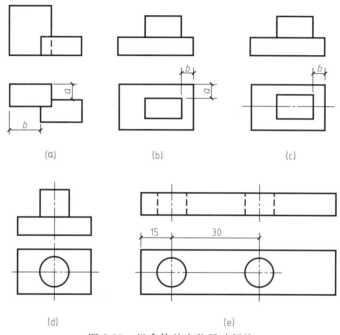

图 2-13　组合体的定位尺寸标注

3. 总体尺寸

确定组合体外形总长、总宽和总高的尺寸，称为总体尺寸，为了能够知道组合体所占面积或体积的大小，一般需标注出组合体的总体尺寸。

在组合体的尺寸标注中，只有把上述三类尺寸都准确地标注出来，尺寸标注才符合完整要求。

二、尺寸标注要注意的几个问题

① 组合体中出现的截交线、相贯线尺寸不标注，而标注产生交线的形体或截面的定形和定位尺寸，如图 2-14 所示。

② 尺寸标注尽量做到能直接读出各部分的尺寸，不用临时计算。

③ 尺寸标注要明显，一般布置在视图的轮廓之外，并位于两个视图之间。通常属于长度方向的尺寸应标注在正立面图与平面图之间；高度方向的尺寸应标注在正立面图与左侧立

面图之间；宽度方向的尺寸应标注在平面图与左侧立面图之间。

④ 同一方向的尺寸尽量集中起来，排成几道，小尺寸在内，大尺寸在外，相互间要平行等距，距离 7~10mm。

⑤ 某些简单的组合体结构在形体中出现频率较多，其尺寸标注方法已经固定，对于初学者只要模仿标注即可。如图 2-15 所示，仅供参考。

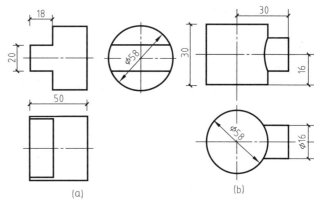

图 2-14　截交线、相贯线位置的尺寸标注

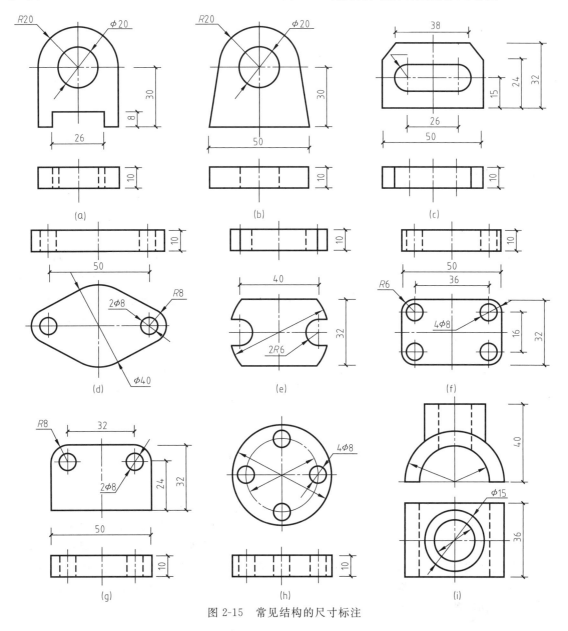

图 2-15　常见结构的尺寸标注

三、尺寸标注的步骤

标注组合体尺寸的步骤如下。

① 确定出每个基本形体的定形尺寸。

② 选定各个方向的定位基准，确定出每个基本形体相互间的定位尺寸。

③ 确定出总体尺寸。

④ 确定这三类尺寸的标注位置，分别画出尺寸界线、尺寸线、尺寸起止等符号。

⑤ 注写尺寸数字。

⑥ 检查调整。

现举例说明组合体尺寸标注。

【例2-1】 标注如图2-16所示组合体的尺寸。

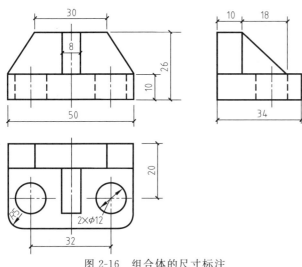

图2-16 组合体的尺寸标注

由形体分析知：该组合体是由底板、立板和筋板组合而成的形体，在底板上挖切出两个圆孔。

① 定形尺寸的确定：底板的长、宽、高分别为50、34、10；立板的长、宽、高分别为50、30、10、16；筋板的长、宽、高分别为8、18、16；底板上的圆孔直径为12，孔深为10；底板上的两个1/4圆角，圆角的半径为5。

② 定位尺寸的确定：立板在底板的上面，其左、右和后面与底板对齐，所以在长度、高度、宽度方向上的定位都可省略；筋板在底板上面中间，其后面与立板的前面相靠，所以其高度、宽度、长度方向定位尺寸可省略。在底板上的两圆孔以底板的中心对称面为基准，在长度方向上的定位尺寸是32，宽度方向以底板后面为基准定位尺寸是20。

③ 总体尺寸的确定：总体尺寸为50×34×26。

④ 按尺寸标注的有关国家标准规定进行标注。

⑤ 检查调整（去掉了立板和筋板的高度尺寸）以保证尺寸的清晰性。

第四节 剖 面 图

在画建筑形体的投影时，形体上不可见的轮廓线在投影图上需要用虚线画出。这样，对于内形复杂的形体必然形成虚实线交错，混淆不清。长期的生产实践证明，解决这个问题的最好方法，是假想将形体剖开，让它的内部显露出来，使形体的看不见部分变成看得见的部分，然后用实线画出这些形体内部的投影图。国家标准GB/T 17452—1998、GB/T 17453—2005、房屋建筑制图统一标准（GB/T 50001—2010）、建筑制图标准（GB/T 50104—2010）等规定了剖面图的画法。

一、剖面图的基本概念

假想用一个（几个）剖切平面（曲面）沿形体的某一部分切开，移走剖切面与观察者之间的部分，将剩余部分向投影面投影，所得到的视图叫剖面图，简称剖面。剖切面与形体接触的部分，称为截面或断面，截面或断面的投影称为截面图或断面图。

图 2-17 所示物体为一台阶的三面视图。左视图中踏步被遮板遮住而用虚线表示。现假想用一个剖切平面（侧平面）把台阶切开如图 2-17（a）所示，剖切平面（侧平面）与台阶交得的图形称为断面图，如图 2-17（c）所示的 1—1 断面。移去剖切平面与观察者之间的那部分台阶，将剩余的部分台阶重新向投影面进行投影，所得投影图叫剖面图，简称剖面，如图 2-17（b）所示的 1—1 剖面。

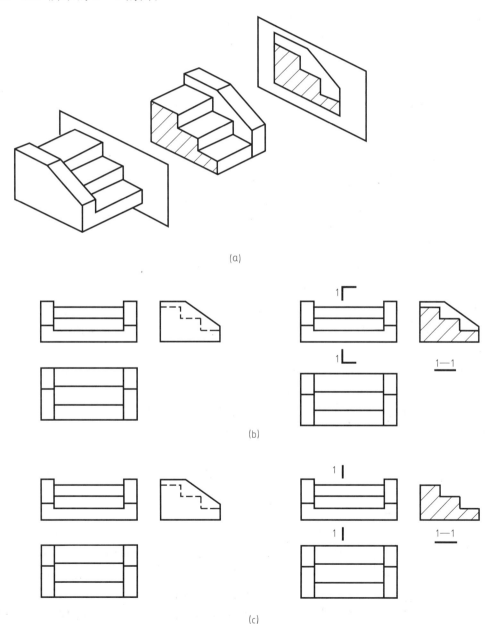

图 2-17　剖面图、断面图的形成

断面图与剖面图既有区别又有联系，区别在于断面图是一个平面的实形，相当于画法几何中的截断面实形，而剖面图是剖切后剩下的那部分立体的投影。它们的联系在于剖面图中包含了断面图，断面图存在于剖面图之中。

二、剖面图的画法

1. 确定剖切位置

剖切的位置和方向应根据需要来确定。例如图 2-17 中所示的台阶，在左视图中有表示内部形状的虚线，为了在左视图上作剖面，剖切平面应平行侧立投影面且通过物体的内部形状（有对称平面时应通过对称平面）进行剖切。

2. 画剖面

剖切位置确定后，就可假想把物体剖开，画出剖面图。剖切平面剖切到的断面画图例线，通常用 45°细实线表示。各种建筑图例见《房屋建筑制图统一标准》（GB/T 50001—2010）。

由于剖切是假想的，画其他方向的视图或剖面图仍是完整的。

应当注意：画剖面时，除了要画出物体被剖切平面切到的图形外，还要画出被保留的后半部分的投影，如图 2-17（b）所示的 1—1 剖面图。

三、剖面图的标注

剖面图的内容与剖切平面的剖切位置和投影方向有关，因此在图中必须用剖切符号指明剖切位置和投影方向。为了便于读图，还要对每个剖切符号进行编号，并在剖面图下方标注相应的名称。具体标注方法如下：

① 剖切位置在图中用剖切位置线表示。剖切位置线用两段粗实线绘制，其长度为 6～10mm。在图中不得与其他图线相交，如图 2-17（b）所示的"┃"。

② 投影方向在图中用剖视方向线表示。剖视方向线应垂直画在剖切位置线的两侧，其长度应短于剖切位置线，宜为 4～6mm，并且粗实线绘制，如图 2-17（b）所示的"━"。

③ 剖切符号的编号，要用阿拉伯数字按顺序由左至右，由下至上连续编排，并写在剖视方向线的端部，编号数字一律水平书写，如图 2-17（b）所示"1"。

④ 剖面图的名称要用与剖切符号相同的编号命名，且符号下面加上一粗实线，命名书写在剖面图的正下方，如图 2-17（b）中的"1—1"。

当剖切平面通过物体的对称平面，而且剖面又画在投影方向上，中间没有其他图形相隔，上述标注可完全省略，例如，图 2-17（b）的标注便可省略。

剖切符号、投影方向和数字的组合标注方法如图 2-18 所示。

四、剖面图中注意的几个问题

① 剖面图只是假想用剖切面将形体剖切开，所以画其他视图时仍应按完整的考虑，而不应只画出剖切后剩余的部分，如图 2-19（a）所示为错误画法，图 2-19（b）所示为正确画法。

② 分清剖切面的位置。剖切面一般应通过形体的主要对称面或轴线，并要平行或垂直于某一投影面，如图 2-20 所示 1—1 剖面通过前后对称面，平行于正立投影面。

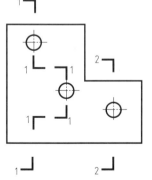

图 2-18 剖面图的标注

③ 当沿着筋板或薄壁纵向剖切时，剖面图不画剖面线，只用实线将它和相邻结构分开。

④ 当在剖面图或其他视图上已表达清楚的结构、形状，而在剖面图或其他视图中此部分为虚线时，一律不画出，如图 2-20（c）所示的主视图，1—1 剖面图中的虚线省略。但没有表示清楚的结构、形状，需在剖面图或其他视图上画出适量的虚线，如图 2-20（c）所示的俯视图，俯视图中的虚线要画出。

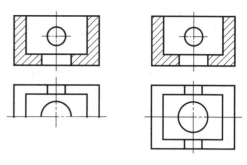

（a）错误　　　　　　（b）正确

图 2-19　其他视图画法

五、剖面图的种类

1. 全剖面图

（1）全剖面图　用剖切面完全剖开形体的剖面图称为全剖面图，简称全剖面。如图2-20所示。

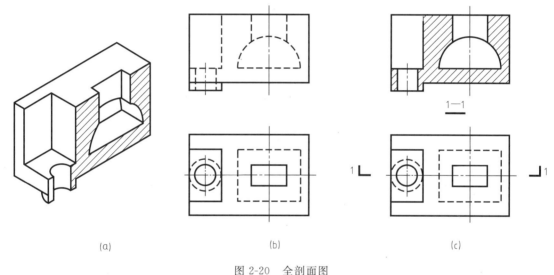

图 2-20　全剖面图

（2）适用范围　适用于形体的外形较简单，内部结构较复杂，而图形又不对称的情况，当外形简单的回转体形体，为了便于标注尺寸也常采用全剖面，如图 2-21 所示。

（3）剖面图的标注　标注如图 2-20（c）所示。但是，对于采用单一剖切面通过形体的对称面剖切，且剖面图按投影关系配置，也可以省略标注。如图 2-20（c）所示的 1—1 剖面标注可以省略。图 2-21 中省略标注。

2. 半剖面图

（1）半剖面图　当形体具有对称平面时，向垂直于对称平面的投影面上投影所得的图形，可以以对称中心线为界，一半画成剖面图，一半画成视图，这种剖面图称为半剖面图，简称半剖面。如图 2-22 所示。

画半剖面图时，当视图与剖面图左右配置时，规定把剖面图画在中心线的右边。当视图与剖面图上下配置时，规定把剖面图画在中心线的下边。

注意：不能在中心线的位置画上粗实线。

（2）适用范围 半剖面图的特点是用剖面图和视图的各一半来表达形体的内部结构和外形。所以当形体的内外形状都需要表达，且图形又对称时，常采用半剖面图，如图 2-22 所示的主视图。形体的形状接近于对称，且不对称部分已另有图形表达清楚时，也可采用半剖面图，如图 2-22 所示的左视图和俯视图。

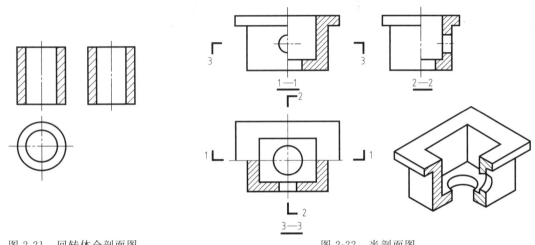

图 2-21 回转体全剖面图   图 2-22 半剖面图

（3）标注 如图 2-22 所示，在主视图上的半剖面图，因剖切面与形体的对称面重合，且按投影关系配置，故可以省略标注，即 1—1 剖面的标注可以省略。同理，左视图上的半剖面图，因剖切面与形体的对称面重合，且按投影关系配置，故可以省略标注，即 2—2 剖面的标注可以省略。对俯视图来说，因剖切面未通过主要对称面，需要标注，即 3—3 剖面的标注。

3. 局部剖面图

（1）局部剖面图 用剖切面局部剖开形体所得的剖面图称为局部剖面图，简称局部剖面。

如图 2-23、图 2-24 所示的结构，若采用全剖面不能把各层结构表达出来，而且画图也麻烦，这种情况宜采用局部剖面。剖切后其断裂处用波浪线分界以示剖切的范围。

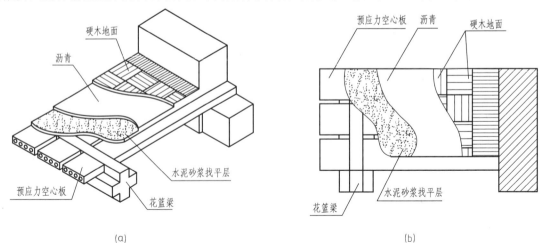

（a）   （b）

图 2-23 地面的分层局部剖面图

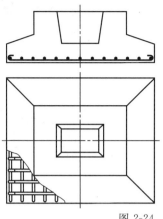
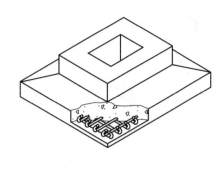

图 2-24　杯型基础局部剖面图

（2）适用范围　局部剖面是一种比较灵活的表示方法，适用范围较广，怎样剖切以及剖切范围多大，需要根据具体情况而定。

（3）标注　局部剖面图一般剖切位置比较明显，故可省略标注。

注意：①表示断裂处的波浪线不应和图样上其他图线重合，如图 2-23、图 2-24 所示。②如遇孔、槽等空腔，波浪线不能穿空而过，也不能超出视图的轮廓线，如图 2-25（a）所示为波浪线错误画法，图 2-25（b）为波浪线正确画法。

4. 旋转剖面图

（1）定义　用相交的两剖切面剖切形体所得到的剖面图称旋转剖面图，简称旋转剖面，如图 2-26 所示。

(a)错误　　　　　(b)正确
图 2-25　波浪线画法

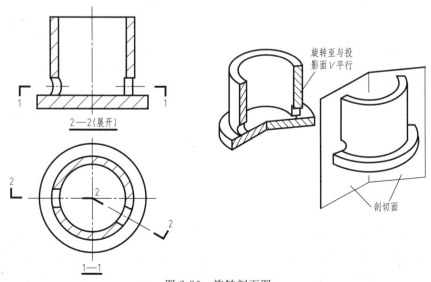

图 2-26　旋转剖面图

（2）旋转剖面图的适用范围　当形体的内部结构需用两个相交的剖切面剖切，且一个剖面图可以绕两个剖切面的交线为轴，旋转到另一个剖面图形的平面上时，宜适合采用旋转剖面图，如图 2-26 和图 2-27 所示。

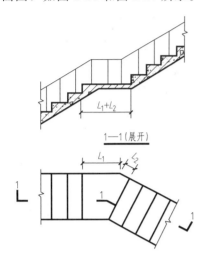

图 2-27　旋转剖面图的标注

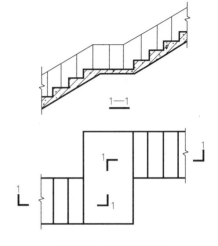

图 2-28　阶梯剖面图

（3）旋转剖面图的标注　旋转剖面图应标注剖切位置线，剖视方向线和数字编号，并在剖面图下方用相同数字标注剖面图的名称。如图 2-26 中"2—2（展开）"和图 2-27 中"1—1（展开）"。

（4）注意　画旋转剖面图时应注意剖切后的可见部分仍按原有位置投影，如图 2-26 所示的右边小孔。在旋转剖面图中，虽然两个剖切平面在转折处是相交的，但规定不能画出其交线。

5. 阶梯剖面图

（1）定义　有些形体内部层次较多，其轴线又不在同一平面内，要把这些结构形状都表达出来，需要用几个相互平行的剖切面剖切。这种用几个相互平行的剖切面把形体剖切开所得到的剖面图称为阶梯剖面图，简称阶梯剖面。如图 2-28 所示。

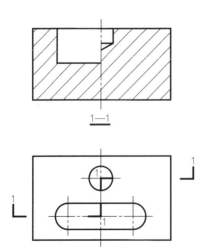

图 2-29　具有公共对称中心线时不完整要素画法

注意：①剖切面的转折处不应与图上轮廓线重合，且不要在两个剖切面转折处画上粗实线投影，如图 2-28 中"1—1"所示；

②在剖切图形内不应出现不完整的要素，仅当两个要素在图形上具有公共对称中心线或轴线时，才允许以对称中心线或轴线为界限各画一半，如图 2-29 所示。

（2）阶梯剖面图的适用范围　当形体上的孔、槽、空腔等内部结构不在同一平面内而呈多层次时，应采用阶梯剖面图。

（3）阶梯剖面图的标注　阶梯剖面图应标注剖切位置线、剖视方向线和数字编号，并在剖面图的下方用相同数字标注剖面图的名称。

如图 2-28 所示。

六、剖面图作图示例

【例 2-2】 如图 2-30 所示，将主视图改画成全剖面图，左视图改画成半剖面图。

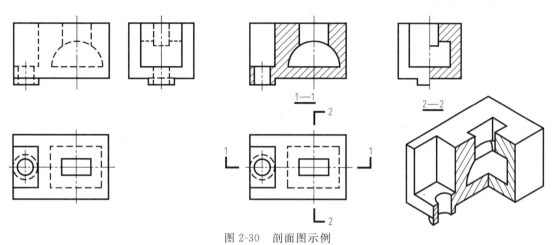

图 2-30 剖面图示例

其画法如下。

1. 分析视图与投影，想清楚形体的内外形状。

2. 确定剖面图的部切位置；此时剖切平面应平行于 V 面，W 面，且通过对称轴线。

3. 想清楚形体剖切后的情况：哪部分移走，哪部分留下，谁被切着了，谁没被切着，没被切着的部位后面有无可见轮廓线的投影？

4. 切着的部分断面上画上图例线。画图步骤一般是先画整体，后画局部；先画外形轮廓，再画内形结构，注意不要遗漏后面的可见轮廓线。

5. 检查、加深、标注，最后完成作图。

七、轴测剖面图

假想用剖切平面将形体的轴测图剖开，然后作出轴测图，这种对图形的表达，称为轴测剖面图。轴测剖面图既能直观地表达外部形状又能准确看清内部构造。

轴测剖面图画法的一些规定。

① 为了使轴测剖面图能同时表达形体的内、外形状，一般采用互相垂直的平面剖切形

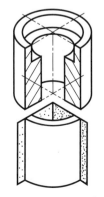

图 2-31 剖切平面位置

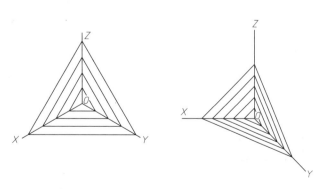

图 2-32 正等测、斜二测剖面线画法

体的 1/4，剖切平面应选取通过形体主要轴线或对称面的投影面平行面作为剖切平面，如图 2-31 所示。

②在轴测剖面图中，断面的图例线不再画 45°方向斜线，而与轴测轴有关，其方向应按如图 2-32 所示方法绘出。在各轴测轴上，任取一单位长度并乘该轴的变形系数后定点，然后连线，即为该坐标面轴测图剖面线的方向。

③当沿着筋板或薄壁纵向剖切时，轴测剖面图和剖面图一样都不画剖面线，只用实线将它和相邻结构分开。如图 2-33（a）所示为筋板在轴测剖面图中的画法，图 2-33（b）为筋板在剖面图中的画法。

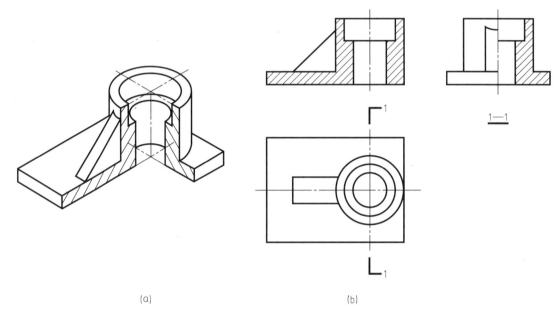

图 2-33　筋板在轴测剖面图、剖面图中的画法

【例 2-3】　如图 2-34（a）所示，根据柱顶节点的投影图，作出它的正等轴测剖面图。其画法如下。

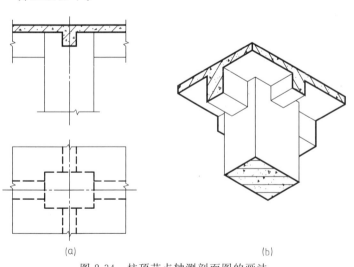

图 2-34　柱顶节点轴测剖面图的画法

1. 分析投影，想清楚形体的形状。

2. 确定轴测方向，选择从下向上的投影方向，以便把节点表达清楚，不被遮挡。

3. 想清楚形体剖切后的情况：画出可见部位轮廓线的投影。

4. 剖切的部分断面上画上图例线。注意图例线的方向，图例线是细实线。

5. 检查、加深，完成作图，如图 2-34（b）所示。

第五节 断 面 图

一、断面图的基本概念

前面讲过，假想用剖切平面将形体切开，只画出被切到部分的图形称为断面图，简称断面。如图 2-35 所示。

断面图主要用于表达形体某一部位的断面形状。把断面同视图结合起来表示某一形体时，可使绘图大为简化。

如图 2-36 所示的牛腿工字柱表示了剖面图与断面图的区别：剖面图要画出形体被剖开后整个余下部分的投影，如图 2-36（b）所示；而断面图只画形体被剖开后断面的投影，如图 2-36（c）所示。即剖面图是被剖开的形体的投影，是体的投影，而断面图只是一个截口的投影，是面的投影。剖面图中包含了断面图。

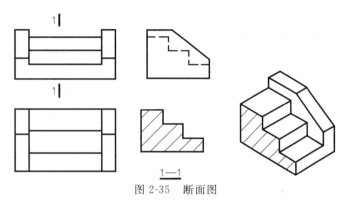

图 2-35　断面图

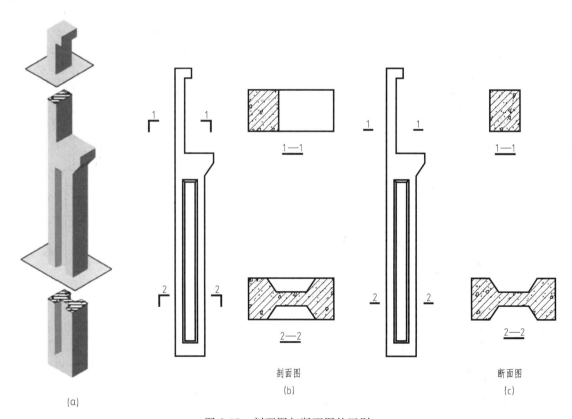

图 2-36　剖面图与断面图的区别

二、断面图的种类和画法

根据断面在绘制时所配置的位置不同，断面分为两种。

1. 移出断面图

画在视图外的断面图形称为移出断面图，移出断面的轮廓线用粗实线绘制，配置在剖切线的延长线上或其他适当位置，如图 2-37 所示。

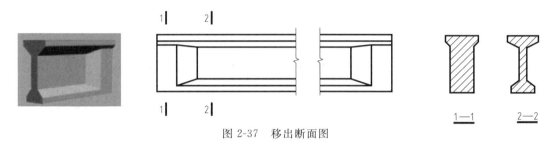

图 2-37　移出断面图

断面图只画出剖切后的断面形状，但当断面通过轴上的圆孔或圆坑的轴线时，为了清楚完整地表示这些结构，仍按剖面图绘制，如图 2-38 所示。

2. 重合断面图

将断面展成 90°画在视图内的断面图形称为重合断面图，轮廓线用细实线绘制。当视图中轮廓线与重合断面的图形重叠时，视图中的轮廓线仍应连续画出，不可中断，如图 2-39 为墙面装饰的重合断面图。

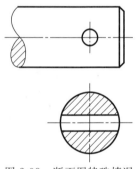

图 2-38　断面图特殊情况

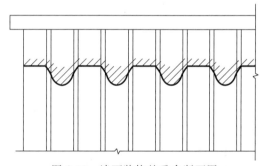

图 2-39　墙面装饰的重合断面图

图 2-40 为现浇钢筋混凝土楼面的重合断面图。因楼板图形较窄，不易画出材料图例，故用涂黑表示。

三、断面图的标注

① 不画在剖切线延长线上的移出断面图，其图形又不对称时，必须标注剖切线、剖切符号、数字，并在断面图下方用相同数字标注断面图的名称。如图2-37 中 1—1 和 2—2。

② 画在剖切线上的重合断面图，或

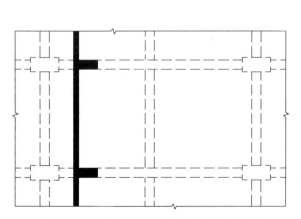

图 2-40　现浇钢筋混凝土楼面的重合断面图

画在剖切线延长线上的移出断面图，其图形对称时可以不加标注，如图2-38所示。

配置在视图断开处的移出断面图，也可不加标注，如图2-41所示。

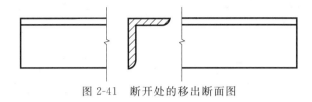

图2-41　断开处的移出断面图

第六节　简化画法和规定画法

为了简化制图与提高效率，国家标准规定了一些简化画法。掌握技术图样的简化画法，可以加快读图进程，下面对其中的部分简化画法做一介绍。

一、对称形体的简化画法

当不致引起误解时，对具有对称性的形体，其视图可画一半或四分之一，并在对称线的两端画出对称符号，如图2-42（a）所示。图形也可稍超出其对称线，此时可不画对称符号，如图2-42（b）所示。

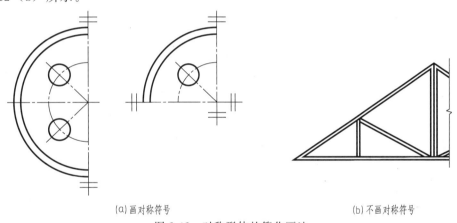

(a)画对称符号　　　　　　　　　　　　(b)不画对称符号

图2-42　对称形体的简化画法

对称的形体，需画剖（断）面图时，也可以以对称符号为界，一半画外形图，一半画剖（断）面图，例如半剖面图。

对称符号用两条平行的细实线表示，线段长为6～10mm，间距为2～3mm，且画在对称线的两端，如图2-42（a）所示。

二、折断省略画法

当只需表达形体的某一部分形状时，可假想把不需要的部分折断，画出保留部分的图形后在折断处画上折断线，这种画法称为折断画法，如图2-43所示。

三、断开省略画法

较长的构件，如沿长度方向的形状相同或按一定规律变化，可假定将形体折断并去掉中

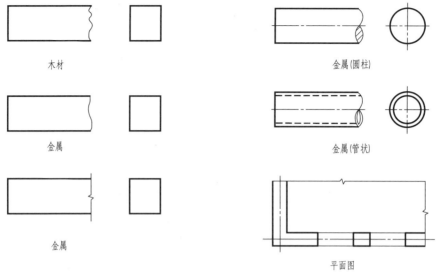

图 2-43　折断画法

间部分，只画出两端部分，这种画法称为断开画法。断开部分省略绘制，断开处应以折断线表示，尺寸数值按实际长度标注，如图 2-44 所示。

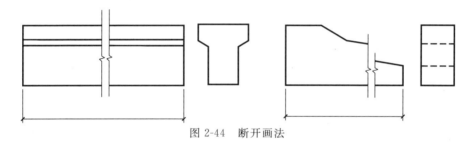

图 2-44　断开画法

四、相同要素的省略画法

当构配件内有多个完全相同且按一定规律排列的结构要素时，可仅在两端或适当位置画出其完整形状，其余部分以中心线或中心线交点表示，如图 2-45 所示。

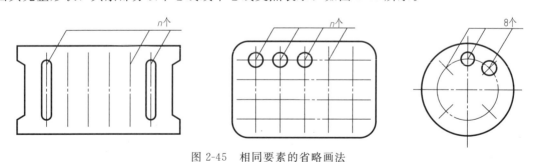

图 2-45　相同要素的省略画法

五、连接省略画法

一个构件如果与另一构件仅部分不相同，该构件可只画不同部分，但应在两个构件的相同部分与不同部分的分界线处分别画上连接符号，两个连接符号应对准在同一线上，如图

2-46 所示。连接符号用折断线表示，并标注出相同的大写字母。

六、同一构件的分段画法

同一构配件，如绘制位置不够，可分段绘制，并应以连接符号表示相连，连接符号应以折断线表示连接的部位，并用相同的字母编号，如图 2-47 所示。

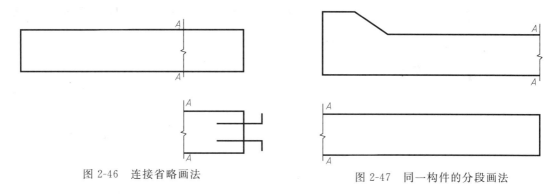

图 2-46　连接省略画法　　　　　图 2-47　同一构件的分段画法

七、不剖形体的画法

当剖切平面纵向通过薄壁、筋板、柱、轴等实心形体的轴线或对称平面时，这些部分不画图例线，只画出外形轮廓线，此类形体称为不剖形体，如图 2-48 所示。

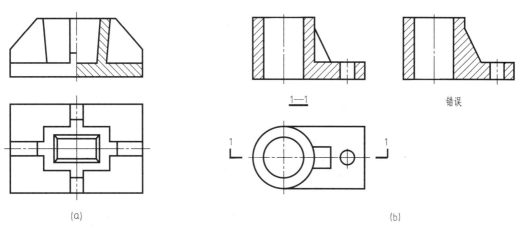

(a)　　　　　　　　　　　　　　　　　(b)

图 2-48　不剖形体

八、局部放大画法

当形体的局部结构图形过小时，可采用局部放大画法。画局部放大图时，应用细实线圈出放大部位，并尽量放在放大部位附近。若同一形体有几个放大部位时，应用罗马数字按顺序注明，并在放大图的上方标注出相应的罗马数字及采用的比例，如图 2-49 所示。

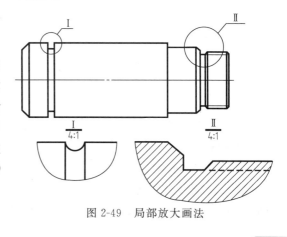

图 2-49　局部放大画法

第七节 第三角投影

随着国际交流的日益增多，在工作中会遇到像英、美等采用第三角投影画法的技术图纸。按国家标准规定，必要时（如合同规定等），才允许使用第三角画法。

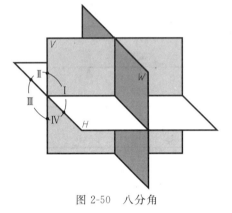

图 2-50 八分角

一、什么是第三角投影？

互相垂直的三个投影面（V、H、W）扩大后，可将空间分为八个部分，其中V面之前、H面之上、W面之左为第一分角，按逆时针方向，依次为称为第二分角、……、第八分角，如图 2-50 所示。我国制图标准规定，我国的工程图样均采用第一角画法，即将形体放在第一角中间进行投影。如果将形体放在第三角中间进行投影，则称为第三角投影。

二、第三角投影中的三视图

如图 2-51 所示，把形体在第三角中进行正投影，然后V面不动，将H面向上旋转90°，将W面向右旋转90°，便得到位于同一平面上的属于第三角投影的三面投影图。

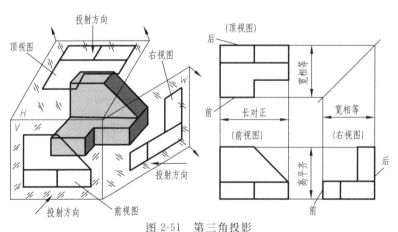

图 2-51 第三角投影

三、第三角与第一角投影比较

1. 共同点
均采用正投影法，在三面投影中均有"长对正，高平齐，宽相等"的三等关系。

2. 不同点
（1）观察者、形体、投影面三者的位置关系不同 第一角投影的顺序是"观察者→形体→投影面"，即通过观察者的视线（投射线）先通过形体的各顶点，然后与投影面相交；第三角投影的顺序是"观察者→投影面→形体"，即通过观察者的视线（投射线）先通过投影面，然后到达形体的各顶点。

视图中第三角、第一角投影分别用相应的符号表示，如图 2-52 所示。

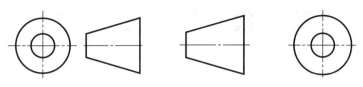

(a) 第三角投影符号   (b) 第一角投影符号

图 2-52　投影符号

（2）投影图的排列位置不同　第一角画法投影面展开时，正立投影面（V）不动，水平投影面（H）绕 OX 轴向下旋转，侧立投影面（W）绕 OZ 轴向右向后旋转，使它们位于同一平面，其视图配置如图 2-2 所示；第三角画法投影面展开时，正立投影面（V）不动，水平投影面（H）绕 OX 轴向上旋转，侧立投影面（W）绕 OZ 轴向右向前旋转，使它们位于同一平面，其视图配置如图 2-53 所示。

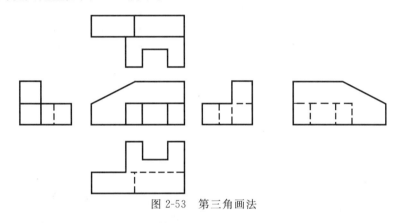

图 2-53　第三角画法

与第一角画法中六个基本视图的配置（图 2-2 所示）相比较，可以看出：各视图以正立面为中心，平面图与底面图的位置上下对调，左侧立面图与右侧立面图左右对调，这是第三角画法与第一角画法的根本区别。实际上各视图本身完全相同，仅仅是它们的位置不同。

第三章 建筑施工图

第一节 概 述

一、房屋的组成及其作用

　　房屋是供人们生产、生活、学习、娱乐的场所，按其使用功能和使用对象的不同通常可分为厂房、库房、农机站等生产性建筑与商场、住宅、体育场（馆）等民用建筑。各种不同的房屋尽管它们在使用要求、空间组合、外部形状、结构形式等方面各自不同，但是它们的基本构造是类似的。现以如图 3-1 所示办公楼为例，将房屋各组成部分名称及其作用作简单介绍。

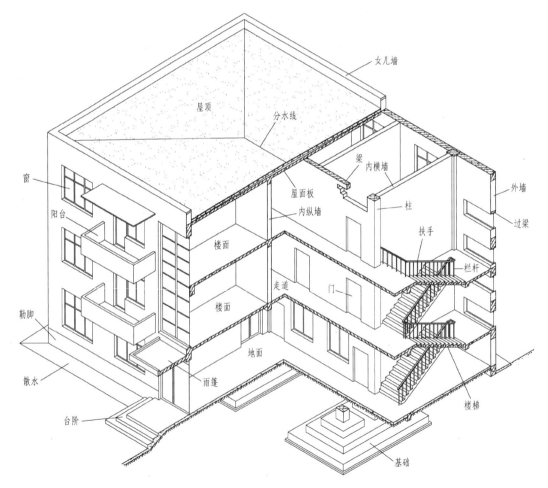

图 3-1 房屋的组成

一幢房屋，一般是由基础、墙或柱、楼面及地面、屋顶、楼梯和门窗等 6 大部分组成。它们分别处在不同的部位，发挥着各自的作用。其中起承重作用的部分称为构件，如基础、墙、柱、梁和板等；而起维护及装饰作用的部分称为配件，如门、窗和隔墙等。因此，房屋是由许多构件、配件和装修构造组成的。

基础是房屋最下部的承重构件。它承受着房屋的全部荷载，并将这些荷载传给地基。基础上面是墙，包括外墙和内墙，它们共同承受着由屋顶和楼面传来的荷载，并传给基础。同时，外墙还起着维护作用，抵御自然界各种因素对室内的侵袭，而内墙具有分隔空间作用，组成各种用途的房间。外墙与室外地面接近的部位称为勒脚，为保护墙身不受雨水浸蚀，常在勒脚处将墙体加厚并外抹水泥砂浆。

楼面、地面是房屋建筑中水平方向的承重构件，除承受家具、设备和人体荷载及其本身重量外，同时，它还对墙身起水平支撑作用。

楼梯是房屋的垂直交通设施，供人们上下楼层、运输货物或紧急疏散之用。

屋顶是房屋最上层起覆盖作用的外围护构件，借以抵抗雨雪，避免日晒等自然界的影响。屋顶由屋面层和结构层组成。

窗的作用是采光、通风与围护。楼梯、走廊、门和台阶在房屋中起着沟通内外、上下交通的作用。此外，还有挑檐、雨水管、散水、烟道、通风道、排水、排烟等设施。

房屋的第一层称为底层或首层，最上一层称为顶层。底层与顶层之间的若干层可依次称之为二层、三层、……或统称为中间层。

二、施工图分类

在工程建设中，首先要进行规划、设计并绘制成图，然后照图施工。房屋工程图是工程技术的"语言"，它包括建筑物的方案图、初步设计图和扩大初步设计图以及施工图。所谓施工图是指将一幢拟建房屋的内外形状和大小，以及各部分的结构、构造、装修、设备等内容，按照国家制定的制图标准的规定，用多面正投影方法详细准确地画出，用以指导施工的一套图纸，是将已经批准的初步设计图，按照施工的要求给予具体化的图纸。

一套完整的施工图，应包括：图纸目录、设计总说明、建筑施工图、结构施工图、建筑装修图、设备施工图等。

1. 建筑施工图（简称建施图）

主要用来表示建筑物的规划位置、外部造型、内部各房间的布置、内外装修、构造及施工要求等。它的主要内容包括施工图首页（图纸目录、设计总说明、门窗表等）、总平面图、各层平面图、立面图、剖面图及详图。

2. 结构施工图（简称结施图）

主要表示建筑物承重结构的结构类型、结构布置、构件种类、数量、大小及做法。它的内容包括结构设计说明、结构平面布置图及构件详图。

3. 设备施工图（简称设施图）

主要表达建筑物的给水排水、暖气通风、供电照明、燃气等设备的布置和施工要求等。它主要包括各种设备的布置图、系统图和详图等内容。

本章主要介绍建筑施工图的图示内容及其画法。

三、建筑施工图的图示特点

（1）建筑施工图中建筑平、立、剖面图一般按投影关系画在同一张图纸上，以便阅读。如房屋体型较大、层数较多、图幅不够，各图样也可分别画在几张图纸上，但应依次连续编号。每个图样应标注图名，如图 3-2 所示。

（2）房屋体型较大，施工图常用缩小比例绘制。构造较复杂的地方，可用大比例的详图绘出。

（3）由于房屋的构、配件和材料种类较多，"国标"规定了一系列的图形符号来代表建筑构配件、卫生设备、建筑材料等，这种图形符号称为图例。为读图方便，"国标"还规定了许多标准符号。

（4）线形粗细变化。为了使所绘的图样重点突出、活泼美观，施工图上采用了很多线型，如立面图中室外地坪用 $1.4b$ 的特粗线，门窗格子、墙面粉刷分格线用细实线等。

四、标准图

为了适应大规模建设的需要，加快设计施工速度、提高质量、降低成本，将各种大量常用的建筑物及其构、配件按国家标准规定的模数协调，并根据不同的规格标准，设计编绘成套的施工图，以供设计和施工时选用。这种图样称为标准图或通用图。将其装订成册即为标准图集或通用图集。

我国标准图有两种分类方法：一是按使用范围分类；二是按工种分类。

按照使用范围大体分为三类：

① 经国家部、委批准的，可在全国范围内使用；

② 经各省、市、自治区有关部门批准的，在各地区使用；

③ 各设计单位编制的图集，供各设计单位内部使用。

按工种分类：

① 建筑配件标准图，一般用"建"或"J"表示；

② 建筑构件标准图，一般用"结"或"G"表示。

五、绘制建筑施工图的步骤和方法

① 确定绘制图样的数量。根据房屋的外形、层数、平面布置和构造内容的复杂程度，以及施工的具体要求，确定图样的数量，做到表达内容既不重复也不遗漏。图样的数量在满足施工要求的条件下以少为好。

② 选择适当的比例。

③ 进行合理的图面布置。图面布置要主次分明，排列均匀紧凑，表达清楚，尽可能保持各图之间的投影关系。同类型的、内容关系密切的图样，集中在一张或图号连续的几张图纸上，以便对照查阅。

④ 施工图的绘制方法。绘制建筑施工图的顺序，一般是按总平面图→平面图→立面图→剖面图→详图顺序来进行的。

六、建筑施工图的阅读方法

建筑施工图的阅读方法应是"由外向里看，由大到小看，由粗到细看，先主体，后局部，图样与说明互相对着看，建施与结施对着看"。具体阅读步骤如下：

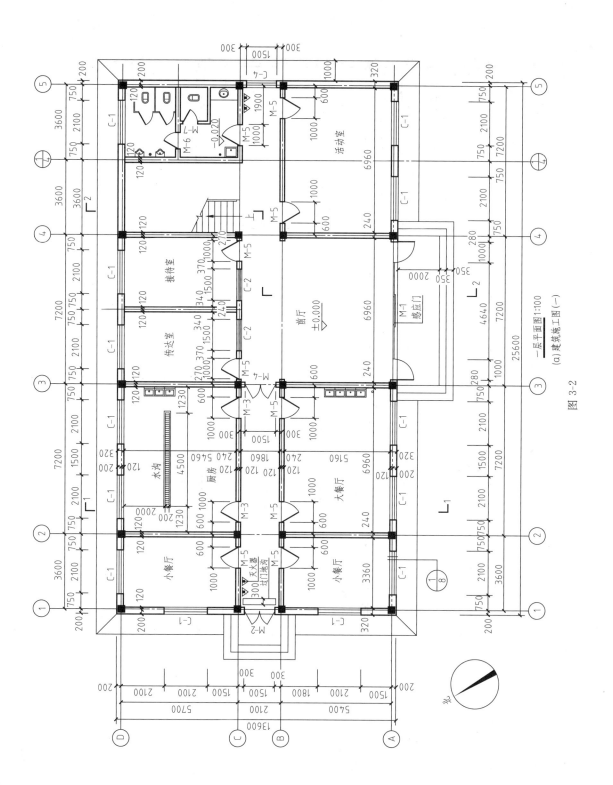

一层平面图1:100

(a) 建筑施工图(一)

图 3-2

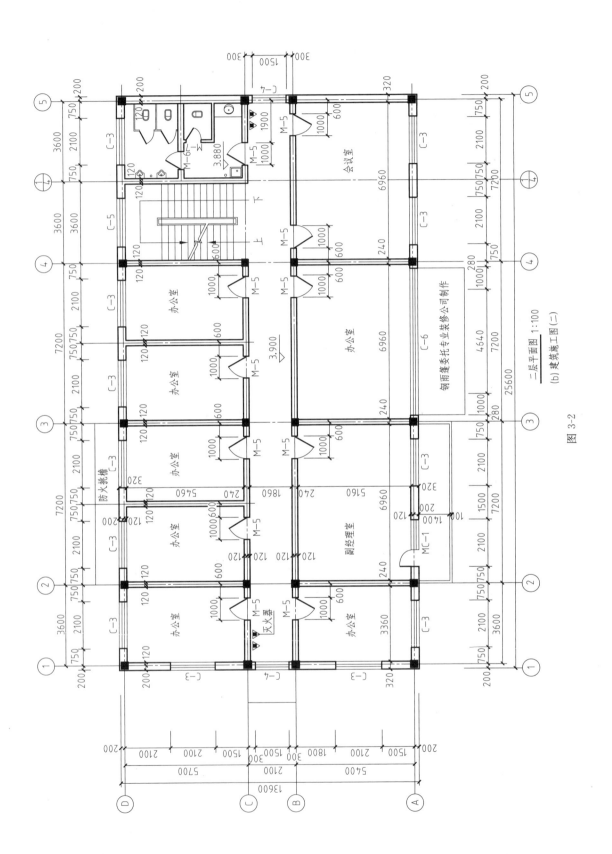

二层平面图 1:100

(b) 建筑施工图 (二)

图 3-2

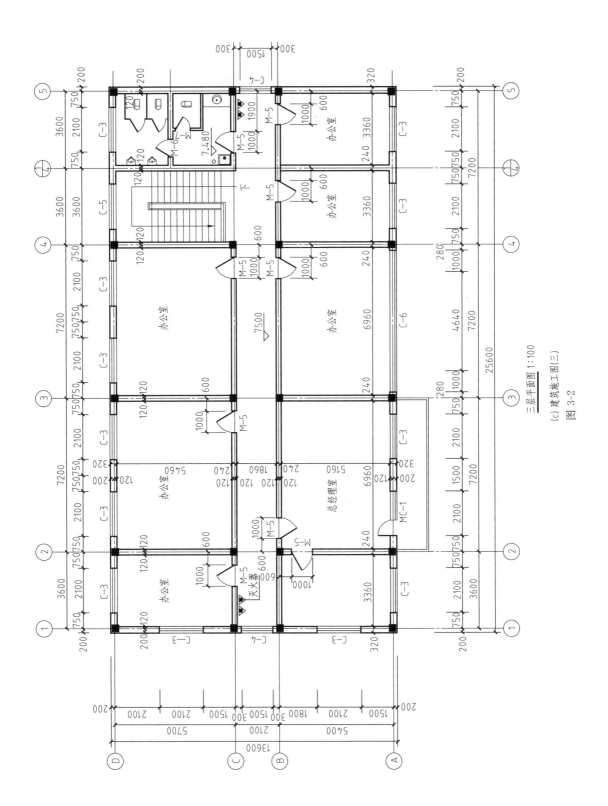

三层平面图 1:100

(c) 建筑施工图(三)

图 3-2

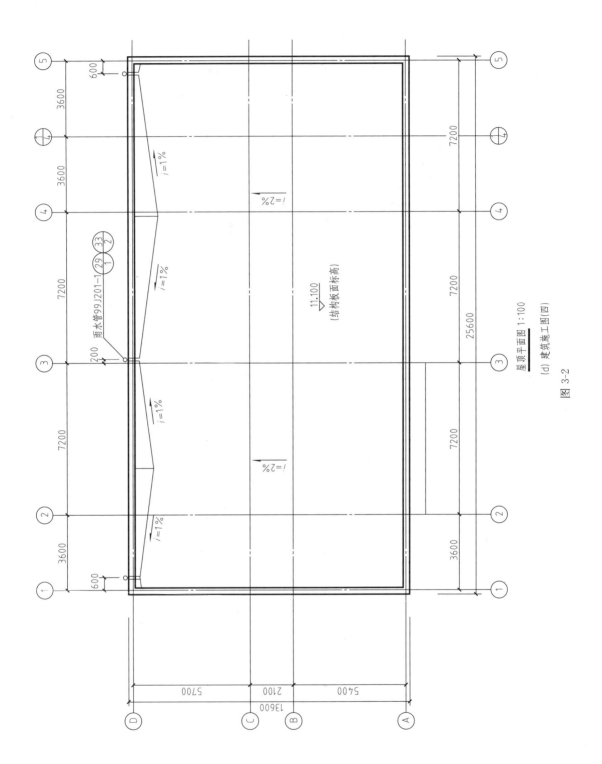

屋顶平面图 1:100

(d) 建筑施工图（四）

图 3-2

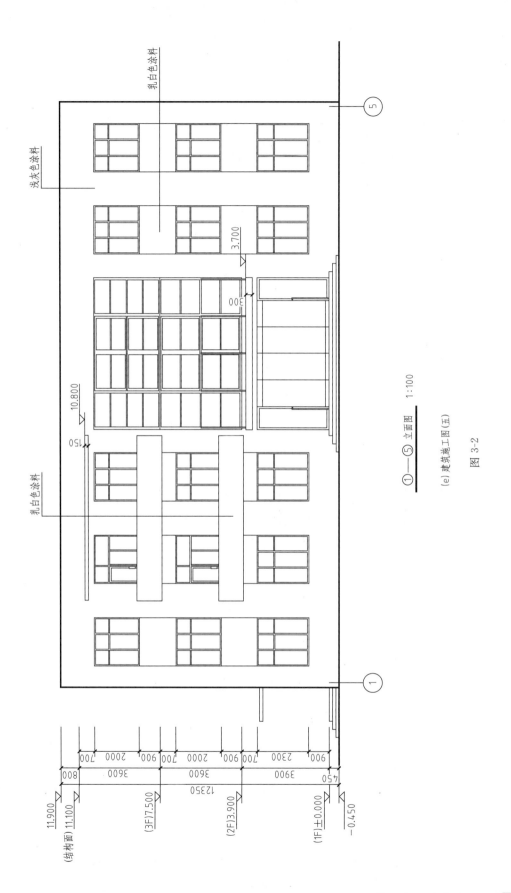

①—⑤ 立面图 1:100

(e) 建筑施工图(五)

图 3-2

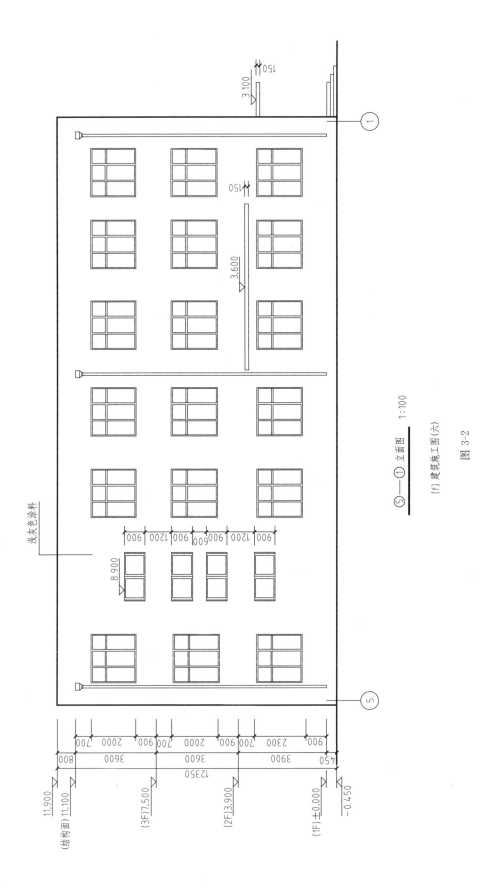

⑤—① 立面图 1:100

(f) 建筑施工图(六)

图 3-2

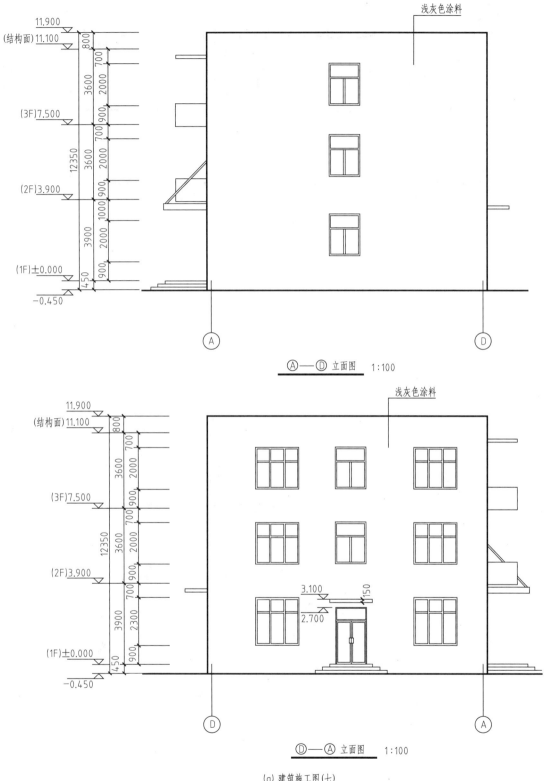

浅灰色涂料

Ⓐ — Ⓓ 立面图　1:100

浅灰色涂料

3.100
2.700

Ⓓ — Ⓐ 立面图　1:100

(g) 建筑施工图(七)

图 3-2

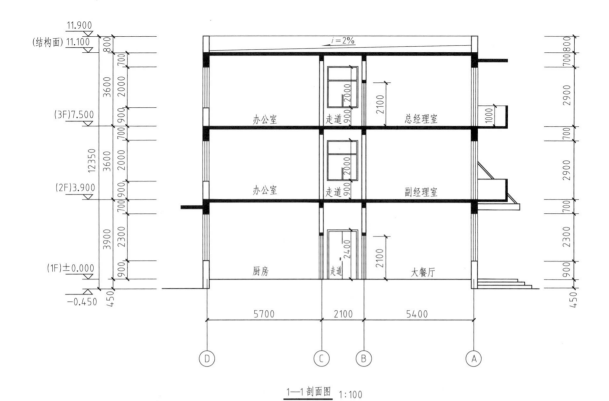

1—1剖面图 1:100

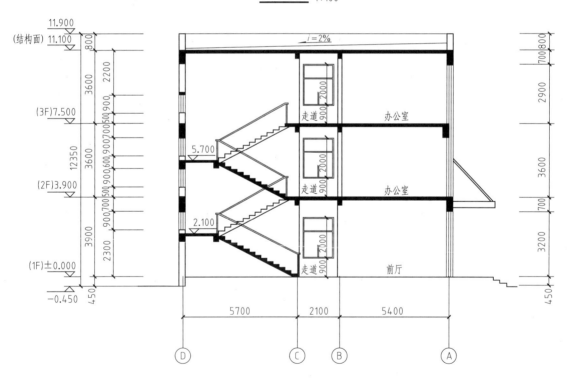

2—2剖面图 1:100

(h)建筑施工图(八)

图 3-2　建筑施工图

（1）先看目录。了解建筑性质，结构类型，建筑面积大小，图纸张数等信息。

（2）按照图纸目录检查各类图纸是否齐全，有无错误，标准图是哪一类。把它们查全准备在手边以便可以随时查看。

（3）看设计说明。了解建筑概况和施工技术要求。

（4）看总平面图。了解建筑物的地理位置、高程、朝向及建筑有关情况。

（5）依次看平面图、立面图、剖面图，通过平、立、剖面图，在脑海中逐步建立立体形象。

（6）通过平、立、剖面图形成建筑的轮廓以后，再通过详图了解各构件、配件的位置，及它们之间是如何连接的。

第二节　建筑施工图中常用的符号及标注方式

一、指北针和风向频率玫瑰图

新建房屋的朝向与风向，可在图纸的适当位置绘制指北针或风向频率玫瑰图（简称"风玫瑰"）来表示。

指北针应按"国标"规定绘制，如图3-3所示。其圆用细实线，直径为24mm；指针尾部宽度为3mm，指针头部应注"北"或"N"字。如需用较大直径绘制指北针时，指针尾部宽度宜为直径的1/8。

图3-3　指北针

图3-4　风向频率玫瑰图

风向频率玫瑰图在8个或16个方位线上用端点与中心的距离，代表当地这一风向在一年中发生次数的多少，粗实线表示全年风向，细虚线范围表示夏季风向。风向由各方位吹向中心，风向线最长者为主导风向，如图3-4所示。

二、轴线

为了建筑工业化，在建筑平面图中，采用轴线网格划分平面，使房屋的平面构件和配件趋于于统一，这些轴线叫定位轴线（又称作立轴线），它是确定房屋主要承重构件（墙、柱、梁）位置及标注尺寸的基线，采用细单点长画线表示。定位轴线应编号，编号应注写在轴线端部的圆内。圆应用细实线绘制，直径为8～10mm。定位轴线圆的圆心应在定位轴线的延长线或延长线的折线上。在平面图上横向编号应用阿拉伯数字，从左至右顺序编写：如图3-2（a）所示平面图上是由①到⑤。竖向编号应用大写拉丁字母，从下至上顺序编写：如图3-2（a）所示平面图上是由Ⓐ到Ⓓ。拉丁字母的I、O、Z不得用作轴线编号，以免与阿拉伯数字中的 0、1、2 三个数字混淆。

组合较复杂的平面图中定位轴线也可采用分区编号，编号的注写形式应为"分区号-该区轴线号"，如图 3-5 所示。

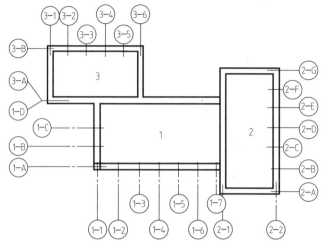

图 3-5　轴线分区标注方法

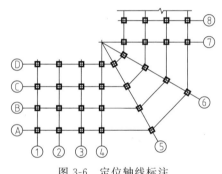

图 3-6　定位轴线标注

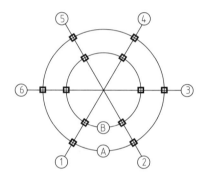

图 3-7　圆形平面定位轴线标注

如平面为折线型，定位轴线的编号可按如图 3-6 所示的形式编写。

如圆形与弧形平面图中的定位轴线，其径向轴线应以角度进行定位，其编号宜用阿拉伯数字表示，从左下角或 −90°（若径向轴线很密，角度间隔很小）开始，按逆时针顺序编写；其环向轴线宜用大写拉丁字母表示，从外向内顺序编写，如图 3-7 所示。

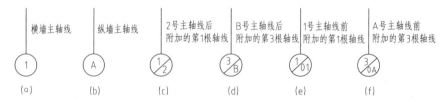

图 3-8　轴线标注

一般承重墙柱及外墙等编为主轴线，非承重墙、隔墙等编为附加轴线（又叫分轴线）。附加轴线的编号是在主轴线后依次用 1、2…编注。如主轴线②后的附加轴线编为 1/2，如图3-8 所示。

三、标高

建筑物都要表达长、宽、高的尺寸。施工图中高度方向的尺度用标高来表示。

标高符号应以直角等腰三角形表示，用细实线绘制，如图3-9（a）所示。如标注位置不够，也可按如图3-9（b）所示形式绘制。标高符号的具体画法如图3-9（c）所示。总平面图室外地坪标高采用全部涂黑的45°等腰三角形表示，如图3-10（a）所示，其形状大小如图3-10（b）所示。

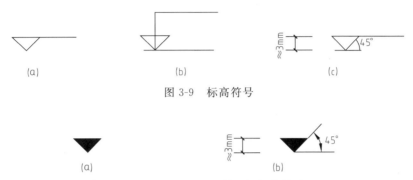

图3-9 标高符号

图3-10 总平面图室外地坪标高符号

标高符号的尖端应指至被注高度的位置。尖端一般应向下，也可向上。标高数字应注写在标高符号的左侧或右侧，如图3-11所示。

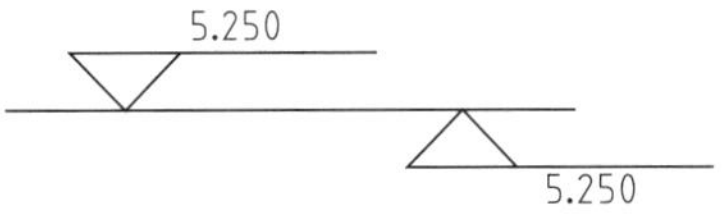

图3-11 标高的指向 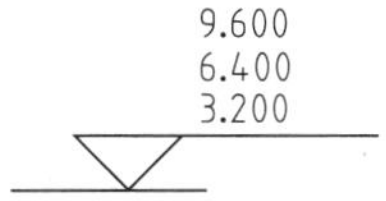　　　　　图3-12 同一位置注写多个标高数字

标高数字应以m为单位，注写到小数点以后第三位。在总平面图中，可注写到小数点以后第二位。

零点标高应注写成±0.000，正数标高不注"＋"，负数标高应注"－"，例如3.000、－0.600。

在图样的同一位置需表示几个不同标高时，标高数字可按如图3-12所示的形式注写。

四、详图索引标志和详图标志

为了便于看图，常采用详图标志和索引标志。详图标志（又称详图符号）画在详图的下方；详图索引标志（又称索引符号）则表示建筑平、立、剖面图中某个部位需另画详图表示，故详图索引标志是标注在需要出详图的位置附近，并用引出线引出。

1. 详图索引标志

如图3-13所示为详图索引标志。其水平直径线及符号圆圈均以细实线绘制，圆的直径为8～10mm，水平直径线将圆分为上下两半，上方注写出详图编号，下方注写出详图所在图纸编号，如图3-13（c）所示。如详图绘在本张图纸上，则仅用细实线在索引标志的下半圆内画一段水平细实线即可，如图3-13（b）所示。如索引的详图是采用标准图，应在索引标志水平直径延长线上加注标准图集的编号，如图3-13（d）所示。

如图3-14所示为用于索引剖面详图的索引标志。应在被剖切的部位绘制剖切位置线，

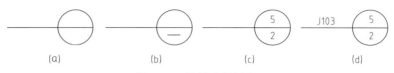

图 3-13　详图索引标志

并以引出线引出索引标志。引出线所在的一侧应视为剖视方向。

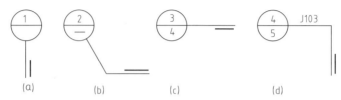

图 3-14　用于索引剖面详图的索引标志

2. 详图标志

详图的位置和编号，应用详图标志表示。详图标志应以粗实线绘制，直径为 14mm，如图 3-15（a）所示。详图与被索引的图样同在一张图纸内时，应在详图标志内用阿拉伯数字注明详图的编号。详图与被索引的图样，如不在同一张图纸内时，

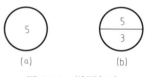

图 3-15　详图标志

也可以用细实线在详图标志内画一水平直径，上半圆中注明详图编号，下半圆内注明被索引图的图纸编号，如图 3-15（b）所示。

五、引出线

① 引出线应以细实线绘制，宜采用水平方向的直线、与水平方向成 30°、45°、60°、90° 的直线，或经上述角度再折为水平线。文字说明宜注写在水平线的上方，如图 3-16（a）所示；也可注写在水平线的端部，如图 3-16（b）所示。索引详图的引出线，宜与水平直径线相连接，如图 3-16（c）所示。

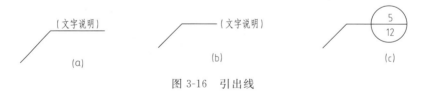

图 3-16　引出线

② 同时引出几个相同部分的引出线，宜互相平行，如图 3-17（a）所示；也可画成集中于一点的放射线，如图 3-17（b）所示。

图 3-17　共用引出线

③ 多层次构造用分层说明的方法标注其构造做法。多层次的构造的共用引出线，应通过被引出的各层。文字说明宜用 5 号或 7 号字注写出在横线的上方或横线的端部，说明的顺

序由上至下，并应与被说明的层次相互一致。如层次为横向排列，则由上至下的说明顺序应同由左至右的层次相互一致，如图 3-18 所示。

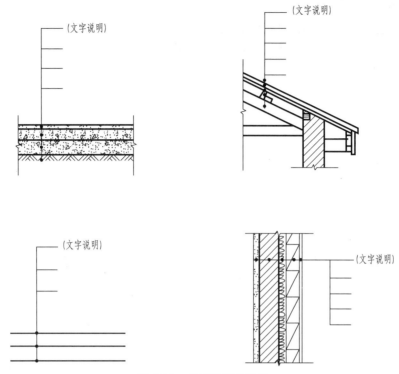

图 3-18　多层构造引出线

第三节　总平面图

一、总平面图的形成及用途

总平面图（总平面布置图）是将拟建工程四周一定范围内的新建、拟建、原有和拆除的建筑物、构筑物连同其周围的地形地貌（道路、绿化、土坡、池塘等），用水平投影方法和相应的图例所画出的图样。

总平面图可以反映出上述建筑的形状、位置、朝向以及与周围环境的关系，它是新建筑物施工定位、土方设计以及绘制水、暖、电等管线总平面图和施工总平面图设计的重要依据。

二、总平面图的比例

由于总平面图包括地区较大，国家制图标准（以下简称"国标"）规定：总平面图的比例宜选用 1：300、1：500、1：1000、1：2000 来绘制。实际工程中，由于国土资源局以及有关单位提供的地形图常为 1：500 的比例，故总平面图常用 1：500 的比例绘制。

三、总平面图的图例

由于比例较小，故总平面图上的房屋、道路、桥梁、绿化等都用图例表示。

如表 3-1 所示，列出的为"国标"规定的总平面图部分图例（图例：以图形规定出的画法称为图例）。在较复杂的总平面图中，如用了一些"国标"上没有的图例，应在图纸的适当位置加以说明。

表 3-1　总平面图图例（部分）（GB/T 50103—2010）

名称	图例	备注	名称	图例	备注
新建建筑物	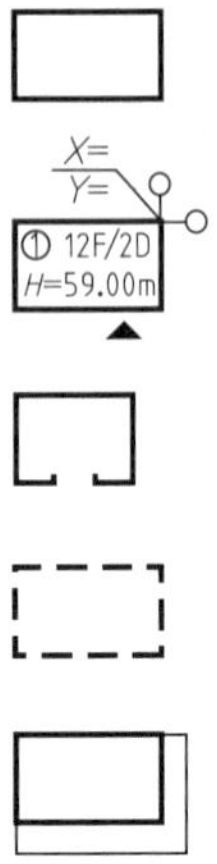 $X=$　$Y=$　① 12F/2D　$H=59.00$m	新建建筑物以粗实线表示与室外地坪相接处±0.00 外墙定位轮廓线　建筑物一般以±0.00 高度处的外墙定位轴线交叉点坐标定位。轴线用细实线表示，并标明轴线号　根据不同设计阶段标注建筑编号，地上、地下层数，建筑高度，建筑出入口位置（两种表示方法均可，但同一图纸采用一种表示方法）　地下建筑物以粗虚线表示其轮廓　建筑上部（±0.00 以上）外挑建筑用细实线表示　建筑物上部连廊用细虚线表示并标注位置	台阶及无障碍坡道	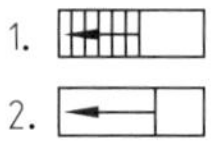 1. 　2.	1. 表示台阶（级数仅为示意）　2. 表示无障碍坡道
			坐标	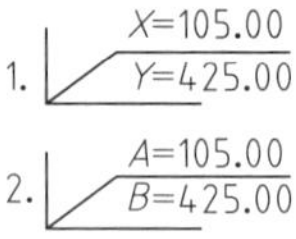 1. $X=105.00$　$Y=425.00$　2. $A=105.00$　$B=425.00$	1. 表示地形测量坐标系　2. 表示自设坐标系　坐标数字平行于建筑标注
			填挖边坡		—
			室内地坪标高	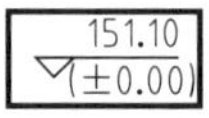 151.10　（±0.00）	数字平行于建筑物书写
			室外地坪标高	 143.00	室外标高也可采用等高线
原有建筑物	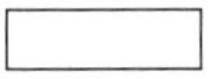	用细实线表示	新建的道路	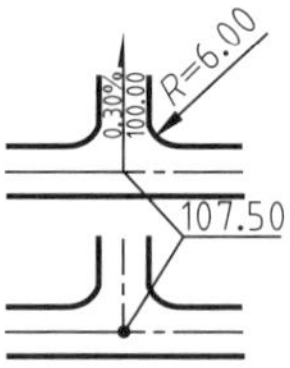 $R=6.00$　107.50	"$R=6.00$"表示道路转弯半径；"107.50"为道路中心线交叉点设计标高，两种表示方法均可，同一图纸采用一种方式表示；"100.00"为变坡点之间距离，"0.30%"表示道路坡度，→表示坡向
计划扩建的预留地或建筑物		用中粗虚线表示			
拆除的建筑物	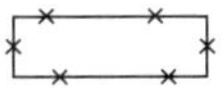	用细实线表示			
建筑物下面的通道	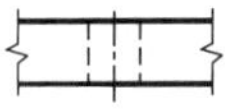	—	原有道路	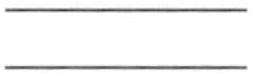	
			计划扩建的道路		
铺砌场地	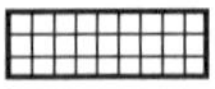	—	拆除的道路	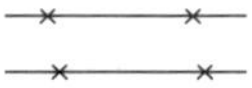	
围墙及大门		—	草坪	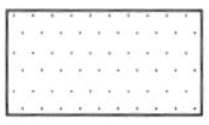	
挡土墙	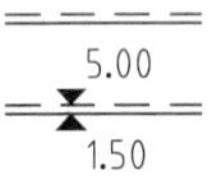 5.00　1.50	挡土墙根据不同设计阶段的需要标注墙顶标高墙底标高			

四、总平面图的图示内容

总图应按上北下南方向绘制。根据场地形状或布局，可向左或右偏转，但不宜超过

45°。总图中应绘制指北针或风玫瑰图，如图 3-19 所示。

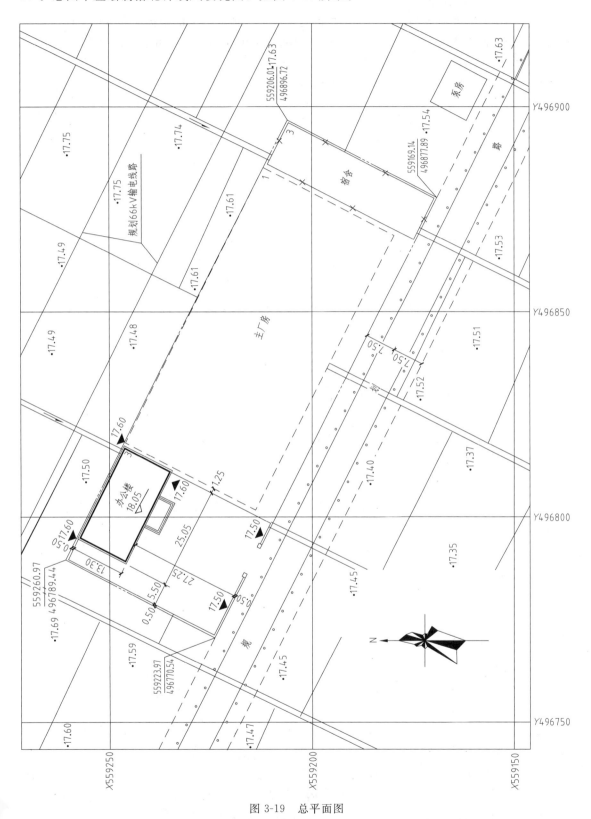

图 3-19 总平面图

1. 拟建建筑的定位

总平面图常画在有等高线和坐标网格的地形图上。地形图上的坐标称为测量坐标，是与地形图相同比例画出的 50m×50m 或 100m×100m 的方格网，此方格网的竖轴用 X，横轴用 Y 表示。一般房屋的定位应注其三个角的坐标，如建筑物、构筑物的外墙与坐标轴线平行，可标注其对角坐标，如图 3-20 所示。当房屋的两个主向与测量坐标网不平行时，为方便施工，通常采用建筑坐标网定位。其方法是在图中选用某一适当位置为坐标原点，以竖直方向为 A 轴，水平方向为 B 轴，同样以 50m×50m 或 100m×100m 进行分格，即为建筑坐标网。

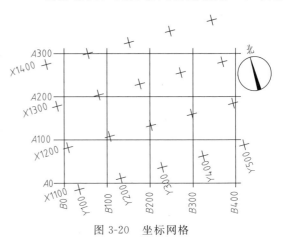

图 3-20　坐标网格

坐标网格应以细实线表示。测量坐标网应画成交叉十字线；建筑坐标网应画成网格通线。

在一张图上，主要建筑物、构筑物用坐标定位时，较小的建筑物、构筑物也可用相对尺寸定位。

注：图中 X 为南北方向轴线，X 的增量在 X 轴线上；Y 为东西方向轴线，Y 的增量在 Y 轴线上。A 轴相当于测量坐标网中的 X 轴，B 轴相当于测量坐标网中的 Y 轴。

2. 拟建建筑、原有建筑物位置、形状

在总平面图上将建筑物分成五种情况，即新建建筑物、原有建筑物、计划扩建的预留地或建筑物、拆除的建筑物和新建的地下建筑物或构筑物。建筑物外形一般以 ±0.00 高度处的外墙定位轴线或外墙面线为准。

3. 其他内容

建筑总平面图中还应包括保留的地形和地物；场地四邻原有及规划的道路、绿化带等的位置；道路、广场的主要坐标（或定位尺寸），停车场及停车位、消防车道及高层建筑消防扑救场地的布置；绿化、景观及休闲设施的布置示意，并表示出护坡、挡土墙，排水沟等。

五、总平面图的线型

总平面图中常用线型参见表 3-1 所示总平面图常用图例备注项。

六、总平面图的标注

在总平面图上应绘出建筑物、构筑物的位置及与各类控制线（区域分界线、用地红线、建筑红线等）的距离，标注新建房屋的总长、总宽及与周围房屋或道路的间距等尺寸。尺寸以 m 为单位，标注到小数点后两位。

新建房屋的层数在房屋图形右上角上用点数或数字表示，一般低层、多层用点数表示层数，高层用数字表示。如果为群体建筑，也可统一用点数或数字表示。

新建房屋的室内地坪标高为绝对标高（以我国青岛黄海的平均海平面为 ±0.000 的标高），这也是相对标高（以某建筑物底层室内地坪为 ±0.000 的标高）的零点。

总平面图上的建筑物、构筑物应注写名称，名称宜直接标注在图上。

七、总平面图看图示例

如图 3-19 所示为某办公楼工程的总平面图。从图中可以看出整个建筑基地比较规整，基地南面毗邻规划路（原有道路扩宽至 30m），办公楼东侧计划扩建单层主厂房，原有三层宿舍楼要拆除。办公楼西南东北朝向，共 3 层，场地建围墙，临规划路建大门。办公楼底层室内整平标高为 18.05m，室外整平标高为 17.60m。整个基地主导风向为南偏西。从图中还可看出基地四周为农田，东侧有泵房，北侧有规划 66kV 输电线路。

第四节　建筑平面图

一、建筑平面图的用途

建筑平面图是用以表达房屋建筑的平面形状，房间布置，内外交通联系，以及墙、柱、门窗等构配件的位置、尺寸、材料和做法等内容的图样。建筑平面图简称"平面图"。

平面图是建筑施工图的主要图纸之一。是施工过程中，房屋的定位放线、砌墙、设备安装、装修以及编制概预算、备料等的重要依据。

二、建筑平面图的形成及图名

建筑各层平面图的形成通常是假想用一水平剖切平面经过门窗洞口之间将房屋剖开，移去剖切平面以上的部分，将余下部分用直接正投影法投影到 H 面上面得到的正投影图。即平面图实际上是剖切位置位于门窗洞口之间的水平剖面图，如图 3-21 所示。

一般情况下，房屋的每一层都有相应的平面图。此外，还有屋顶的平面图。即 n 层的房屋就有 $n+1$ 个平面图，并在每个平面图的下方标注相应的图名，如"一层平面图"（或称"底层平面图"、"首层平面图"）、"二层平面图"、"屋顶平面图"等。图名下方应加画一粗实线，图名右方标注比例。当房屋中间若干层的平面布局，构造情况完全一致时，则可用一个平面图来表达这相同布局的若干层，称之为标准层平面图。

在同一张图纸上绘制多于一层的平面图时，各层平面图宜按层数由低向高的顺序从左至右或从下至上布置。平面图的方向宜与总图方向一致。平面图的长边宜与横式幅面图纸的长边一致。

平面较大的建筑物，可分区绘制平面图，但每张平面图均应绘制组合示意图。

三、建筑平面图的比例

平面图宜选用 1∶50、1∶100、1∶150、1∶200 的比例绘制，实际工程中常用 1∶100 的比例绘制，如表 3-2 所示。

表 3-2　比例（GB/T 50104—2010）

图　名	比　例
建筑物或构筑物的平面图、立面图、剖面图	1∶50、1∶100、1∶150、1∶200、1∶300
建筑物或构筑物的局部放大图	1∶10、1∶20、1∶25、1∶30、1∶50
配件及构造详图	1∶1、1∶2、1∶5、1∶10、1∶15、1∶20、1∶25、1∶30、1∶50

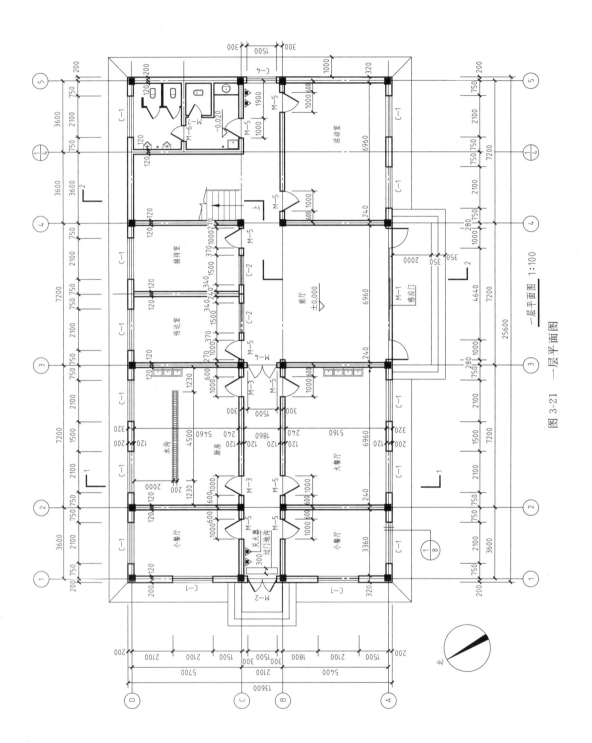

图 3-21 一层平面图

四、建筑平面图的图示内容

建筑平面图内应包括剖切面及投影方向可见的建筑构造。底层平面图应画出房屋本层相应的水平投影，以及与本栋房屋有关的台阶、花池、散水、垃圾箱等的投影；二层平面图除画出房屋二层范围的投影内容外，还应画出底层平面图无法表达的雨篷、阳台、窗楣等内容，而对于底层平面图上已表达清楚的台阶、花池、散水、垃圾箱等内容就不再画出；三层以上的平面图则只需画出本层的投影内容及下一层的窗楣、雨篷等内容。屋顶平面图是用来表达房屋屋顶的形状、女儿墙位置、屋面排水方式、坡度、落水管位置等的图形。

建筑平面图由于比例较小，各层平面图中的卫生间、楼梯间、门窗等投影难以详尽表示，便采用"国标"规定的图例来表达，而相应的详细情况则另用较大比例的详图来表达。具体图例如表 3-3 所示。

表 3-3　房屋施工图常见图例（部分）（GB/T 50104—2010）

名称	图　例	名称	图　例
墙体	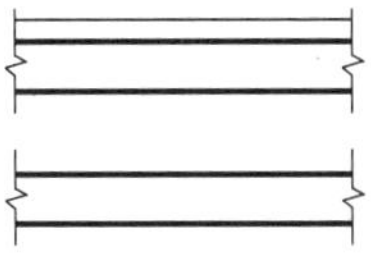	烟道	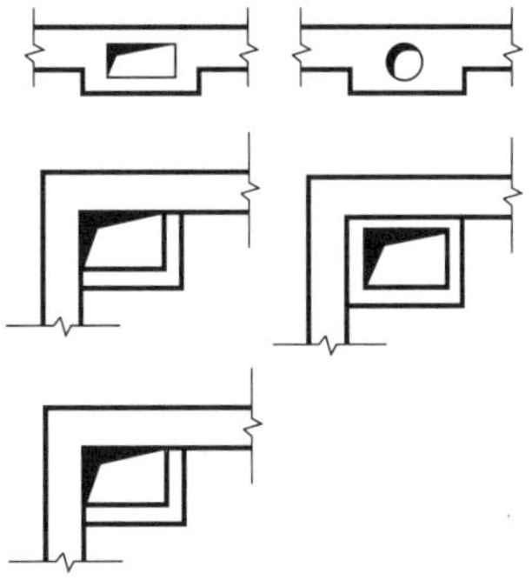
楼梯	顶层　中间层　底层		
		风道	
检查口			
孔洞			
墙预留洞、槽	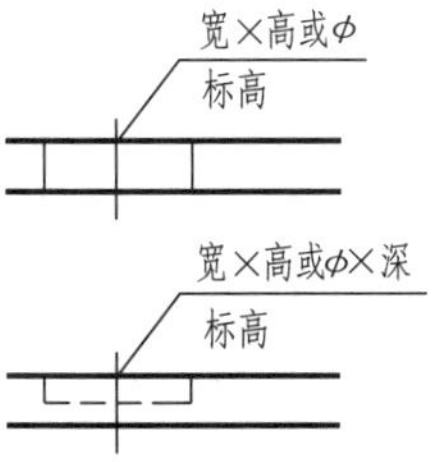 宽×高或φ 标高　宽×高或φ×深 标高	新建的墙和窗	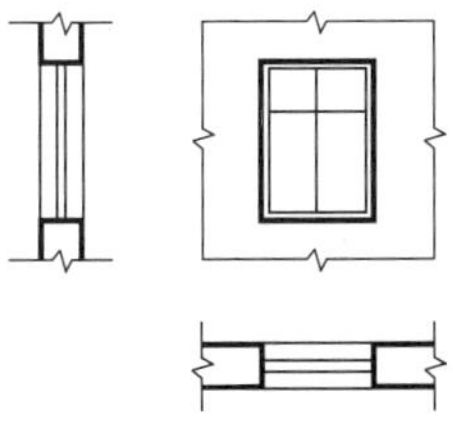

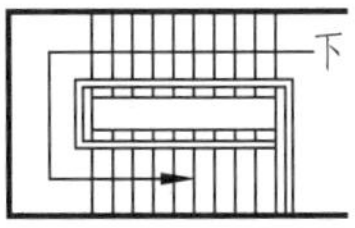

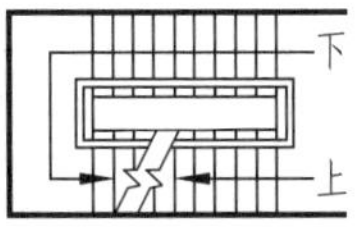

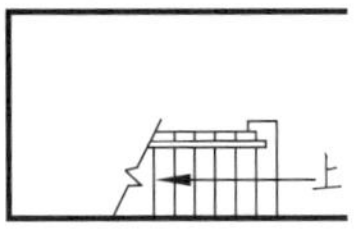

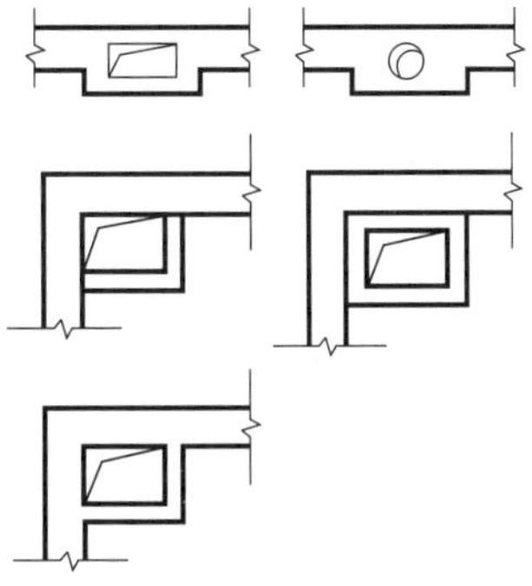

名称	图例	名称	图例
空门洞	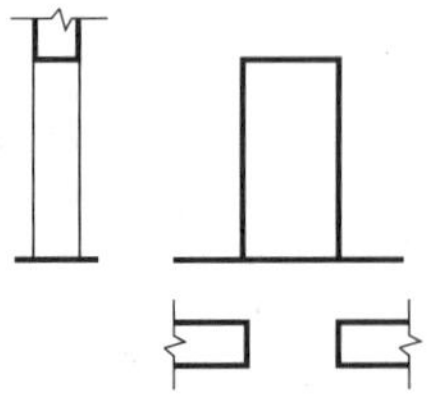	单面开启双扇门（包括平开或单面弹簧）	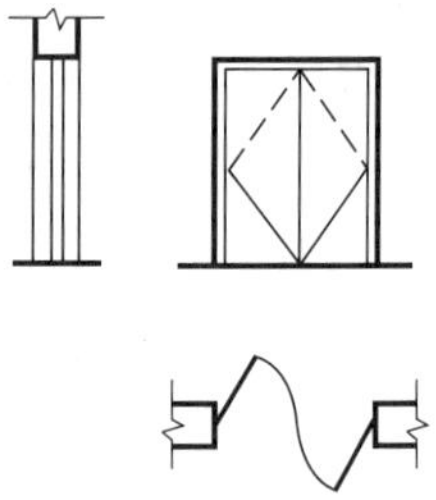
单面开启单扇门（包括平开或单面弹簧）	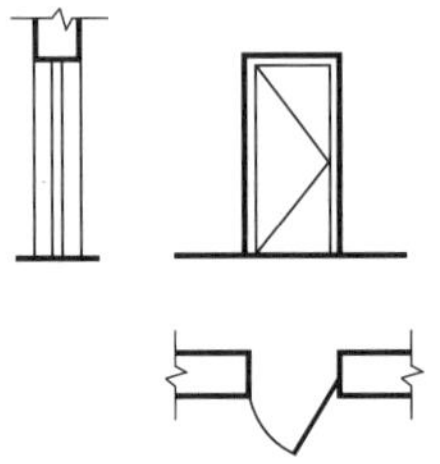	双层双扇平开门	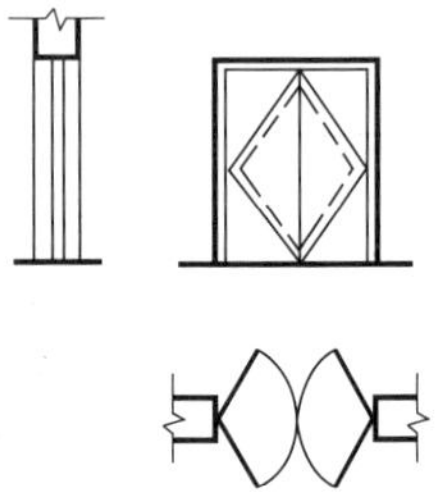
双面开启单扇门（包括双面平开或双面弹簧）	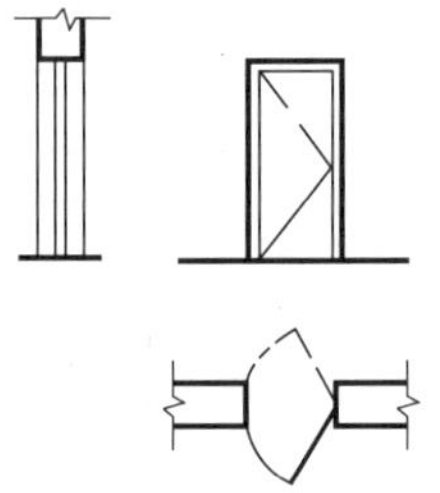	电梯	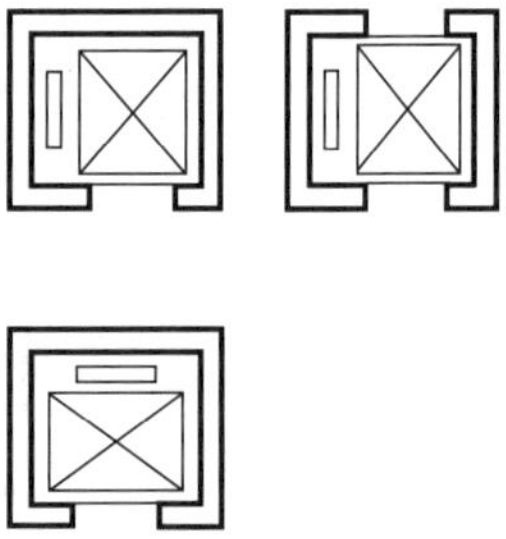
双层单扇平开门	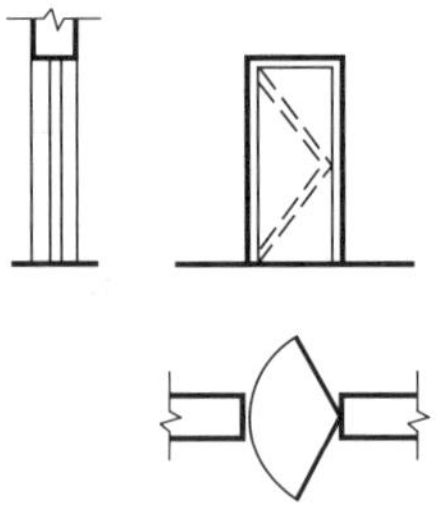	固定窗	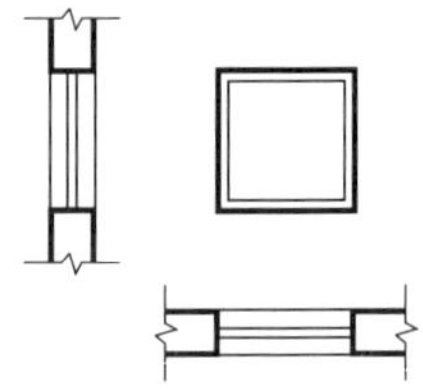
单面开启双扇门（包括平开或单面弹簧）	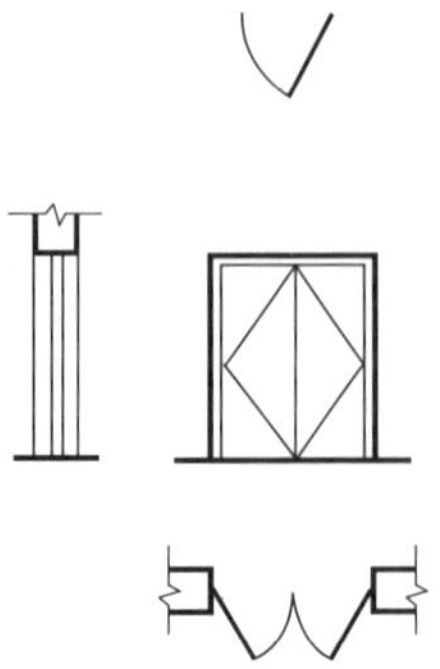	单层外开平开窗	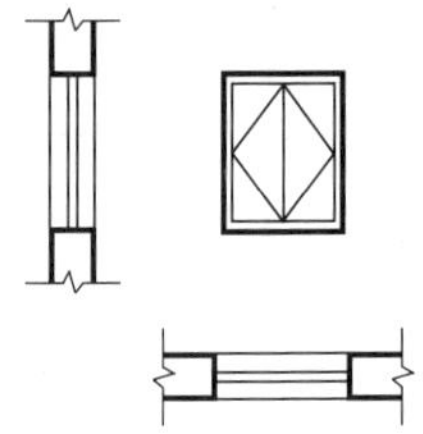

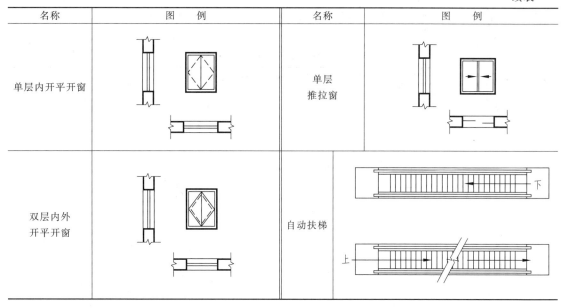

名称	图例	名称	图例
单层内开平开窗		单层推拉窗	
双层内外开平开窗		自动扶梯	

五、建筑平面图的线型

建筑平面图的线型，按"国标"规定，被剖切的主要建筑构造（包括构配件）的轮廓线，应用粗实线；被剖切的次要建筑构造（包括构配件）的轮廓线，应用中粗实线。门扇的开启示意线用中实线表示。其余可见投影线则应用中实线或细实线表示。

六、建筑平面图的标注

（1）轴线 为方便施工时定位放线和查阅图纸，用定位轴线确定主要承重结构和构件（承重墙、梁、柱、屋架、基础等）的位置。对应次要承重构件，可以用附加轴线表示。

图样对称时，一般标注在图样的下方和左侧；图样不对称时，以下方和左侧为主，上方和右方也要标注。

（2）尺寸标注 建筑平面图标注的尺寸可分为总尺寸、定位尺寸和细部尺寸。绘图时，应根据设计深度和图纸用途确定所需注写的尺寸。

① 外部尺寸：在水平方向和竖直方向各标注三道。最外一道尺寸标注房屋水平方向的总长、总宽，称为总尺寸；中间一道尺寸称为定位尺寸——轴线尺寸，标注房屋的开间、进深（一般情况下两横墙之间的距离称为"开间"；两纵墙之间的距离称为"进深"）。最里边一道尺寸标注房屋外墙的墙段及门窗洞口尺寸，称为细部尺寸。

如果建筑平面图图形对称，宜在图形的左边、下边标注尺寸，如果图形不对称，则需在图形的各个方向标注尺寸，或在局部不对称的部分标注尺寸。

② 内部尺寸：房屋内部门窗洞口、门垛、内墙厚、柱子截面等细部尺寸。

（3）标高 建筑物平面图宜标注室内外地坪、楼地面、地下层地面、阳台、平台、台阶等处的完成面标高。平屋面等不易标明建筑标高的部位可标注结构标高，并予以说明。结构找坡的平屋面，屋面标高可标注在结构板面最低点，并注明找坡坡度，见图3-2（d）。

（4）门窗编号 为编制概预算的统计及施工备料，平面上所有的门窗都应进行编号。门常用"M1"、"M2"或"M-1"、"M-2"等表示，窗常用"C1"、"C2"或"C-1"、"C-2"表示，也可用标准图集上的门窗代号来编注门窗。门窗编号为"MF"、"LMT"、"LC"的含义依次分别为"防盗门"、"铝合金推拉门"、"铝合金窗"。为便于施工，图中还常列有门窗表，如表 3-4 所示。

表 3-4　门窗表

| 类别 | 门窗编号 | 洞口尺寸 | | 数量 | 选用标准图集及编号 | | 备　注 |
		宽	高		图集号	标准号	
门	M-1	6640	3200	1			白钢玻璃组合门,中间感应推拉,两侧平开
	M-2	1500	2700	1			白钢玻璃门
	M-3	1000	2100	2			钢板模压甲级防火门
	M-4	1500	2400	1			装饰木门
	M-5	1000	2100	29			装饰木门
	M-6	800	2100	3			装饰木门
	M-7	700	2000	3			装饰木门
	MC-1	2100	2900	2			单框塑钢平开门,平开窗窗高 2000mm
窗	C-1	2100	2300	13			60 系列单框双玻塑钢平开窗,玻璃 5+12+5
	C-2	1500	1800	2			60 系列单框双玻塑钢平开窗,玻璃 5+12+5
	C-3	2100	2000	24			60 系列单框双玻塑钢平开窗,玻璃 5+12+5
	C-4	1500	2000	5			60 系列单框双玻塑钢平开窗,玻璃 5+12+5
	C-5	2100	900	4			60 系列单框双玻塑钢平开窗,玻璃 5+12+5
	C-6	6640	6500	1			135 系列铝合金明框玻璃幕墙,玻璃 6+12+6

（5）剖切位置及详图索引　建（构）筑物剖面图的剖切部位，应根据图纸的用途或设计深度，在平面图上选择能反映全貌、构造特征以及有代表性的部位剖切，剖切符号宜注在 ±0.000 标高的平面图（多为一层平面图）上。如图中某个部位需要画出详图，则在该部位要标出详图索引标志，如图 3-21 所示。

（6）房间功能说明　建筑物平面图应注写房间的名称或编号。编号注写在直径为 6mm 细实线绘制的圆圈内，并在同张图纸上列出房间名称表。如图 3-2 所示平面图采用的是注写房间名称的方式来表达的。

（7）指北针　指北针应绘制在建筑物±0.000 标高的平面图（一层平面图）上，并放在明显位置，所指的方向应与总平面图一致。

七、看图示例

如图 3-21 所示为某办公楼一层平面图，用 1∶100 的比例绘制的。房屋平面形状为长方形，朝向为南偏西。

本办公楼总长为 25.600m，总宽为 13.600m。南向③—④轴线间设建筑主入口，西侧设次入口，楼梯间设在北侧。一层有传达室、接待室、活动室、厨房、餐厅、卫生间等房间。接待室开间有 3.600m，进深有 5.700m，门宽度 1.000m，面对前厅的房间开窗宽 1.500m，外墙开窗宽 2.100m。一层地面标高±0.000m。

如图 3-2（d）所示的屋顶平面图表示该办公楼为平屋顶，屋面排水坡度 $i=2\%$，排水方式为落水管外排水。

八、建筑平面图的画图步骤

① 根据开间和进深的尺寸，先画出定位轴线，再根据墙体位置和厚度，用细实线画出内外墙厚度轮廓线，如图 3-22（a）所示。

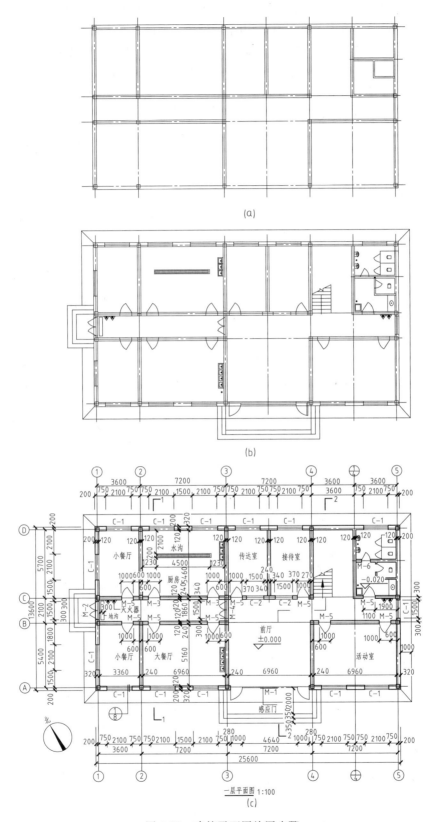

图 3-22 建筑平面图绘图步骤

② 根据门窗洞口的分段尺寸画出轮廓线，用细实线画出楼梯、平台、台阶、散水、雨篷等细部，再按图例画出门窗、厨房灶具、卫生间设备、烟道、通风道等，如图 3-22 （b）所示。

③ 按图面要求加深所有图线，使图面层次清晰，再用细实线画出尺寸线、尺寸界线和轴线编号圆圈，最后注写尺寸数字、门窗编号、轴线编号等，如图 3-22 （c）所示。

④ 检查，填写图标等，完成作图。

第五节　建筑立面图

一、建筑立面图的用途

建筑立面图简称立面图，主要用来表达房屋的外部造型、门窗位置及形式、外墙面装修、阳台、雨篷等部分的材料和做法等，如图 3-23 所示。

二、建筑立面图的形成及图名

立面图是用正投影法，将建筑物的墙面向与该墙面平行的投影面投影所得到的投影图。

建筑立面图的图名，常用以下三种方式命名。

① 以建筑墙面的特征命名：常把建筑主要出入口所在墙面的立面图称为正立面图，其余几个立面相应的称为背立面图、侧立面图等。

② 以建筑各墙面的朝向来命名，如东立面图、西立面图、南立面图、北立面图。

③ 有定位轴线的建筑物，宜根据两端定位轴线号编注立面图名称，如①—⑤立面图等。

如果建筑物的平面形状较曲折，可绘制展开立面图。圆形或多边形平面的建筑物，可分段展开绘制立面图，但应在图名后加注"展开"二字。

三、建筑立面图的比例

建筑立面图的比例与平面图一致，宜选用 1∶50、1∶100、1∶150、1∶200 的比例绘制。

四、建筑立面图的图示内容

立面图应根据正投影原理绘出建筑物外墙面上所有门窗、雨篷、檐口、壁柱、窗台、窗楣及底层入口处的台阶、花池等的投影。由于比例较小，立面图上的门、窗等构件也用图例表示。相同的门窗、阳台、外檐装修、构造做法等可在局部重点表示，绘出其完整图形，其余部分可只画轮廓线。

五、建筑立面图的线型

为使立面图外形更清晰，通常用粗实线表示立面图的最外轮廓线，而凸出墙面的雨篷、阳台、柱子、窗台、窗楣、台阶、花池等投影线用中粗线画出，地坪线用加粗线（粗于标准粗度的 1.4 倍）画出，其余如门、窗及墙面分格线、落水管以及材料符号引出线、说明引出线等用细实线画出。

六、建筑立面图的标注

1. 轴线

有定位轴线的建筑物，立面图宜标注建筑物两端的定位轴线及其编号。

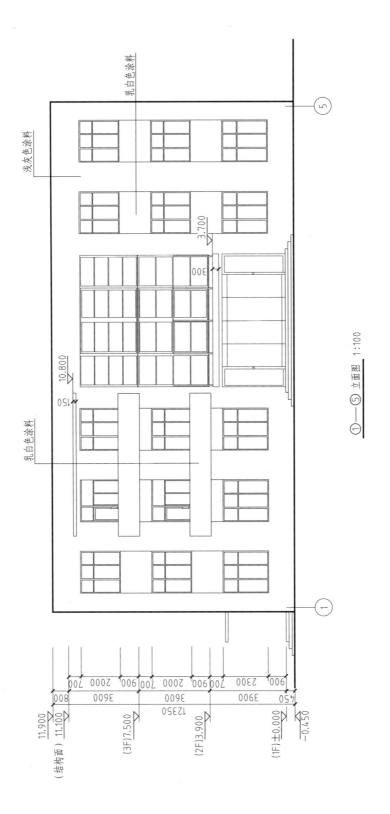

图 3-23　建筑立面图

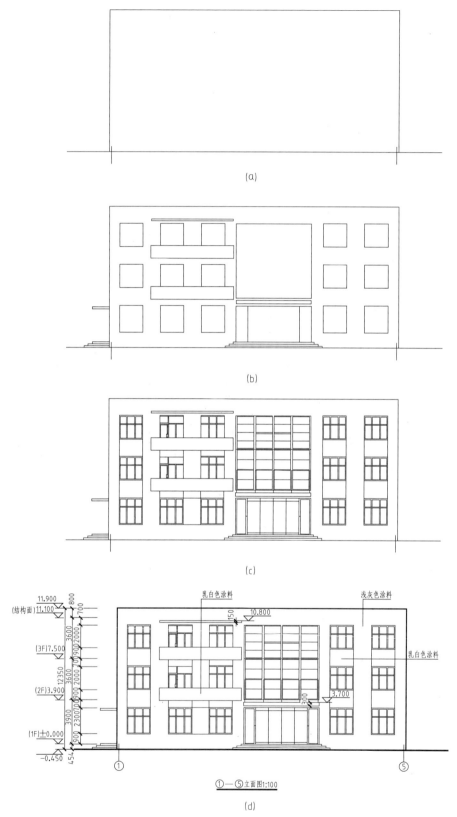

图 3-24 建筑立面图绘图步骤

2. 尺寸

建筑立面图在竖直方向宜标注三道尺寸：最内一道尺寸标注房屋的室内外高差、门窗洞口高度、垂直方向窗间墙、窗下墙高、檐口高度等细部尺寸；中间一道尺寸标注层高尺寸；最外一道尺寸为总高尺寸。另外还应标注平、剖面图未表示的高度。

立面图水平方向一般不注尺寸。

3. 标高

建筑立面图宜注写各主要部位的完成面标高（相对标高），及平、剖面图未表示的标高。

4. 装修说明

在建筑物立面图上，外墙表面分格线应表示清楚。应用文字说明各部位所用面材及色彩。也可以在建筑设计说明中列出外墙面的装修做法，而不注写在立面图中，以保证立面图的完整美观。

七、看图示例

如图 3-23 所示为某办公楼立面图，由图名（①—⑤）轴线的编号结合如图 3-21 所示平面图可知该立面图为南向立面图，或称正立面图，比例与平面图一样为 1：100。

该房屋共 3 层，高为 12.350m［即(11.900＋0.450)m］，一层地面、二层楼面、三层楼面、屋顶结构面标高依次为 ±0.000m、3.900m、7.500m、11.100m，房屋的最低处（室外地坪）比室内 ±0.000m 低 0.450m，窗台高为 0.900m。

从文字说明了解到此房屋外墙面装修采用浅灰色或乳白色涂料，以获得良好的立面效果。

八、建筑立面图的画图步骤

① 画室外地坪、两端的定位轴线、外墙轮廓线、屋顶线等，如图 3-24（a）所示。

② 根据层高、各部分标高和平面图门窗洞口尺寸，画出立面图中门窗洞、檐口、雨篷、雨水管等细部的外形轮廓，如图 3-24（b）所示。

③ 画出门窗、墙面分格线、雨水管等细部，对于相同的构造、做法（如门窗立面和开启形式）可以只详细画出其中的一个，其余的只画外轮廓，如图 3-24（c）所示。

④ 检查无误后加深图线，并注写尺寸、标高、首尾轴线号、墙面装修说明文字、图名和比例，说明文字用 5 号字，如图 3-24（d）所示。

第六节　建筑剖面图

一、建筑剖面图的用途

建筑剖面图简称剖面图，主要用以表示房屋内部的结构或构造方式，如屋面（楼、地面）形式、分层情况、材料、做法、高度尺寸及各部位的联系等。它与平、立面图互相配合用于计算工程量，指导各层楼板和屋面施工、门窗安装和内部装修等，如图 3-25 所示。

二、建筑剖面图的剖切位置

建筑剖面图是假想用一铅垂剖切面将房屋剖切开后移去靠近观察者的部分，作出剩下部

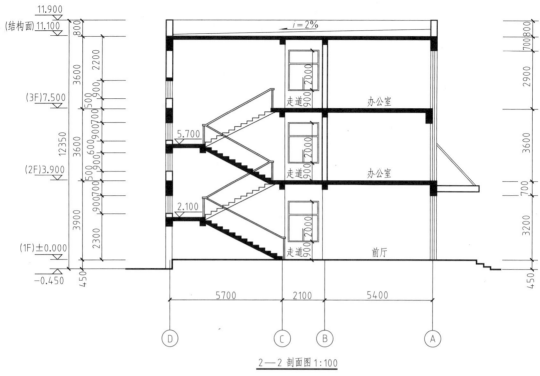

图 3-25　建筑剖面图

分的投影图。

剖面图的数量是根据房屋的复杂情况和施工实际需要决定的；剖面图的剖切部位，应根据图纸的用途或设计深度，在平面图上选择能反映全貌、构造特征以及有代表性的部位剖切，如门窗洞口和楼梯间等位置，并应通过门窗洞口剖切。剖面图的图名符号应与底层平面图上剖切符号相对应。

三、建筑剖面图的比例

剖面图的比例常与平面图、立面图的比例一致，即采用 1∶50、1∶100、1∶150、1∶200 等比例绘制，由于比例较小，剖面图中的门、窗等构件也采用"国标"标定的图例来表示。

为了清楚地表达建筑各部分的材料及构造层次，当剖面图比例大于 1∶50 时，应在剖到的构件断面画出其材料图例。当剖面图比例小于 1∶50 时，则不画具体材料图例，而用简化的材料图例表示其构件断面的材料，如钢筋混凝土构件可在断面涂黑以区别砖墙和其他材料。

四、建筑剖面图的线型

剖面图的线型按"国标"规定，凡是剖到的墙、板、梁等构件的剖切线用粗实线表示，而没剖到的其他构件的投影，则常用中粗实线、中实线或细实线表示。

五、建筑剖面图的标注

1. 轴线

常标注剖到的墙、柱及剖面图两端的轴线和轴线编号。

2. 尺寸

（1）竖直方向　标注三道尺寸，最外一道为总高尺寸，从室外地坪起标注建筑物的总高度；中间一道尺寸为层高尺寸，标注各层层高（从某层的楼面到其上一层的楼面之间的尺寸称为层高，某层的楼面到该层的顶棚面之间的尺寸称为净高）；最里边一道尺寸为细部尺寸，标注墙段及洞口尺寸。

（2）水平方向　常标注剖到的墙、柱及剖面图两端的轴线间距。

3. 标高

标注建筑物的室内地面、室外地坪、各层楼面、门顶、窗台、窗顶、墙顶、梁底等部位完成面标高。

4. 其他标注

由于剖面图比例较小，某些部位如墙脚、窗台、过梁、墙顶等节点，不能详细表达，可在剖面图上的该部位处，画上详图索引标志，另用详图来表示其细部构造尺寸。此外楼地面及墙体的内外装修，可用文字分层标注。

六、看图示例

如图 3-25 所示为本例办公楼的剖面图。由图名"2—2 剖面图"和如图 3-21 所示平面图可知"2—2 剖面图"是阶梯剖面图，剖切平面通过楼梯间、前厅、主入口，剖切后向右投射所得的横剖面图。比例与平面图、立面图一致，即 1：100。图上涂黑部分是被剖到的钢筋混凝土楼板、楼梯板、梁（包括圈梁、门窗过梁等）。

在剖面图上反映了被剖到处屋面的形式，本办公楼为平屋顶，排水坡度为 $i=2\%$。

本例因是横剖面图，所以在剖面图下方注有进深尺寸（即纵向轴线之间的尺寸 5700mm、2100mm、5400mm）。本办公楼一层层高为 3.900m，二、三层层高为 3.600m。

七、建筑剖面图的画图步骤

① 画出纵向墙体轴线，室内外地面线和各层楼地面线。画出屋顶、天棚、楼梯平台等处标高控制线，再画出墙体厚度、楼板厚度、屋面厚度，如图 3-26（a）所示。

② 在墙身上画出门窗洞口，再画台阶、阳台以及门窗过梁厚度，再画出楼梯平台厚度、楼梯踏步、栏杆及屋顶、烟道、通风道等细部，如图 3-26（b）所示。

③ 按图线层次加深构件的轮廓线，画材料图例，并注写标高、尺寸、图名、比例及有关文字说明等，如图 3-26（c）所示。

以上介绍了建筑的总平面图及平面图、立面图和剖面图，这些都是建筑物全局性的图纸。在这些图中，图示的准确性是很重要的，我们应力求贯彻国家制图标准，严格按制图标准规定绘制图样；其次，尺寸标注也是非常重要的，应力求准确、完整、清楚，并弄清各种尺寸的含义。

平、立、剖面图如画在同一张图纸上时，应符合投影关系即平面图与立面图要长对正、立面图与剖面图要高平齐、平面图与剖面图要宽相等。

不同比例的平面、剖面图，其抹灰层、楼地面，材料图例的省略画法，应符合下列规定：

① 比例大于 1：50 的平面、剖面图，应画出抹灰层、保温隔热层等与楼地面、屋面的面层线，并宜画出材料图例；

② 比例等于 1：50 的平面图、剖面图，宜画出楼地面、屋面的面层线，宜绘出保温隔

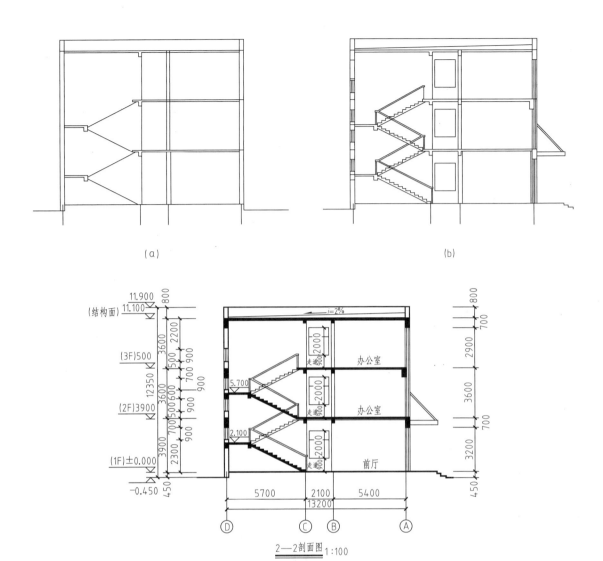

图 3-26　建筑剖面图绘图步骤

热层，抹灰层的面层线应根据需要确定；

③ 比例小于 1∶50 的平面图、剖面图，可不画出抹灰层，但剖面图宜画出楼地面、屋面的面层线；

④ 比例为 1∶100～1∶200 的平面图、剖面图，可画简化的材料图例，但剖面图宜画出楼地面、屋面的面层线；

⑤ 比例小于 1∶200 的平面图、剖面图，可不画材料图例，剖面图的楼地面、屋面的面层线可不画出。

第七节　建 筑 详 图

房屋建筑平、立、剖面图都是用较小的比例绘制的，主要表达建筑全局性的内容，但对于房屋细部或构、配件的形状、构造关系等无法表达清楚，因此，在实际工作中，为详细表达建筑节点及建筑构、配件的形状、材料、尺寸及做法，而用较大的比例画出的图形，称为建筑详图或大样图。

建筑详图，包括建筑墙身剖面详图、楼梯详图、门窗等所有建筑装修和构造，以及特殊做法的详图。其详尽程度以能满足施工预算、施工准备和施工依据为准。

1. 建筑详图的特点

（1）大比例　详图的比例宜用1∶1、1∶2、1∶5、1∶10、1∶20、1∶30、1∶50绘制，必要时，也可选用1∶3、1∶4、1∶25、1∶40等。在详图上应画出建筑材料图例符号及各层次构造。

（2）全尺寸　图中所画出的各构造，除用文字注写或索引外，都需详细注出尺寸。

（3）详说明　因详图是建筑施工的重要依据，不仅要大比例，还必须图例和文字详尽清楚，有时还引用标准图。

2. 建筑详图的分类

常用的详图基本上可以分为三类，即节点详图、房间详图和构配件详图。

（1）节点详图　节点详图用索引和详图表达某一节点部位的构造、尺寸做法、材料、施工需要等。最常见的节点详图是外墙剖面详图，它是将外墙各构造节点等部位，按其位置集中画在一起构成的局部剖面图。

（2）房间详图　房间详图是将某一房间用更大的比例绘制出来的图样，如楼梯详图、单元详图、厨厕详图。一般来说，这些房间的构造或固定设施都比较复杂。

（3）构配件详图　构配件图是表达某一构配件的形式、构造、尺寸、材料、做法的图样，如门窗详图、雨篷详图、阳台详图，一般情况下采用国家和某地区编制的建筑构造和构配件的标准图集。

下面主要介绍楼梯详图、外墙身详图。

一、楼梯详图

楼梯是楼层建筑垂直交通的必要设施。常见的楼梯平面形式有：单跑楼梯、双跑楼梯、三跑楼梯等。如图3-27所示为双跑楼梯，它由梯段、平台和栏杆（或栏板）扶手组成。

楼梯详图包括楼梯间平面图、楼梯间剖面图、踏步、栏杆等细部节点详图，主要表示楼梯的类型、结构形式、构造和装修等。楼梯详图应尽量安排在同一张图纸上，以便阅读。

1. 楼梯间平面图

楼梯间平面图的水平剖切位置，除顶层在安全栏板（或栏杆）之上外，其余各层均在上行第一跑中间，各层下行梯段不予剖切。而楼梯间平面图则为房屋各层水平剖切后的直接正投影，类似于建筑平面图，如中间几层楼梯的构造一致，也可只画一个平面图作为标准层楼梯间平面图。故楼梯间平面详图常常只画出底层、标准层和顶层三个平面图，如图3-27所示，其比例为1∶50。

各层楼梯间平面图宜上下对齐（或左右对齐），其中的底层、……、顶层平面图依次自下而上（或自左至右）布置，以便于阅读和尺寸标注。

楼梯间平面图上应标注该楼梯间的轴线编号、开间和进深尺寸，楼地面和中间平台的标高，以及梯段长、平台宽等细部尺寸。梯段长度尺寸标为：踏面宽×踏面数＝梯段长。如顶层平面图中的300×11＝3300，表示该梯段有11个踏面，每一踏面宽为300，楼梯长度为3300。

底层平面图中只有一个被剖到的梯段，如图3-27所示，即上行第一跑梯段，在楼梯平

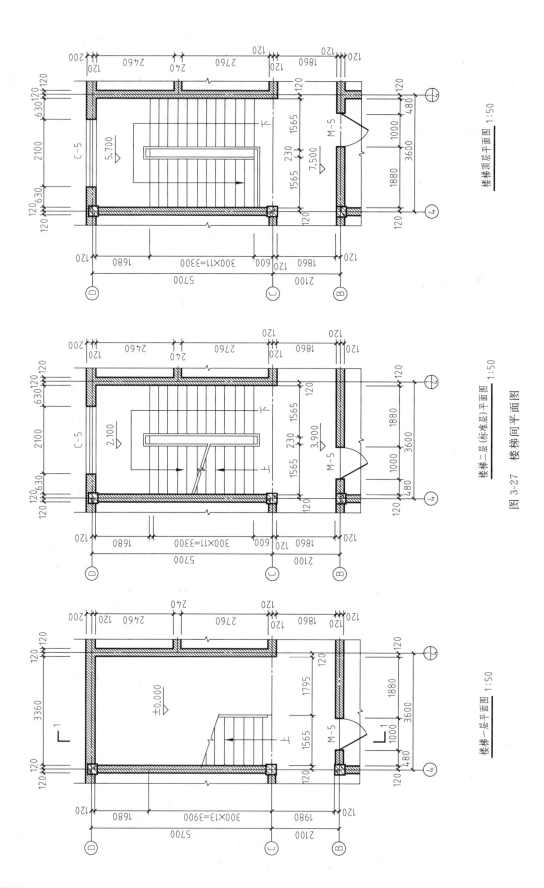

楼梯顶层平面图 1:50

楼梯二层(标准层)平面图 1:50

楼梯一层平面图 1:50

图 3-27 楼梯间平面图

面图中画一条与踢面线成30°的折断线（构成梯段的踏步中与楼地面平行的面称为踏面，与楼地面垂直的面称为踢面）。

标准层（二层）平面图中的踏面，上下两梯段都画成完整的。在上行梯段中间画出折断线（与踢面线成30°）。折断线两侧的上、下方向指引线箭头是相对的，在箭尾处分别写有"上"和"下"，是指从本层上到上一层或下到下一层的人行走向。

顶层平面图的踏面是完整的。只有下行，故梯段上没有折断线。楼面临空的一侧装有水平栏杆。

2. 楼梯间剖面图

楼梯剖面图的形成与建筑剖面图相同，它主要表明各梯段、休息平台的形式和构造。如图 3-28 所示。

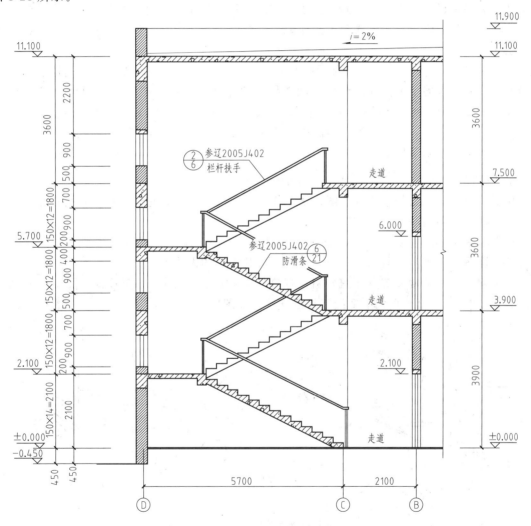

1—1剖面图 1:50

图 3-28　楼梯间剖面图

楼梯间剖面图常用 1∶50 的比例画出。其剖切位置应选择在通过第一跑梯段及门窗洞口，并向未剖到的第二跑梯段方向投影。如图 3-28 所示为按如图 3-27 所示剖切位置绘制的剖面图。

被剖切到梯段的步级数可直接看到，未剖切到梯段的步级数因栏板遮挡或因梯段为暗步梁板式等原因而不可见时，可用虚线表示，也可直接从其高度尺寸上看出该梯段的步级数。

多层或高层建筑的楼梯间剖面图，如中间若干层构造一样，可用一层表示这相同的若干层剖面，此层的楼面和平台面的标高可看出所代表的若干层情况。

楼梯间剖面图的主要标注内容有。

（1）水平方向　标注被剖切墙的轴线编号、轴线尺寸及中间平台宽、梯段长等细部尺寸。

（2）竖直方向　标注剖到墙的墙段、门窗洞口尺寸及梯段高度、层高尺寸。梯段高度应标成：踢面高×步级数＝梯段高。

（3）标高及详图索引　楼梯间剖面图上应标出各层楼面、地面、休息平台面及平台梁下底面的标高。如需画出踏步、扶手等的详图，则应标出其详图索引符号和其他尺寸，如栏杆（或栏板）高度。

如图 3-28 所示结合如图 3-27 所示可看出：图 3-28 所示剖面图的剖切位置是通过第一跑梯段及Ⓓ、Ⓑ轴线墙上的门、窗洞口。此楼梯为双跑楼梯。最底层层高为 3900，第一跑为 14 级，第二跑为 12 级，该层共 26 级踏步，踏步的踢面高尺寸为 150。各楼地面及平台面标高都在图中清楚表达，扶手、栏杆做法引用标准图集辽 2005J402，楼板、平台板、平台梁、梯梁、踏步板、基础等构造以结施图为准。

3. 楼梯节点详图

楼梯节点详图主要是指栏杆详图、扶手详图以及踏步详图。它们分别用索引符号与楼梯平面图或楼梯剖面图联系。

栏板与扶手详图主要表明栏板及扶手的型式、大小、所用材料及其与踏步的连接等情况。踏步详图表明踏步的截面尺寸、大小、材料及面层的做法。

在工程实践中，楼梯节点详图多引用标准图集中图样，如图 3-29 所示详图 1 是根据标准图集辽 2005J402 第 6 页详图 2 绘制的栏杆扶手详图。

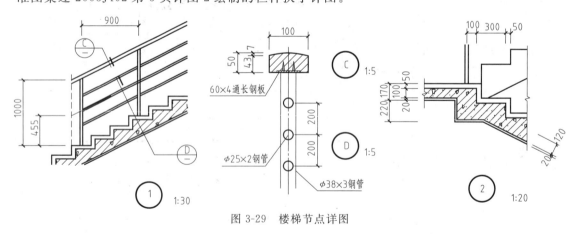

图 3-29　楼梯节点详图

4. 楼梯详图的画法

（1）楼梯平面图的画法

① 根据楼梯间的开间和进深画出定位轴线，然后画出墙的厚度及门窗等，如图 3-30（a）所示。

② 画出楼梯平台宽度、梯段长度、宽度。再根据踏步级数 n 在梯段上用等分平行线间距的方法画出踏步面数（等于 $n-1$），如图 3-30（b）所示。

③ 画其他细部，并根据图线层次进行加深，再标注标高、尺寸、轴线编号、楼梯上下方向指示线及箭头，如图 3-30（c）所示。

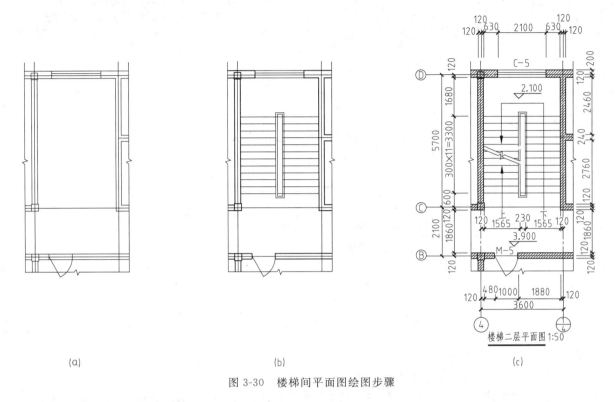

(a)   (b)   (c)

图 3-30 楼梯间平面图绘图步骤

（2）楼梯剖面图的画法

① 画出定位轴线及墙身，再根据标高画出室内外地面线，各层楼面、楼梯休息平台所在位置，如图 3-31（a）所示。

② 根据楼梯段的长度、平台宽度、踏步级数 n，定出楼梯的位置，再用等分两平行线距离的方法画出踏步的位置，如图 3-31（b）所示。

③ 画出门、窗、梁、板、台阶、雨篷、扶手、栏杆等细部，加深图线并标注标高、尺寸、轴线编号等，如图 3-31（c）所示。

二、外墙身详图

墙身详图也叫墙身大样图，实际上是建筑剖面图的有关部位的局部放大图。外墙身详图即房屋建筑的外墙身剖面详图。主要用以表达外墙的墙脚、窗台、窗顶，以及外墙与室内外地面、外墙与楼面、屋面的连接关系等内容，如图 3-32 所示。

外墙身详图可根据底层平面图中，外墙身剖切位置线的位置和投影方向来绘制，也可根据房屋剖面图中，外墙身上索引符号所指示需要画出详图的节点来绘制。

外墙身详图常用较大比例（如 1：20）绘制，线型同剖面图，详细地表明外墙身从防潮层至屋顶间各主要节点的构造。为使表达简洁、完整，常在门窗洞中间（如窗台与窗顶之间）断开，成为几个节点详图的组合。多层房屋中，若中间几层的情况相同，也可以只画底

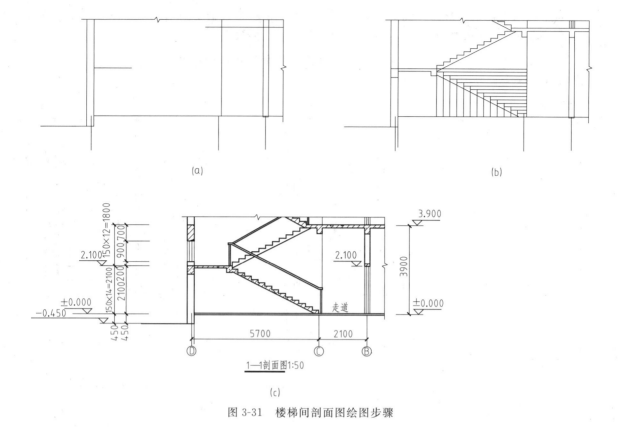

图 3-31　楼梯间剖面图绘图步骤

层、顶层和一个中间层来表示。

外墙身详图的主要标注有如下内容。

① 墙的轴线编号、墙的厚度及其与轴线的关系。有时一个外墙身详图可适用于几个轴线，如图 3-33 所示。按"国标"规定：如一个详图适用于几个轴线时，应同时注明各有关轴线的编号。通用详图的定位轴线应只画圆，不注写轴线编号。轴线端部圆圈直径在详图中宜为 10mm。

② 各层楼板等构件的位置及其与墙身的关系。诸如进墙、靠墙、支承、拉结等情况。

③ 门窗洞口、底层窗下墙、窗间墙、檐口、女儿墙等的高度；室内外地坪、防潮层、门窗洞的上下口、檐口、墙顶及各层楼面、屋面的标高。

④ 屋面、楼面、地面等多层次构造标注说明。

⑤ 立面装修和墙身防水、防潮要求，及墙体各部位的线脚、窗台、窗楣、檐口、勒脚、散水等的尺寸、材料和做法，或用引出线说明，或用索引符号引出另画详图表示。

外墙身详图的±0.000 或防潮层以下的基础以结施图中的基础图为准。屋面、楼面、地面、散水、勒脚等和内外墙面装修做法、尺寸等，与建施图中首页的统一构造说明相对应。

如图 3-32 所示为办公楼的外墙身详图。它是分成三个节点来绘制的。从图中可以看到此墙身详图适用Ⓐ轴线。墙体为 320mm 厚。每层窗下墙 900mm 高，两层窗间墙均为 1600mm 高，一层窗洞口高为 2300mm，二、三层窗洞口高为 2000mm，室内地坪标高为 ±0.000m，室外地坪标高−0.450m，墙顶标高 11.900m。底层地面、散水、防潮层、各层楼面、屋面的构造做法等都在图中作了描述。

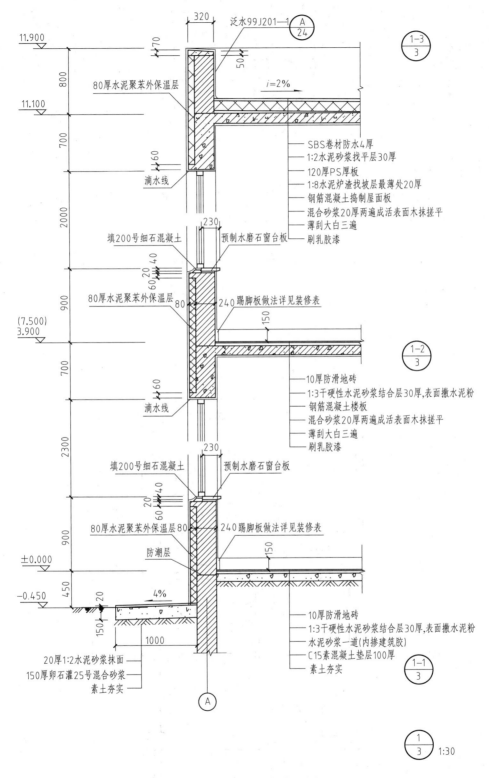

图 3-32　外墙身详图

(a) 用于两根轴线时   (b) 用于三根或三根以上轴线时   (c) 用于三根以上轴线时

图 3-33　详图的轴线编号

三、卫生间详图

一般与设备、电气专业有关的诸如厕浴、厨房、水泵房、冷冻机房、变配电室等应绘制 1:50～1:20 的放大平、剖面和相关的地沟、水池、配电隔间、玻璃隔断、墙和顶棚吸声构造等详图。

如图 3-34 所示卫生间详图是卫生间部分的局部平面放大图样，注明了相关的轴线和轴

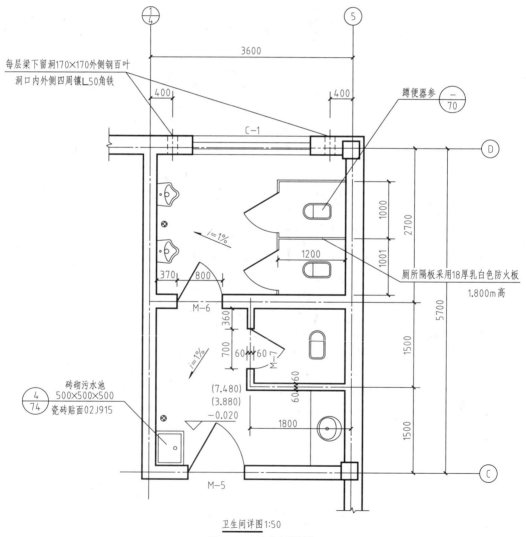

卫生间详图1:50

图 3-34　卫生间详图

线编号以及细部尺寸、设施的布置和定位、相互的构造关系及具体技术要求等。

四、其他详图

在建筑设计中，对大量重复出现的构配件如门窗、台阶、面层做法等，通常采用标准设计，即由国家或地方编制的一般建筑常用的构、配件详图，供设计人员选用，以减少不必要的重复劳动。在读图时要学会查阅这些标准图集，本章不再详述。

第四章　钢筋混凝土结构施工图

结构施工图简称"结施"。一般可分为结构布置图和构件详图两大类，结构布置图是房屋承重结构的整体布置图，主要表示结构构件的位置、数量、型号及相互关系。房屋的结构布置按需要可用结构平面图、立面图、剖视图表示。其中结构平面图较常用，如基础平面图、楼层结构平面图、屋面结构平面图、柱网平面图等。结构构件详图是表示单个构件形状、尺寸、材料、构造及工艺的图样，如梁、板、柱、基础、屋架等详图。

根据建筑物所用材料不同，结构施工图分为钢筋混凝土、钢、木、砖、石等结构。本章主要介绍钢筋混凝土结构。

第一节　钢筋混凝土结构图

一、钢筋混凝土简介

1. 钢筋混凝土的一般概念

混凝土是由水泥，粗、细集料和水按一定的比例配合后，浇筑在模板内经振捣密实和养护而成的一种人工石材。与天然石材一样，它的抗压强度较高而抗拉强度很低。如图 4-1 所示的简支梁，在荷载作用下，中性层以上为受压区，中性层以下为受拉区，由于混凝土抗拉强度很低，当荷载值不大时，混凝土就会在拉区开裂而破坏，而压区混凝土的抗压强度却远远没有被充分利用，因此混凝土的承载力取决于混凝土的抗拉强度。如果在梁的受拉区适量配置抗拉和抗压强度都很高的钢筋帮助混凝土承担拉力，则梁的承载力将取决于拉区钢筋的抗拉强度和压区混凝土的抗压强度，两种材料的强度都得到了充分利用。梁的承载力将大大提高。这种在混凝土中加入适量钢筋的结构称作钢筋混凝土结构，用钢筋混凝土制成的梁、板、柱等称为钢筋混凝土构件。钢筋混凝土构件在现场浇筑制作的称为现浇构件，在预制构件厂先期制成的则称为预制构件。此外，为了构件的抗拉和抗裂性能，在构件制作时，先将钢筋张拉、预加一定的压力，这种构件称为预应力钢筋混凝土构件。

2. 钢筋与混凝土的种类及性能

（1）钢筋的种类与性能　建筑工程所用的钢筋，按其加工工艺不同分为：热轧钢筋、冷拉钢筋、热处理钢筋、碳素钢丝、刻痕钢丝、冷拔低碳钢丝及钢绞线。对于热轧钢筋和冷拉钢筋，按其强度分为Ⅰ级、Ⅱ级、Ⅲ级和Ⅳ级四种。Ⅰ级钢筋外形轧成光面，Ⅱ级、Ⅲ级钢筋轧成人字纹或月牙形，Ⅳ级钢筋轧成螺旋纹。Ⅱ级、Ⅲ级和Ⅳ级钢筋，统称为变形钢筋。我国常用钢筋的化学成分、标注符号、直径和强度如表 4-1 所示。

HRB 为热轧带肋钢筋，HPB 为热轧光圆钢筋，RRB 为余热处理钢筋。常用的钢筋有热轧光圆钢筋（俗称圆钢），热轧带肋钢筋（俗称螺纹钢）。

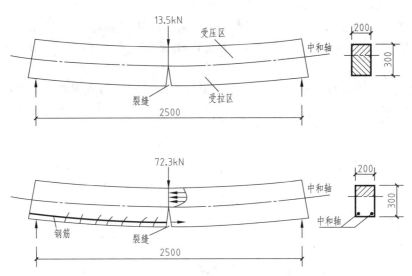

图 4-1 简支梁受力图

表 4-1 普通钢筋强度标准值   单位：N/mm²

牌 号	符号	公称直径 d/mm	屈服强度标准值 f_{yk}	极限强度标准值 f_{stk}
HPB300	Φ	6～22	300	420
HRB335 HRBF335	$\underline{\Phi}$ $\underline{\Phi}^F$	6～50	335	455
HRB400 HRBF400 RRB400	$\underline{\Phi}$ $\underline{\Phi}^F$ $\underline{\Phi}^R$	6～50	400	540
HRB500 HRBF500	$\overline{\underline{\Phi}}$ $\overline{\underline{\Phi}}^F$	6～50	500	630

（2）混凝土的种类与性能 我国《混凝土结构设计规范》规定，混凝土的强度等级分为14 级：C15、C20、C25、C30、C35、C40、C45、C50、C55、C60、C65、C70、C75、C80。其中符号 C 表示混凝土，C 后面的数字表示立方体抗压强度标准值，单位为 N/mm²，等级越高强度也越高。

建筑工程中，素混凝土结构的混凝土强度等级不应低于 C15；钢筋混凝土结构的混凝土强度等级不应低于 C20；采用强度等级 400MPa 及以上的钢筋时，混凝土强度等级不应低于C25。预应力混凝土结构的混凝土强度等级不宜低于 C40，且不应低于 C30。承受重复荷载的钢筋混凝土构件，混凝土强度等级不应低于 C30。

3. 钢筋混凝土基本构件的配筋及作用

（1）梁的配筋及作用 梁内通常配置下列几种钢筋，如图 4-2 所示。

① 纵向受力筋。纵向受力筋的作用主要是用来承受由弯矩在梁内产生的拉力，放在梁的受拉一侧（有时受压一侧也要放置）。它的直径通常采用 15～25mm。

② 箍筋。箍筋的主要作用是用来承受由剪力和弯矩在梁内引起的主拉应力。同时，通过绑扎和焊接把其他钢筋联系在一起，形成一个空间的钢筋骨架。

③ 弯起钢筋。由纵向受力钢筋弯起而成，它的作用除在跨中承受正弯矩产生的拉力外，

在靠近支座的弯起段则用来承受弯矩和剪力共同产生的主拉应力。

④ 架立钢筋。固定箍筋的正确位置和形成钢筋骨架（如有受压钢筋，则不再配置架立钢筋）。此外，架立钢筋还承受因温度变化和混凝土收缩而产生的应力，防止发生裂缝。

⑤ 其他钢筋。因构件构造要求或施工安装需要而配置的构造钢筋，如预埋在构件中的锚固钢筋、吊环等。

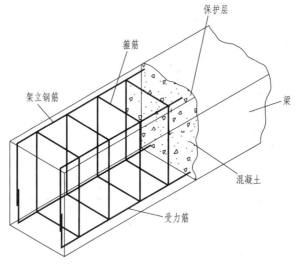

图 4-2　梁内配筋图

（2）板的配筋及作用　梁式板中仅配有两种钢筋：受力筋和构造筋，如图 4-3 所示。

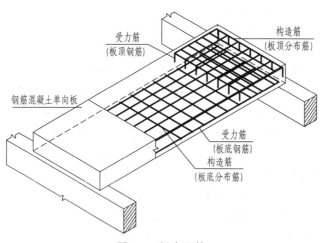

图 4-3　板内配筋

受力筋沿板的跨度方向在受拉区布置，承受弯矩产生的拉力，分布筋沿垂直受力筋方向布置，将板上的荷载更有效地传递到受力筋上去；防止由于温度或混凝土收缩等原因沿跨度方向引起裂缝；固定受力钢筋的正确位置。

（3）柱的配筋及作用　柱中配有纵向受力筋和箍筋，如图 4-4 所示。

纵向受力筋承受纵向的拉力及压力。箍筋既可保证纵向钢筋的位置正确，又可以防止纵向钢筋压曲（受压柱），从而提高柱的承载力。

4. 混凝土保护层及钢筋的弯钩

（1）混凝土保护层　为了防止钢筋锈蚀和保证钢筋与混凝土紧密黏结，梁、板、柱都应有足够的混凝土保护层，混凝土保护层应从钢筋的外边缘算起。梁、板、柱的混凝土保护层最小厚度如表 4-2 所示。

表 4-2　梁、板、柱的混凝土保护层最小厚度

项次	环境条件	构件名称	强度等级		
			≤C20	C25 及 C30	≥C35
1	室内正常环境	板、墙、壳	15		
		梁和柱	25		
2	露天或室内高湿度环境	板、墙、壳	35	25	15
		梁和柱	45	35	25

图 4-4　柱内配筋

（2）钢筋的弯钩　光圆钢筋与混凝土之间的黏结强度小，当受力筋采用光面钢筋时，为了提高钢筋的锚固效果，要求在钢筋的端部做成弯钩，常见的几种弯钩形式及简化画法如图 4-5 所示。图中用虚线表示弯钩伸直后的长度，这个长度为备料计算钢筋总长度时的需要。变形钢筋与混凝土之间的粘结强度大，故变形钢筋的端部可不做弯钩，按《混凝土结构设计规范》规定采用锚固长度，就可保证钢筋的锚固效果。箍筋两端在交接处也要做出弯钩。弯钩的形式、尺寸和简化画法如图 4-5 所示。

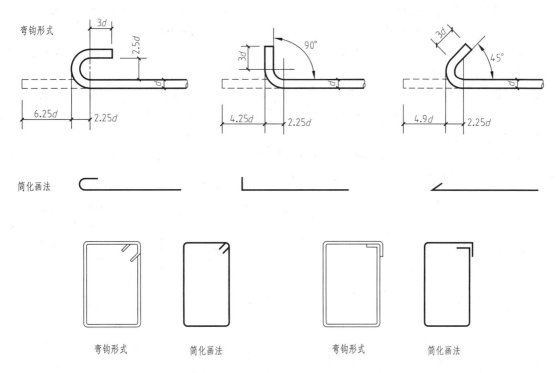

图 4-5　常见的几种弯钩形式及简化画法

二、钢筋混凝土构件图的图示方法

钢筋混凝土构件图由模板图、配筋图、预埋件详图及钢筋明细表组成。

1. 模板图

模板图多用于较复杂的构件，图中主要注明构件的外形尺寸及预埋件、预留孔的大小和位置。它是模板制作与安装的重要依据，同时用它来计算混凝土方量。模板图一般比较简单，所以比例不要很大，但尺寸一定要全。对于简单的构件，模板图与配筋图合并。

2. 配筋图

配筋图除表达构件的外形、大小以外，主要是表明构件内部钢筋的分布情况。表示钢筋骨架的形状以及在模板中的位置，为绑扎骨架用。为避免混淆，凡规格、长度或形状不同的钢筋必须编以不同的编号，写在小圆圈内，并在编号引线旁注上这种钢筋的根数及直径。配筋图不一定都要画出三面视图，而是根据需要来决定。一般不画平面图，只用立面图、断面图和钢筋详图来表示。

（1）立面图　立面图是把构件视为一透明体而画出的一个纵向正投影图，构件的轮廓线用细实线，钢筋用粗实线表示，以突出钢筋的表达。当钢筋的类型、直径、间距均相同时，可只画出其中的一部分，其余省略不画。

（2）断面图　断面图是构件的横向剖切投影图。一般在构件断面形状或钢筋数量、位置有变化之处，均应画出断面图。在断面图中，构件断面轮廓线用细实线表示，钢筋的截面用直径为1mm的小黑圆点表示，一般不画混凝土图例。

（3）钢筋详图　钢筋详图是表明构件中每种钢筋加工成型后的形状和尺寸的图。图上直接标注钢筋各部分的实际尺寸，可不画尺寸线和尺寸界线。详细注明钢筋的编号、根数、直径、级别、数量（或间距）以及单根钢筋断料长度，它是钢筋断料和加工的依据。

（4）钢筋的标注方法　在钢筋立面图和断面图中，为了区分各种类型和不同直径的钢筋，规定对钢筋应加以编号。每类（即型式、规格、长度相同）只编一个号。编号字体规定用阿拉伯数字，编号小圆圈和引出线均为细实线，小圆圈直径为6mm，引出线应指向相应的钢筋。钢筋编号的顺序应有规律，一般为自下而上，自左向右，先主筋后分布筋。

钢筋的标注内容应有钢筋的编号、数量、代号、直径、间距及所在位置。钢筋的标注内容均注写在引出线的水平线上。具体标注方式如图4-6所示。

图 4-6　钢筋的标注内容

例如图4-7所示，3Φ18表示1号钢筋是三根直径为18mm的Ⅱ级钢筋。又如Φ8@250表示3号钢筋是Ⅰ级钢筋直径为8mm，每250mm放置一根（个）（@为等间距符号）。

配筋图上各类钢筋的交叉重叠很多，为了更方便地区分，对配筋图上钢筋画法与图例也有规定，常见的如表4-3所示。

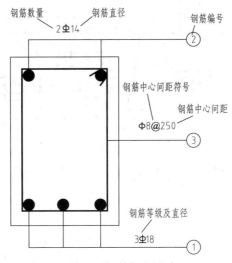

图 4-7　钢筋标注形式

表 4-3　钢筋的画法图例

序号	名　称	图　例	说　明
1	钢筋横断面	●	
2	无弯钩的钢筋端部		长短钢筋重叠时,45°短划线表示短钢筋的端部
3	带半圆形弯钩的钢筋端部		
4	带直钩的钢筋端部		
5	带丝扣的钢筋端部		
6	无弯钩的钢筋搭接		
7	带半圆形弯钩的钢筋搭接		
8	带直钩的钢筋搭接		
9	套管接头(花篮螺钉)		用文字说明机械连接的方式(或锥螺纹等)
10	在平面图中配置双层钢筋时,向上或向左的弯钩表示底层钢筋,向下或向右的钢筋表示顶层钢筋	底层　顶层　底层　顶层	
11	配双层钢筋的墙体,在配筋立面图中,向上或向左的弯钩表示远面的钢筋,向下或向右的弯钩表示近面钢筋	近面　近面　远面　近面　远面	

序号	名　称	图　例	说　明
12	若在断面图中不能表达清楚的钢筋布置，应在断面图外增加钢筋大样图	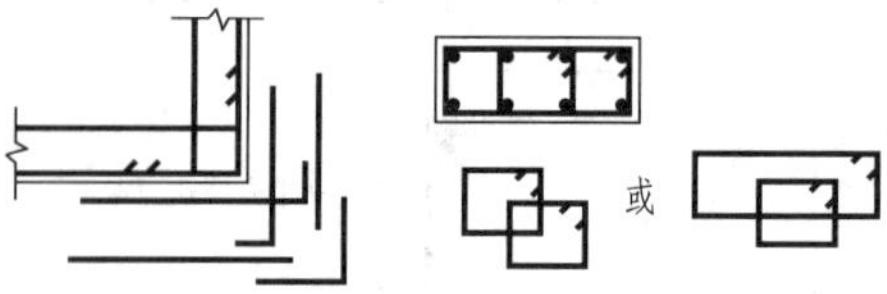	

3. 预埋件详图

有时在浇筑钢筋混凝土构件时，需要配置一些预埋件，如吊环、钢板等。预埋件详图可用正投影图或轴测图表示。

4. 钢筋明细表

在钢筋混凝土构件配筋图中，如果构件比较简单，可不画钢筋详图。而只列一钢筋明细表，供施工备料和编制预算使用。在钢筋明细表中，要标明钢筋的编号、简图、直径、级别、长度、根数、总长度和总重量。钢筋简图可按钢筋近似形状画出。

三、构件代号和标准图集

1. 构件代号

钢筋混凝土构件在建筑工程中使用种类繁多，布置复杂。为区分清楚构件，便于设计与施工，在《建筑结构制图标准》中已将各种构件的代号作了具体规定，常用构件代号见表4-4。

表 4-4　常用构件代号

名称	代号	名称	代号	名称	代号
板	B	圈梁	QL	承台	CT
屋面板	WB	过梁	GL	设备基础	SJ
空心板	KB	联系梁	LL	桩	ZH
槽型板	CB	基础梁	JL	挡土墙	DQ
折板	ZB	楼梯梁	TL	地沟	DG
密肋板	MB	框架梁	KL	柱间支撑	ZC
楼梯板	TB	框支梁	KZL	垂直支撑	CC
盖板或沟盖板	GB	屋面框架梁	WKL	水平支撑	SC
挡雨板或槽口板	YB	檩条	LT	梯	T
吊车安全走道板	DB	屋架	WJ	雨篷	YP
墙板	QB	托架	TJ	阳台	YT
天沟板	TGB	天窗梁	CJ	梁垫	LD
梁	L	框架	KJ	预埋件	M-
屋面梁	WL	刚架	GJ	天窗端壁	TD
吊车梁	DL	支梁	ZL	钢筋网	W
单轨吊车梁	DDL	柱	Z	钢筋骨架	G
轨道连接	DGL	框架柱	KZ	基础	J
车挡	CD	构造柱	GZ	暗柱	AZ

注：预应力混凝土构件的代号，应在构件代号前加注"Y-"，如 Y-DL 表示预应力钢筋混凝土吊车梁。

2. 标准图集

为了便于构件工业生产，钢筋混凝土构件应系列化、标准化。国家及各省、市都编制了定型构件标准图集。凡选用定型构件的，在绘制施工图时，可直接引用标准图集，而不必绘制构件施工图。在生产构件时，可直接根据构件的编号查出。

下面介绍几个构件的编号、代号和标记的应用示例。

【例 4-1】 GLB18.3b—2 （LG325）

编号意义：LG325——黑龙江省建筑标准设计图集（混凝土过梁）

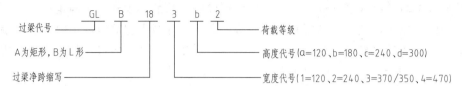

【例 4-2】 5Y-KB33-3A （LG401）

编号意义：LG401——黑龙江省建筑标准设计图集（预应力混凝土空心板）

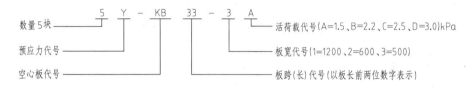

四、钢筋混凝土构件图示实例

1. 钢筋混凝土简支梁

（1）模板图 如图 4-8 所示的钢筋混凝土简支梁比较简单，可不单独绘制模板图，而是将模板图与配筋图合并表示，只画其配筋图。

（2）配筋图 配筋图主要表示构件内各种钢筋的形状、大小、数量、级别和配置情况。配筋图主要包括立面图 ［图 4-8 （a）］，断面图 ［图 4-8 （b）］，钢筋详图 ［图 4-9］。

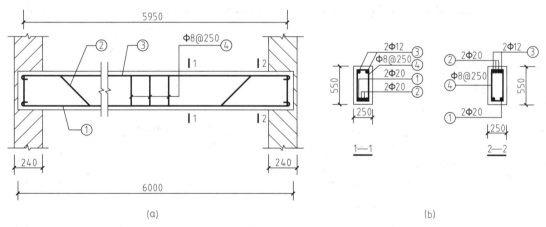

图 4-8 钢筋混凝土简支梁

① 直钢筋：如图 4-8 所示，钢筋①为一直钢筋，其上段所注尺寸 5950mm 是指钢筋两端弯钩外缘之间的距离，即为全梁长 6000mm 减去两端弯钩外保护层各 25mm。此长度再加上两端弯钩长即可得出钢筋全长。本例弯钩按 6.25 计算，则钢筋①的全长为 $5950+2\times6.25\times20=6200$mm。同样架立钢筋③全长为 $5950+2\times6.25\times12=6100$mm。

② 弯起钢筋：图中钢筋②为弯起钢筋。所注尺寸中弯起部分的高度以弯起钢筋的外皮计算，即从梁高 550mm 中减去上下混凝土保护层，$550-50=500$mm。由于弯折角 $\alpha=45°$，

故弯起部分的底宽及斜边各为 500mm 及 707mm。钢筋②弯起后的水平直段长度为 480mm（由结构计算确定），钢筋②中间水平直线段长度为 $6000-2\times25-480\times2-500\times2=3990$mm。则钢筋②全长为 $6.25\times20\times2+480\times2+707\times2+3990=6614$mm。

③ 箍筋：箍筋尺寸注法各工地不完全统一，大致分为注箍筋外缘尺寸及注内口尺寸两种。前者的好处在于与其他钢筋一致，即所注尺寸均代表钢筋的外皮到外皮的距离；注内口尺寸的好处在于便于校核，箍筋内口尺寸即构件截面外形尺寸减去主筋混凝土保护层，箍筋内口高度也即是弯筋的外皮高度。在注箍筋尺寸时，最好注明尺寸是内口还是外缘。图中箍筋长度为 $2\times(500+200)+100=1500$mm（内口）。

④ 钢筋详图：钢筋详图表明了钢筋的形状、编号、根数、等级、直径、各段长度和总长度等。如图 4-9 所示。例如① 钢筋两端带弯钩，其上标注的 5950mm 是指梁的长度 6000mm 减去两端弯钩外保护层各 25mm。两端弯钩长度共为 $2\times6.25\times20=250$mm，则①钢筋总长度为 $5950+2\times6.25\times20=6200$mm。② 钢筋全长为 $6.25\times20\times2$（两端弯钩）+ 480×2（弯起后直段长度）+ 707×2（弯起钢筋斜段长度）+ 3990（钢筋下部直段长度）$=6614$mm。

必须注意，钢筋表内的钢筋长度还不是钢筋加工时的断料长度。由于钢筋在弯折及弯钩时，要伸长一些，因此断料长度等于钢筋计算长度扣除钢筋伸长值，伸长值与弯曲角度大小有关，各工地也不完全统一，具体可参阅有关施工手册。箍筋长度如注内口，则计算长度即为断料长度。

图 4-9 钢筋详图

（3）钢筋明细表 在钢筋混凝土构件的施工中，还要附加一个钢筋明细表，以供施工备料和编制预算时使用。此简支梁的钢筋明细表如表 4-5 所示。

表 4-5 钢筋明细表

编号	形状	直径/mm	长度/mm	根数	总长/m
①		20	6200	2	12400
②		20	6614	2	13228
③		12	6100	2	12200
④		8	1500	25	37500

2. 钢筋混凝土板

（1）模板图 板大多为现场浇筑，即在施工现场绑扎钢筋、支模板、浇筑混凝土、振捣、养护。可不绘制模板图。如需绘制时，要求同前。

（2）配筋图 钢筋混凝土板按其受力不同，可分为单向受力板和双向受力板。单向板中的受力筋配置在受力筋的下侧，双向板中两个方向的钢筋都是受力筋，但与板短边平行的钢筋配置在下侧。如果现浇板中的钢筋是均匀配置的，那么同一形状的钢筋可只画其中一根。

在板的详图中，用细实线画出板的平面形状，用中粗虚线画出板下边的墙、梁、柱。对于板厚或梁的断面形状，用重合断面的方法表示。钢筋在板中的位置，按结构受力情况确定。配筋绘在板的平面图上，并绘出板内受力筋的形状和配置情况，注明其编号、规格、直径、间距（或数量）等。对弯起钢筋要注明弯起点到端部（轴线）的距离以及伸入邻跨板中的长度。如图4-10所示。

（3）钢筋用量表　板的钢筋用量表与梁的主要内容相同，一般在简图中表明钢筋详图，不再单独画钢筋详图了。本例省略。

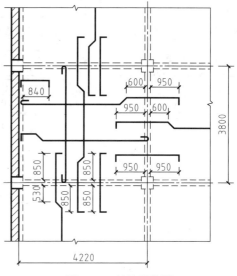

图4-10　板的配筋图

3. 钢筋混凝土柱

如图4-11所示钢筋混凝土柱选自《单层工业厂房钢筋混凝土柱》（05G335）。由于该钢筋混凝土柱的外形、配筋、预埋件比较复杂，所以，除了画出其配筋图外，还画出其模板图、预埋件详图和钢筋表（见表4-6）。

（1）配筋图　配筋图以立面图为主，再配合三个断面图。从图4-11所示中可以看出上柱受力筋为①、④、⑤号钢筋，下柱的受力筋为①、②、③号钢筋，由1—1断面图可知，上柱的钢箍为⑩号钢筋。由2—2断面图可知，牛腿中的配筋为⑥、⑦号钢筋，其形状可由钢筋表中查得，其中⑧号钢筋为牛腿中的钢箍，其尺寸随断面变化而变化。⑨号钢筋是单肢钢箍，在牛腿中用以固定受力筋②、③、④和⑬的位置。由3—3断面图看出，在下柱腹板内又加配两根⑬号钢筋，⑪、⑫钢筋为钢箍。

（2）钢筋用量表　钢筋用量表中列出了钢筋编号、钢筋规格、钢筋简图、钢筋长度、钢筋根数等，如表4-6所示。

表4-6　钢筋用量表

钢筋编号	钢筋规格	钢筋简图	长度/mm	根数	总长/m
①	Φ16	9550	9550	2	19.1
②	Φ16	6250	6250	2	12.50
③	Φ14	6250	6250	4	25.00
④	Φ16	4300	4300	2	8.60
⑤	Φ16	3900	3900	4	15.60
	Φ20	4050	4050	4	16.20
	Φ25	4250	4250	4	17.00
⑥	Φ14	880 / 200 / 570 / 360	2010	4	8.04

钢筋编号	钢筋规格	钢筋简图	长度/mm	根数	总长/m
⑦	Φ14	250 330 460 520	1580	4	6.32
⑧	Φ8	350 750(1050) 450 / 650(950)	2200(2800)	11	27.50
⑨	Φ8	350	450	18	8.10
⑩	Φ6	450 350 350 450	1600	29	46.40
⑪	Φ6	200 350 200	750	88	66.00
⑫	Φ6	680	680	88	59.84
⑬	Φ10	6250	6380	2	12.76

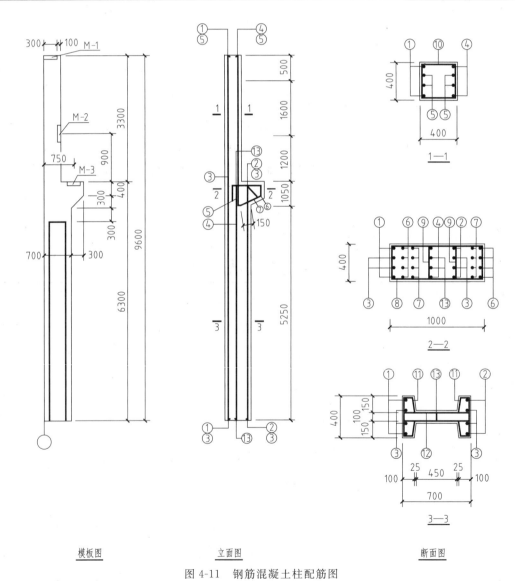

模板图　　　　　立面图　　　　　断面图

图 4-11　钢筋混凝土柱配筋图

（3）预埋件详图　M-1 为柱与屋架焊接的预埋件，M-2、M-3 为柱与吊车梁焊接的预埋件，形状和尺寸如图 4-12 所示。

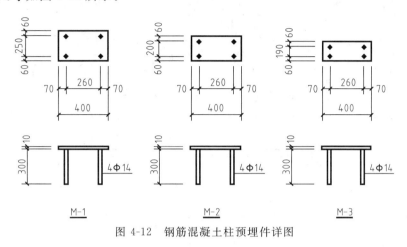

图 4-12　钢筋混凝土柱预埋件详图

第二节　结构平面布置图

结构平面布置图是表示建筑楼层中梁、板、柱等各承重构件平面布置的图样。它是承重构件在建筑施工中布置与安装的主要依据，也是计算构件数量、作施工预算的依据。

结构平面布置图包括楼层结构平面布置图和屋顶结构平面布置图。两者的图示内容和图示方法基本相同。

一、形成

结构平面布置图是假想用一个剖切平面沿着楼板上部水平剖开，移走上部建筑物后所得到的水平投影图样。主要表示了承重构件的位置、类型和数量或钢筋的配置。

二、图示方法

1. 选比例和布图

一般采用 1：100，较简单时可用 1：200。画出轴线，结构平面布置图上的轴线应与建筑平面图上的轴线编号和尺寸完全一致。

2. 定墙、柱、梁的大小及位置

剖到的梁、板、柱、墙身可见轮廓线用中粗实线表示；楼板可见轮廓线用粗实线表示；楼板下的不可见墙身轮廓线用中粗虚线表示；可见的钢筋混凝土楼板的轮廓线用细实线表示。

3. 结构构件

（1）预制楼板的图示方法　预制楼板按实际布置情况用细实线绘制，布置方案相同时用同一名称表示，并将该房间楼板画上对角线，标注板的数量和构件代号，不同时要分别绘制。一般包含下列内容：数量、标志长度、板宽、板厚、荷载等级等内容。如图 4-13 所示，①～② 轴线间的房间标注为 8Y-KB36-2A，含义如下：

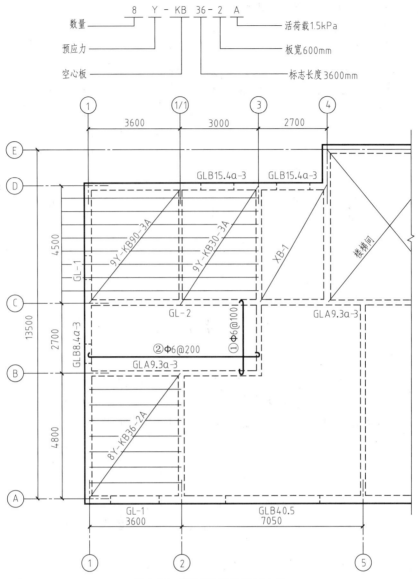

图 4-13　预制楼板的图示方法

（2）预制钢筋混凝土梁的图示方法　在结构平面图中，规定圈梁和其他过梁用粗虚线（单线）表示其位置，并将构件代号和编号标注在梁的旁侧。如图 4-13 所示的代号 GL-1 为窗上的过梁。

（3）现浇钢筋混凝土板的图示方法　对于现浇楼板应另绘详图，并在结构平面布置图上只画对角线，注明板的代号和编号，如图 4-13 所示的 XB-1，在详图上注明钢筋编号、规格、直径、间距或数量等。也可在板上直接绘出配筋图，并注明钢筋编号、直径、种类、数量等。

（4）详图　为了便于施工通常还要画出节点剖面放大详图。在节点放大图中，应说明楼板或梁的底面标高和墙或梁的宽度尺寸。楼层结构平面上的现浇构件可绘制详图，如图 4-14 所示的 QL-1 配筋图，注明了钢筋形状、尺寸、配筋和梁底标高等，以满足施工要求。

有时用详图表明构件之间的构造组合关系，如图 4-15 所示板与圈梁的装配关系详图，图 4-16 为 GL-1 的详图。

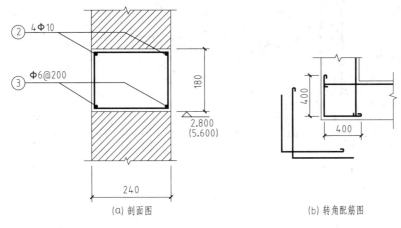

(a) 剖面图　　　　　　(b) 转角配筋图

图 4-14　QL-1 配筋图

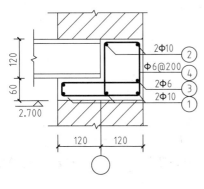

图 4-15　板与圈梁搭接

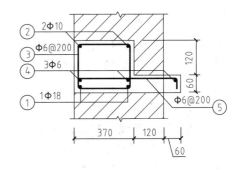

图 4-16　GL-1 详图

4. 其他

楼板布置为梁板结构时，用重合断面表示梁与板的构造组合关系。为了明确表示出各楼层所采用各种构件的种类、块数以及所采用的标准图集代号等，一般要列出构件统计表以供查阅和做施工预算用。土建图的其他构件，如楼梯、阳台、雨篷、檐板等也需表达清楚，其图示方法基本相同。选用时，可查阅相关的详图或标准图集。

第三节　基础施工图

建筑物地面以下承受房屋全部荷载的构件称为基础。它不但承受上部墙、柱等构件传来的所有荷载，还将传给位于基础下面的地基。施工放线、基槽开挖、砌筑、施工组织和预算都要以基础施工图为依据。其主要图纸有基础平面图和基础详图。基础的形式很多，且使用的材料也不相同。常用的有条形基础和独立基础，如图 4-17 所示。这里主要介绍这两种。

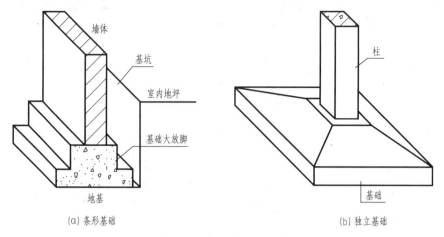

图 4-17　常见的基础形式

一、基础平面图

1. 形成

假想用一个水平剖切面，沿着建筑物室内地面（±0.000）与防潮层之间将房屋建筑剖开，移走上面建筑物，向水平面作正投影所得到的投影图称为基础平面图。

2. 条形基础平面图的图示方法

条形基础平面图如图 4-18 所示。

（1）确定定位轴线　画出与建筑平面图中心定位轴线完全一致的轴线和编号。

（2）墙身轮廓线　被剖到的墙身轮廓线用粗实线表示，一般情况下可以不画材料图例。

（3）基础外轮廓线　基础外轮廓线用细实线绘制，大放脚的水平投影省略不画。因此对一般墙体的条形基础而言，基础平面图中只画四条线，即两条粗实线（墙身线），两条细实线（基础底部宽度）。

（4）基础平面图的尺寸　在基础平面图中，应注出基础定位轴线间的尺寸和横向与纵向的两端轴线间的尺寸。此外，还应注出内外墙宽度尺寸，基础底部宽度尺寸及定位尺寸，预留空洞（用虚线表示）尺寸和标高，地沟宽度尺寸和标高等。

（5）其他构造图示方法　可见的基础梁用粗实线（单线）表示，不可见的梁用粗虚线表示。剖到的钢筋混凝土柱涂黑表示。穿过基础的管道洞口用细虚线表示，地沟用细虚线表示。

（6）断面详图位置符号　基础平面图上不同断面处绘断面位置符号，并用不同的编号表示。相同的用同一断面编号表示。

3. 独立基础平面图的图示方法

独立基础平面图如图 4-19 所示。

（1）轴线　用与建筑平面图一致的轴线及编号画出轴线。

（2）基础轮廓线　按基础的位置和形状用细实线画出平面投影图。

（3）基础梁　若有基础梁，用粗实线绘制。

（4）编号　独立基础平面图不但要表示出基础的平面形状，还要标明独立基础的相对位置。对不同类型的独立基础要分别编号。

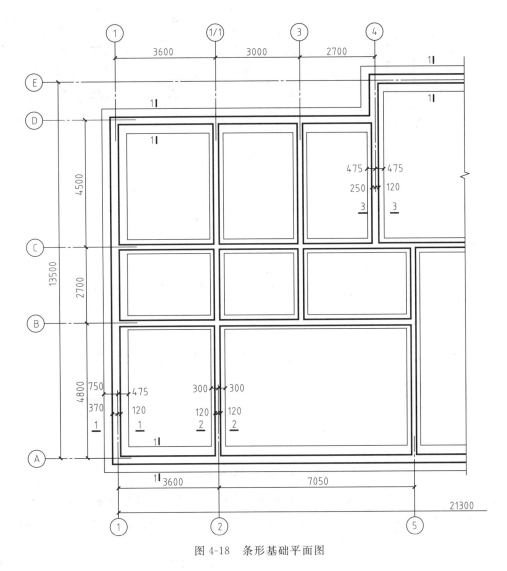

图 4-18　条形基础平面图

（5）尺寸标注　平面图上只标注轴线间尺寸和总尺寸。对基础的尺寸，可在详图中标注。

二、基础详图

1. 形成

基础平面图只确定了基础最外轮廓线宽度尺寸，对于断面形状、尺寸和构成材料需用详图画出。基础详图的形成是假想用剖切平面垂直地将基础剖开，用较大比例画出剖切断面图，此图称为基础详图。对独立基础，有时还附一单个基础的平面详图。

2. 条形基础详图的图示方法

（1）定位轴线　按断面垂直方向画出定位轴线。

（2）线型　室内、外地面用粗实线绘制。剖到的不同材料，用各自材料图例分隔，材料图例用细实线绘制。

（3）尺寸标注　因为是详图，所以尺寸标注要详细，以便于施工、预算等要求。尺寸标

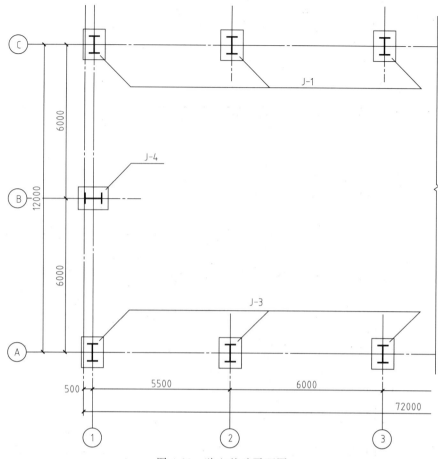

图 4-19 独立基础平面图

注分为标高尺寸和构造尺寸。标高符号表明室内地面、室外地坪及基础地面标高；构造尺寸是以轴线为基准，标明墙宽、基础地面宽度及大放脚处宽度，标明各台阶宽度及整体深度尺寸。

（4）材料符号 用材料图例表明基础所用材料，或用文字注明。

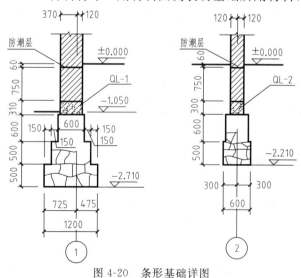

图 4-20 条形基础详图

（5）其他构造设施 如有管沟、洞口等构造，除在平面图上标明外，在详图上也要详细画出并标明尺寸、材料。如图 4-20 所示，为图 4-18 中断面 1—1、2—2 的基础详图。

3. 独立基础详图的图示方法

钢筋混凝土独立基础详图一般应画出平面图和剖面图，用以表达每一基础的形状、尺寸和配筋情况。

（1）独立基础平面详图

① 轴线。画出对应的定位轴线，并画出基础的外部形状和杯口形状。垫层可以不画。

② 钢筋。按局部剖视的方法画出钢筋并标注编号、直径、种类、根数（或间距）等。

③ 尺寸标注。以轴线为基准标注基础底面宽度、台阶宽度、杯口宽度等尺寸。

（2）独立基础剖面详图　独立基础剖面详图一般在对称平面处剖开，且画在对应投影位置，所以不加标注。

独立基础平面详图和独立基础剖面详图如图 4-21 所示。图示为一锥形的独立基础。它除了画出垂直剖视图外还画出了平面图。垂直剖视图清晰地反映了基础柱、基础及垫层三部分。基础底部为 2000mm×2200mm 的矩形，基础为高 600mm 的四棱台形基础，底部配置了 Φ8@150、Φ8@100 的双向钢筋。基础下面是 C10 素混凝土垫层，高 100mm。基础柱尺寸为 400mm×350mm，预留插筋 8Φ16，钢筋下端直接插入基础内部，上端与柱中的钢筋搭接。

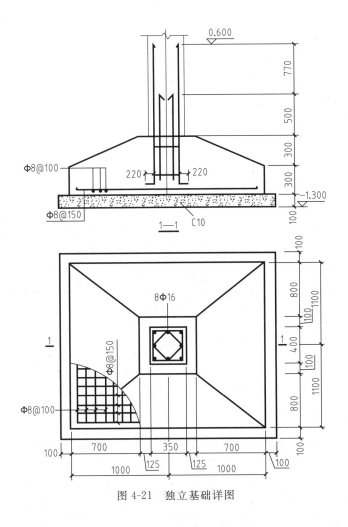

图 4-21　独立基础详图

第四节　钢筋混凝土结构平面布置图的整体表示法——"平法"简介

目前，钢筋混凝土结构平面布置图的整体表示法常用"平法"。"平法"制图，即建筑结构施工图的平面整体设计方法，它采用整体表达方法绘制结构布置平面图，把结构构件的尺寸和配筋等，整体直接表达在各类构件的结构平面布置图上，再与标准构造详图（11G101—1～3 等）配合使用，构成一套新型完整的结构设计施工图。"平法"制图对我国传统的混凝土结构施工图的设计表示方法做了重大改革，改变了传统的那种将构件从结构平面布置图中索引出来，再逐个绘制配筋详图的繁琐方法，因此大大提高了设计效率，减少了绘图工作量，使图纸表达更为直观，也便于识读，被国家科委列为《"九五"国家级科技成果重点推广计划》项目和被建设部列为 1996 年科技成果重点推广项目，经过多年的应用和不断修订，"平法"已经日趋完善。

"平法"制图主要针对现浇钢筋混凝土框架、剪力墙、梁、板构件的结构施工图表达。下面分别对这几种结构及构件"平法"的基本知识和识读方法进行介绍。

一、柱平法施工图

柱平法施工图系在柱平面布置图上采用截面注写方式或列表注写方式绘制柱的配筋图，可以将柱的配筋情况直观地表达出来。

1. 柱平法施工图的主要内容

柱平法施工图的主要内容包括：
① 图名和比例；
② 定位轴线及其编号、间距和尺寸；
③ 柱的编号、平面布置，应反映柱与定位轴线的关系；
④ 每一种编号柱的标高、截面尺寸、纵向受力钢筋和箍筋的配置情况；
⑤ 必要的设计说明。

柱平法表示有截面注写方式和列表注写方式两种，这两种绘图方式均需要对柱按其类型进行编号，编号由其类型代号和序号组成，其编号的含义如表 4-7 所示。

表 4-7　柱编号

柱类型	代　　号	序　　号
框架柱	KZ	××
框支柱	KZZ	××
梁上柱	LZ	××
剪力墙上柱	QZ	××

例如：KZ10 表示第 10 种框架柱，而 LZ01 表示第 1 种梁上柱。

2. 截面注写方式

截面注写方式是在柱平面布置图上，在同一编号的柱中选择一个截面，直接在截面上注写截面尺寸和配筋的具体数值，如图 4-22 所示，是截面注写方式的图例。

如图 4-22 所示，是某结构从标高 19.470m 到 59.070m 的柱配筋图，即结构从六层到十六层柱的配筋图，这在楼层表中用粗实线来注明。由于在标高 37.470m 处，柱的截面尺寸和配筋发生了变化，但截面形式和配筋的方式没变。因此，这两个标高范围的柱可通过一张柱平面图来表示，但这两部分的数据需分别注写，故将图中的柱分 19.470～37.470m 和 37.470～59.070m 两个标高范围注写有关数据。

如图 4-22 所示，图中画出了柱相对于定位轴线的位置关系，柱截面注写方式配筋图是采用双比例绘制的，首先对结构中的柱进行编号，将具有相同截面、配筋形式的柱编为一个号，从其中挑选出任意一个柱，在其所在的平面位置上按另一种比例原位放大绘制柱截面配筋图，并标注尺寸和柱配筋数值。在标注的文字中，主要有以下内容。

① 柱截面尺寸 $b \times h$，如 KZ1 是 650×650（500×500），说明在标高 $19.470 \sim 37.470$m 范围内，KZ1 的截面尺寸为 650×650，标高 $37.470 \sim 59.070$m 范围内，KZ1 的截面尺寸为 500×500。

② 柱相对定位轴线的位置关系，即柱定位尺寸。在截面注写方式中，对每个柱与定位轴线的相对关系，不论柱的中心是否经过定位轴线，都要给予明确的尺寸标注，相同编号的柱如果只有一种放置方式，则可只标注一个。

③ 柱的配筋，包括纵向受力钢筋和箍筋。纵向钢筋的标注有两种情况，第一种情况如 KZ1，其纵向钢筋有两种规格，因此将纵筋的标注分为角筋和中间筋分别标注。集中标注中的 4⊕25，指柱四角的角筋配筋；截面宽度方向上标注的 5⊕22，和截面高度方向上标注的 4⊕22，表明了截面中间配筋情况（对于采用对称配筋的矩形柱，仅在一侧注写中部钢筋，对称边省略不写）。另外一种情况是，其纵向钢筋只有一种规格，如 KZ2 和 LZ1，因此在集中标注中直接给出了所有纵筋的数量和直径，如 LZ1 的 6⊕16，对应配筋图中纵向钢筋的布置图，可以很明确地确定 6⊕16 的放置位置。箍筋的形式和数量可直观地通过截面图表达出来，如果仍不能很明确，则可以将其放出绘制详图。

3. 列表注写方式

列表注写方式，则是在柱平面布置图上，分别在每一编号的柱中选择一个（有时几个）截面标注与定位轴线关系的几何参数代号，通过列柱表注写柱号、柱段起止标高、几何尺寸（含柱截面对轴线的偏心情况）与配筋具体数值，并配以各种柱截面形状及其箍筋类型图说明箍筋形式，如图 4-23 所示是柱列表注写方式的图例。

采用柱列表注写方式时柱表中注写的内容主要有。

① 注写柱编号。柱编号由类型代号（见表 4-4）和序号组成。

② 注写各段柱的起止标高。自柱根部往上以变截面位置或截面未改变但配筋改变处为界分段注写。框架柱或框支柱的根部标高系指基础顶面标高；梁上柱的根部标高系指梁的顶面标高；剪力墙上柱的根部标高分为两种：当柱纵筋锚固在墙顶面时，其根部标高为墙顶面标高；当柱与剪力墙重叠一层时，其根部标高为墙顶面往下一层的楼层结构层楼面标高。

③ 注写柱截面尺寸，对于矩形柱，注写柱截面尺寸 $b \times h$ 及与轴线关系的几何参数代号 b_1，b_2 和 h_1，h_2 的具体数值，应对应于各段柱分别注写。其中 $b = b_1 + b_2$，$h = h_1 + h_2$。当截面的某一边收缩变化至与轴线重合或偏到轴线的另一侧时，b_1，b_2 和 h_1，h_2 中的某项为零或为负值。对于圆柱，表中 $b \times h$ 一栏改用在圆柱直径数字前加 d 表示，为表达简单，圆柱与轴线的关系也用 b_1，b_2 和 h_1，h_2 表示，并使 $d = b_1 + b_2 = h_1 + h_2$。

④ 注写柱纵筋。将柱纵筋分成角筋、b 边中部筋和 h 边中部筋三项分别注写（对于采用对称配筋的矩形柱，可仅注写一侧中部钢筋，对称边省略不写）。

⑤ 写箍筋类型号及箍筋肢数。箍筋的配置略显复杂，因为柱箍筋的配置有多种情况，不仅和截面的形状有关，还和截面的尺寸、纵向钢筋的配置有关系。因此，应在施工图中列出结构可能出现的各种箍筋形式，并分别予以编号，如图 4-23 所示，图中的类型 1、类型 2 等。箍筋的肢数用（$m \times n$）来说明，其中 m 对应宽度 b 方向箍筋的肢数，n 对应宽度 h 方向箍筋的肢数。

⑥ 注写柱箍筋，包括钢筋级别、直径与间距。当为抗震设计时，用斜线"/"区分柱端箍筋加密区和柱身非加密区长度范围内箍筋的不同间距。至于加密区长度，就需要施工人员对照标准构造图集相应节点自行计算确定了。例如，⊕10@100/200，表示箍筋为 HPB300 级钢，直径⊕10，加密区间距 100，非加密区间距 200。当箍筋沿柱全高为一种间距时，则

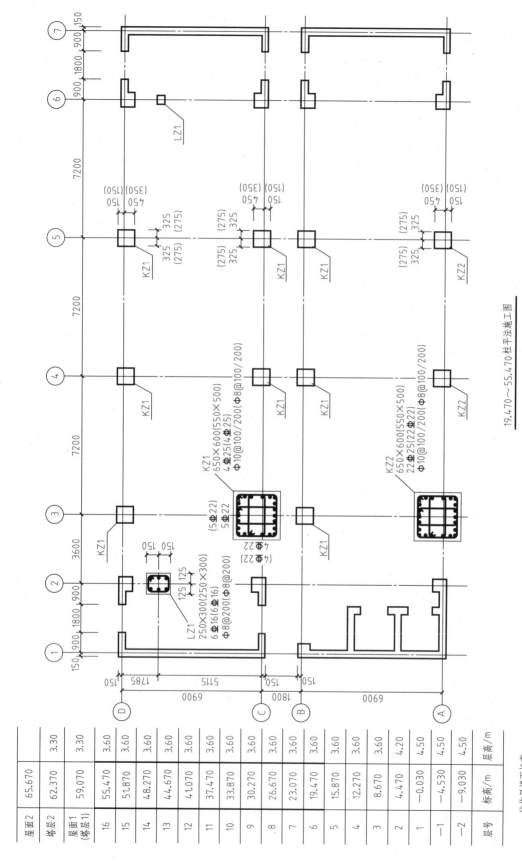

图 4-22 柱平法施工图的截面注写方式

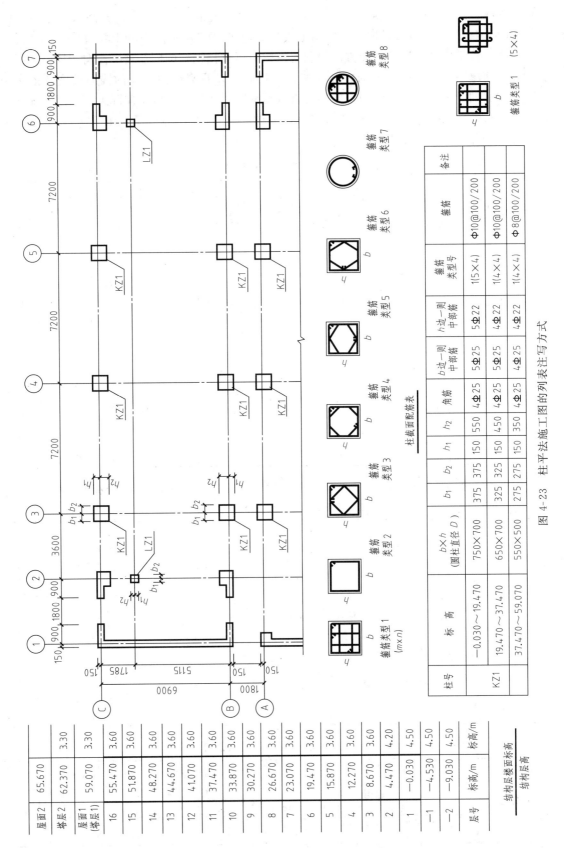

图 4-23 柱平法施工图的列表注写方式

柱截面配筋表

柱号	标 高	$b \times h$ (圆柱直径 D)	b_1	b_2	h_1	h_2	角筋	b边一侧 中部筋	h边一侧 中部筋	箍筋 类型号	箍筋	备注
KZ1	$-0.030 \sim 19.470$	750×700	375	375	150	550	4Φ25	5Φ25	5Φ22	1(5×4)	Φ10@100/200	
	$19.470 \sim 37.470$	650×700	325	325	150	450	4Φ25	5Φ25	4Φ22	1(4×4)	Φ10@100/200	
	$37.470 \sim 59.070$	550×500	275	275	150	350	4Φ25	4Φ25	4Φ22	1(4×4)	Φ8@100/200	

层号	标高/m	层高/m
屋面2	65.670	
塔层2	62.370	3.30
屋面1 (塔层1)	59.070	3.30
16	55.470	3.60
15	51.870	3.60
14	48.270	3.60
13	44.670	3.60
12	41.070	3.60
11	37.470	3.60
10	33.870	3.60
9	30.270	3.60
8	26.670	3.60
7	23.070	3.60
6	19.470	3.60
5	15.870	3.60
4	12.270	3.60
3	8.670	3.60
2	4.470	4.20
1	-0.030	4.50
-1	-4.530	4.50
-2	-9.030	4.50
层号	标高/m	层高/m

结构层楼面标高
结构层高

不使用斜线"/"，如Φ12@100，表示箍筋为 HRB400 级钢，直径Φ12，箍筋沿柱全高间距100。如果圆柱采用螺旋箍筋时，应在箍筋表达式前加"L"，如 LΦ10@100/200。

　　总之，柱采用"平法"制图方法绘制施工图，可直接把柱的配筋情况注明在柱的平面布置图上，简单明了。但在传统的柱立面图中，我们可以看到纵向钢筋的锚固长度及搭接长度，而在柱的"平法"施工图中，则不能直接在图中表达这些内容。实际上，箍筋的锚固长度及搭接长度是根据 GB 50010—2010 计算出来的，为了使用方便，国标图集 11G101—1 将其计算出来并以表格的形式给出，见表 4-8～表 4-10。

表 4-8　受拉钢筋基本锚固长度 l_{ab}、l_{abE}

钢筋种类	抗震等级	混凝土强度等级								
		C20	C25	C30	C35	C40	C45	C50	C55	≥C60
HPB300	一、二级(l_{abE})	$45d$	$39d$	$35d$	$32d$	$29d$	$28d$	$26d$	$25d$	$24d$
	三级(l_{abE})	$41d$	$36d$	$32d$	$29d$	$26d$	$25d$	$24d$	$23d$	$22d$
	四级(l_{abE}) 非抗震(l_{ab})	$39d$	$34d$	$30d$	$28d$	$25d$	$24d$	$23d$	$22d$	$21d$
HRB335	一、二级(l_{abE})	$44d$	$38d$	$33d$	$31d$	$29d$	$26d$	$25d$	$24d$	$24d$
	三级(l_{abE})	$40d$	$35d$	$31d$	$28d$	$26d$	$24d$	$23d$	$22d$	$22d$
	四级(l_{abE}) 非抗震(l_{ab})	$38d$	$33d$	$29d$	$27d$	$25d$	$23d$	$22d$	$21d$	$21d$
HRB400	一、二级(l_{abE})	—	$46d$	$40d$	$37d$	$33d$	$32d$	$31d$	$30d$	$29d$
	三级(l_{abE})	—	$42d$	$37d$	$34d$	$30d$	$29d$	$28d$	$27d$	$26d$
	四级(l_{abE}) 非抗震(l_{ab})		$40d$	$35d$	$32d$	$29d$	$28d$	$27d$	$26d$	$25d$
HRB500	一、二级(l_{abE})		$55d$	$49d$	$45d$	$41d$	$39d$	$37d$	$36d$	$35d$
	三级(l_{abE})		$50d$	$45d$	$41d$	$38d$	$36d$	$34d$	$33d$	$32d$
	四级(l_{abE}) 非抗震(l_{ab})		$48d$	$43d$	$39d$	$36d$	$34d$	$32d$	$31d$	$30d$

表 4-9　受拉钢筋锚固长度 l_a、受拉钢筋抗震锚固长度 l_{aE}、受拉钢筋锚固长度修正系数 ζ_a

受拉钢筋锚固长度 l_a、抗震锚固长度 l_{aE}

非抗震	抗震	注:1. l_a 不应小于 200
$l_a = \zeta_a l_{ab}$	$l_{aE} = \zeta_{aE} l_a$	2. 锚固长度修正系数 ζ_a 按表 5-7 采用,当多于一项时,可连乘计算,但不应小于 0.6 3. ζ_{aE} 为抗震锚固长度修正系数,对一、二级抗震等级取 1.15,对三级抗震等级取 1.05,对四级抗震等级取 1.00

受拉钢筋锚固长度修正系数 ζ_a

锚固条件		ζ_a	
带肋钢筋的公称直径大于 25		1.10	
环氧树脂涂层带肋钢筋		1.25	
施工过程中易受扰动的钢筋		1.10	
锚固区保护层厚度	$3d$	0.80	注:中间时按内插值
	$5d$	0.70	d 为锚固钢筋直径

表 4-10　受拉钢筋绑扎搭接长度及修正系数

纵向受拉钢筋绑扎搭接长度 l_l、l_{lE}		注:1. 在任何情况下不应小于 300mm 2. 当不同直径钢筋搭接时,按较小直径计算	纵向受拉钢筋搭接长度修正系数 ζ_l		
抗震	非抗震		接头百分率/%	≤25	50	100
$l_{lE} = \zeta_l l_{aE}$	$l_{lE} = \zeta_l l_{aE}$		ζ_l	1.2	1.4	1.6

因此，只要知道钢筋的级别和直径，就可以查表确定钢筋的锚固长度和最小搭接长度，不一定在图中表达出来。施工时，先根据柱的平法施工图，确定柱的截面、配筋的级别和直径，再根据表等其他规范的规定，进行放样和绑扎。采用平法制图不再单独绘制柱的配筋立面图或断面图，可以极大地节省绘图工作量，同时不影响图纸内容的表达。

4. 柱平法施工图识读步骤

柱平法施工图识读可按如下步骤：

① 查看图名、比例；

② 校核轴线编号及间距尺寸，必须与建筑图、基础平面图保持一致；

③ 与建筑图配合，明确各柱的编号、数量及位置；

④ 阅读结构设计总说明或有关分页专项说明，明确标高范围柱混凝土的强度等级；

⑤ 根据各柱的编号，查对图中截面或柱表，明确柱的标高、截面尺寸和配筋。再根据抗震等级、标准构造要求确定纵向钢筋和箍筋的构造要求（包括纵向钢筋连接的方式、位置、锚固搭接长度、弯折要求、柱头节点要求；箍筋加密区长度范围等）。

二、剪力墙平法施工图

剪力墙根据配筋形式可将其看成由剪力墙柱、剪力墙身和剪力墙梁（简称墙柱、墙身、墙梁）三类构件组成。剪力墙平法施工图，是在剪力墙平面布置图上采用截面注写方式或列表方式来表达剪力墙柱、剪力墙身、剪力墙梁的标高、偏心、截面尺寸和配筋情况等。

1. 剪力墙平法施工图主要内容

剪力墙平法施工图主要内容包括：

① 图名和比例；

② 定位轴线及其编号、间距和尺寸；

③ 剪力墙柱、剪力墙身、剪力墙梁的编号、平面布置；

④ 每一种编号剪力墙柱、剪力墙身、剪力墙梁的标高、截面尺寸、钢筋配置情况；

⑤ 必要的设计说明和详图。

注写每种墙柱、墙身、墙梁的标高、截面尺寸、配筋。同柱一样有两种方式：截面注写方式和列表注写方式。同样无论哪种绘图方式均需要对剪力墙构件按其类型进行编号，编号由其类型代号和序号组成，其编号的含义见表 4-11 和表 4-12。

表 4-11 墙柱编号

墙柱类型	代　　号	序　　号
约束边缘构柱	YBZ	××
构造边缘构件	GBZ	××
非边缘暗柱	AZ	××
扶壁柱	FBZ	××

如：YBZ10 表示第 10 种约束边缘构件，而 AZ01 表示第 1 种非边缘暗柱。

表 4-12 墙梁编号

墙梁类型	代号	序号
连梁	LL	××
连梁(对角暗撑配筋)	LL(JC)	××
连梁(交叉斜筋配筋)	LL(JX)	××
连梁(集中对角斜筋配筋)	LL(DX)	××
暗梁	AL	××
边框梁	BKL	××

如：LL10 表示第 10 种普通连梁，而 LL（JC)10 表示第 10 种有对角暗撑配筋的连梁。

2. 截面注写方式

截面注写方式，是在分标准层绘制的剪力墙平面布置图上，以直接在墙柱、墙身、墙梁上注写截面尺寸和配筋具体数值的方式来表达剪力墙平法施工图。在剪力墙平面布置图上，在相同编号的墙柱、墙身、墙梁中选择一根墙柱、一道墙身、一个墙梁，以适当的比例原位将其放大进行注写。

剪力墙柱注写的内容有：绘制截面配筋图，并标注截面尺寸、全部纵向钢筋和箍筋的具体数值。

剪力墙身注写的内容有：依次引注墙身编号（应包括注写在括号内墙身所配置的水平分布钢筋和竖向分布钢筋的排数）、墙厚尺寸、水平分布筋、竖向分布钢筋和拉筋的具体数值。

剪力墙梁注写的内容有：

① 墙梁编号；

② 墙梁顶面标高高差，系指墙梁顶面与所在结构层楼面标高的高差值，高于者为正值，低于者为负值，当无高差时不注；

③ 墙梁截面尺寸 $b×h$、上部纵筋、下部纵筋和箍筋的具体数值。

④ 连梁设有对角暗撑时［代号为 LL（JC）××］，注写暗撑的截面尺寸（箍筋外皮尺寸）；注写暗撑的全部纵筋，并标注×2 表明有两根暗撑相互交叉；以及暗撑箍筋的具体数值；

⑤ 当连梁设有交叉斜筋时［代号为 LL（JX）××］，注写连梁一侧对角斜筋的配筋值，并标注×2 表明对称设置；注写对角斜筋在连梁端部设置的拉筋根数、规格及直径，并标注×4 表示四个角都设置；注写连梁一侧折线筋配筋值，并标注×2 表明对称设置。

⑥ 当连梁设有集中对角斜筋时［代号为 LL（DX）××］，注写一条对角线上的斜筋值，并标注×2 表明对称设置。

如图 4-24 所示，是截面注写方式的图例。

3. 列表注写方式

列表注写方式，是在剪力墙平面布置图上，通过列剪力墙柱表、剪力墙身表和剪力墙梁表来注写每一种编号剪力墙柱、剪力墙身、剪力墙梁的标高、截面尺寸与配筋具体数值。如图 4-25、图 4-26 所示，是列表注写方式的图例。

剪力墙柱表中注写的内容有：注写编号、加注几何尺寸（几何尺寸按标准构造详图取值时，可不注写）、绘制截面配筋图并注明墙柱的起止标高、全部纵筋和箍筋的具体数值。

剪力墙身表中注写的内容有：注写墙身编号、墙身起止标高、水平分布筋、竖向分布筋和拉筋的具体数值。

剪力墙梁表中注写的内容有：

① 墙梁编号、墙梁所在楼层号；

② 墙梁顶面标高高差，系指墙梁顶面与所在结构层楼面标高的高差值，高于者为正值，低于者为负值，当无高差时不注；

③ 墙梁截面尺寸 $b×h$、上部纵筋、下部纵筋和箍筋的具体数值；

④ 当连梁设有对角暗撑时［代号为 LL（JC）××］，注写规定同截面法相应条款；

⑤ 当连梁设有交叉斜筋时［代号为 LL（JX）××］，注写规定同截面法相应条款；

⑥ 当连梁设有集中对角斜筋时［代号为 LL（DX）××］，注写规定同截面法相应条款。

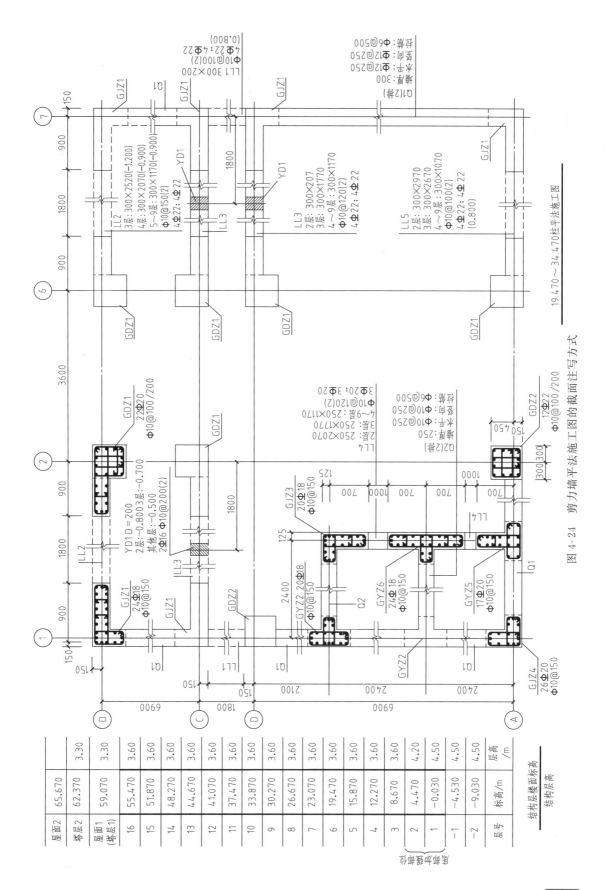

图 4-24　剪力墙平法施工图的截面注写方式

剪力墙梁表

编号	所在楼层号	梁顶相对标高高差	梁截面 b×h	上部纵筋	下部纵筋	箍筋
LL1	2~9	0.080	300×2000	4Φ22	4Φ22	Φ10@100(2)
	10~16	0.080	250×2000	4Φ20	4Φ20	Φ10@100(2)
	屋面1		250×1200	4Φ20	4Φ20	Φ10@100(2)
LL2	3	-1.200	300×2520	4Φ22	4Φ22	Φ10@150(2)
	4	-0.900	300×2070	4Φ22	4Φ22	Φ10@150(2)
	5~9	-0.900	300×1770	4Φ22	4Φ22	Φ10@150(2)
	10~屋面1	-0.900	250×1770	4Φ22	4Φ22	Φ10@100(2)
LL3	2		300×2070	4Φ22	4Φ22	Φ10@100(2)
	3		300×1770	4Φ22	4Φ22	Φ10@100(2)
	4~9		300×1170	4Φ22	4Φ22	Φ10@100(2)
	10~屋面1		250×1170	3Φ22	3Φ22	Φ10@100(2)
LL4	2		250×2070	4Φ20	4Φ20	Φ10@120(2)
	3		250×1770	3Φ20	3Φ20	Φ10@120(2)
	4~屋面1		250×1170	3Φ20	3Φ20	Φ10@120(2)

剪力墙身表

编号	标高	墙厚	水平分布筋	垂直分布筋	拉筋
Q1(2排)	-0.300~30.270	300	Φ12@250	Φ12@250	Φ6@500
	30.270~59.070	250	Φ12@250	Φ12@250	Φ6@500
Q2(2排)	-0.300~30.270	250	Φ12@250	Φ12@250	Φ6@500
	30.270~59.070	200	Φ12@250	Φ12@250	Φ6@500

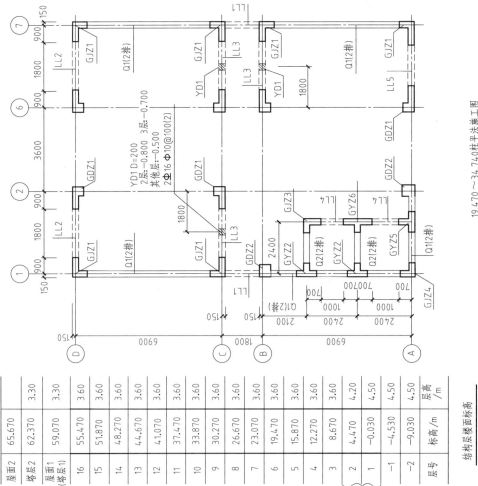

19.470~34.740柱平法施工图

图4-25 剪力墙平法施工图(部分墙柱表)

层号	标高/m	层高/m
屋面2	65.670	3.30
塔层2	62.370	3.30
屋面1(塔层1)	59.070	3.60
16	55.470	3.60
15	51.870	3.60
14	48.270	3.60
13	44.670	3.60
12	41.070	3.60
11	37.470	3.60
10	33.870	3.60
9	30.270	3.60
8	26.670	3.60
7	23.070	3.60
6	19.470	3.60
5	15.870	3.60
4	12.270	3.60
3	8.670	3.60
2	4.470	4.20
1	-0.030	4.50
-1	-4.530	4.50
-2	-9.030	4.50
层号	标高/m	层高/m

结构层楼面标高
结构层高

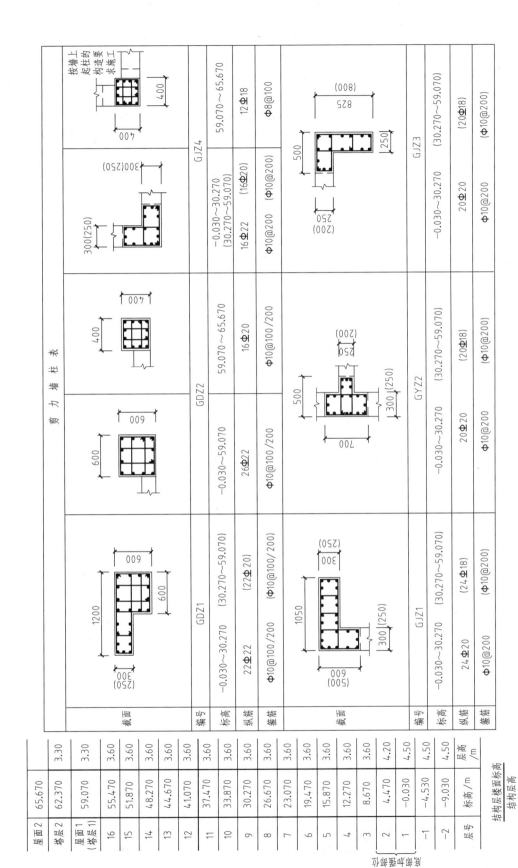

图 4-26　剪力墙平法施工图的列表注写方式

4. 剪力墙平法施工图识读步骤

剪力墙平法施工图识读可按如下步骤：

① 查看图名、比例；

② 校核轴线编号及间距尺寸，必须与建筑平面图、基础平面图保持一致；

③ 与建筑图配合，明确各剪力墙边缘构件的编号、数量及位置、墙身的编号、尺寸、洞口位置；

④ 阅读结构设计总说明或有关分页专项说明，明确各标高范围剪力墙混凝土的强度等级；

⑤ 根据各剪力墙身的编号，查对图中截面或墙身表，明确剪力墙的标高、截面尺寸和配筋。再根据抗震等级、标准构造要求确定水平分布钢筋、竖向分布钢筋和拉筋的构造要求（包括水平分布钢筋、竖向分布钢筋连接的方式、位置、锚固搭接长度、弯折要求）；

⑥ 根据各剪力墙柱的编号，查对图中截面或墙柱表，明确剪力墙柱的标高、截面尺寸和配筋。再根据抗震等级、标准构造要求确定纵向钢筋和箍筋的构造要求（包括纵向钢筋连接的方式、位置、锚固搭接长度、弯折要求、柱头节点要求，箍筋加密区长度范围等）；

⑦ 根据各剪力墙梁的编号，查对图中截面或墙梁表，明确剪力墙梁的标高、截面尺寸和配筋。再根据抗震等级、标准构造要求确定纵向钢筋和箍筋的构造要求（包括纵向钢筋锚固搭接长度；箍筋的摆放位置等）。

这里需要特别指出的是，剪力墙尤其是高层建筑中的剪力墙一般情况是沿着高度方向混凝土强度等级不断变化的；每层楼面的梁、板混凝土强度等级也可能有所不同，因此，施工人员在看图时应格外加以注意，避免出现错误。

三、梁平法施工图

梁"平法"施工图是将梁按照一定规律编号，将各种编号的梁配筋直径、数量、位置和代号一起注写在梁平面布置图上，直接在平面图中表达，不再单独绘制梁的剖面图。梁平法施工图的表达方式有两种：平面注写方式和截面注写方式。

1. 梁平法施工图主要内容

梁平法施工图主要内容包括：

① 图名和比例；

② 定位轴线及其编号、间距和尺寸；

③ 梁的编号、平面布置；

④ 每一种编号梁的标高、截面尺寸、钢筋配置情况；

⑤ 必要的设计说明和详图。

2. 平面注写方式

梁施工图平面注写方式，系在梁平面布置图上，分别在不同编号的梁中各选一根梁，在其上注写截面尺寸和配筋具体数值的方法表达梁平法配筋图，如图 4-27（a）所示。按照《混凝土结构施工图整体表示方法制图规则和构造详图》（11G101—1），梁平面注写方式包括集中标注和原位标注。集中标注表达梁的通用数值，如截面尺寸、箍筋配置、梁上部贯通钢筋等；当集中标注的数值不适用于梁的某个部位时，采用原位标注，原位标注表达梁的特殊数值，如梁在某一跨改变的梁截面尺寸、该处的梁底配筋或增设的钢筋等。在施工时，原位标注取值优先于集中标注。

如图 4-27（b）所示，是与梁平法施工图对应的传统表达方法，要在梁上不同的位置剖切并绘制断面图来表达梁的截面尺寸和配筋情况。而采用"平法"就不需要了。

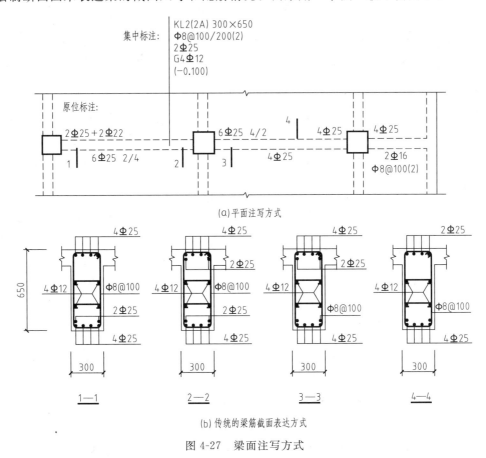

图 4-27　梁面注写方式

首先，在梁的集中标注内容中，有五项必注值和一项选注值。

（1）梁的编号，该项为必注值　梁编号有梁类型代号、序号、跨数及有无悬挑代号组成，应符合表 4-13 的规定。

表 4-13　梁编号

梁类型	代号	序号	跨数及是否带有悬挑	备注
楼层框架梁	KL	××	(××)、(××A)或(××B)	注：(××A)为一端有悬挑；(××B)为两端有悬挑；悬挑不计入跨数
屋面框架梁	WKL	××	(××)、(××A)或(××B)	
框支梁	KZL	××	(××)、(××A)或(××B)	
非框架梁	L	××	(××)、(××A)或(××B)	
悬挑梁	XL	××	(××)、(××A)或(××B)	
井字梁	JZL	××	(××)、(××A)或(××B)	

例如，KL7（5A）表示第 7 号框架梁，5 跨，一端有悬挑；L9（7B）表示第 9 号非框架梁，7 跨，两端有悬挑。

（2）梁截面尺寸，该项为必注值　当为等截面梁时，用 $b \times h$ 表示；当为加腋梁时，用 $b \times h$，$YC_1 \times C_2$ 表示，Y 是加腋的标志，C_1 是腋长，C_2 是腋高。如图 4-28（a）所示，梁跨中截面为 300×750（$b \times h$），梁两端加腋，腋长 500mm，腋高 250mm，因此该梁表示为：$300 \times 750Y500 \times 250$。当有悬挑梁且根部和端部截面高度不同时，用斜线 "/" 分隔根部与端部的高度值，即为 $b \times h_1/h_2$，b 为梁宽，h_1 指梁根部的高度，h_2 指梁端部的高度。如图 4-28（b）所示，图中的悬挑梁，梁宽 300mm，梁高从根部 700mm 减小到端部的 500mm。

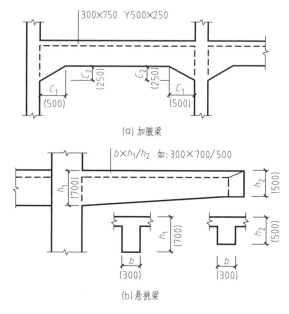

图 4-28 悬挑梁不等高截面尺寸注写

（3）梁箍筋，包括钢筋级别、直径、加密区与非加密区间距与肢数，该项为必注值。箍筋加密区与非加密区的不同间距与肢数用斜线"/"分隔；当梁箍筋为同一种间距及肢数时，则不需用斜线；当加密区与非加密区的箍筋肢数相同时，则将肢数注写一次；箍筋肢数注写在括号内。加密区的长度范围则根据梁的抗震等级见相应的标准构造详图。例如 Φ10@100/200（4），表示箍筋为 HPB300 级钢，直径 Φ10，加密区间距为 100，非加密区间距为 200，均为四肢箍；又如 Φ8@100（4）/150（2），表示箍筋为 HPB300 级钢，直径 Φ8，加密区间距为 100，四肢箍；非加密区间距为 150，两肢箍。

（4）梁上部通长钢筋或架立筋配置，该项为必注值。这里所标注的规格与根数应根据结构受力的要求及箍筋肢数等构造要求而定。当同排纵筋中既有通长筋又有架立筋时，应用加号"＋"将通长筋和架立筋相连。注写时需将角部纵筋写在加号的前面，架立筋写在加号后面的括号内，以示不同直径及与通长钢筋的区别。当全部是架立筋时，则将其写在括号内。例如 2Φ22 用于双肢箍；2Φ22＋（4Φ12）用于六肢箍，其中 2Φ22 为通长筋，4Φ12 为架立筋。

如果梁的上部纵筋和下部纵筋均为贯通筋，且多数跨相同时，也可将梁上部和下部贯通筋同时注写，中间用"；"分隔，如 3Φ22；3Φ20，表示梁上部配置 3Φ22 通长钢筋，梁的下部配置 3Φ20 通长钢筋。

（5）梁侧面纵向构造钢筋或受扭钢筋的配置，该项为必注值。当梁腹板高度大于 450mm 时，需配置梁侧纵向构造钢筋，其数量及规格应符合规范要求。注写此项时以大写字母 G 打头，接续注写设置在梁两个侧面的总配筋值，且对称配置，如 G4Φ12，表示梁的两个侧面共配置 4Φ12 的纵向构造钢筋，每侧配置 2Φ12。当梁侧面需要配置受扭纵向钢筋时，此项注写值时以大写字母 N 打头，接续注写设置在梁两个侧面的总配筋值，且对称配置。受扭纵向钢筋应满足侧面纵向构造钢筋的间距要求，且不再重复配置纵向构造钢筋，如 N6Φ22，表示梁的两个侧面共配置 6Φ22 的受扭纵向钢筋，每侧配置 3Φ22。

（6）梁顶面标高差，该项为选注值。指梁顶面相对于结构层楼面标高的差值，用括号括起。当梁顶面高于楼面结构标高时，其标高高差为正值，反之为负值。如果二者没有高差，则没有此项。如果是（−0.100）表示该梁顶面比楼面标高低 0.1m，如果是（0.100）则表示该梁顶面比楼面标高高 0.1m。

以上所述是梁集中标注的内容，梁原位标注的内容主要有以下几方面。

① 梁支座上部纵筋的数量、级别和规格，其中包括上部贯通钢筋，写在梁的上方，并

靠近支座。

当上部纵筋多于一排时，用"/"将各排纵筋分开，如6Φ25 4/2表示上排纵筋为4Φ25，下排纵筋为2Φ25；如果是4Φ25/2Φ22则表示上排纵筋为4Φ25，下排纵筋为2Φ22。

当同排纵筋有两种直径时，用"＋"将两种直径的纵筋连在一起，注写时将角部纵筋写在前面。如：梁支座上部有四根纵筋，2Φ25放在角部，2Φ22放在中部，则应注写为2Φ25＋2Φ22；又如：4Φ25＋2Φ22/4Φ22表示梁支座上部共有十根纵筋，上排纵筋为4Φ25和2Φ22，4Φ25中有两根放在角部，另2Φ25和2Φ22放在中部，下排还有4Φ22。

当梁中间支座两边的上部钢筋不同时，需在支座两边分别注写；当梁中间支座两边的上部钢筋相同时，可仅在支座的一边标注配筋值，另一边省去不注。

② 梁的下部纵筋的数量、级别和规格，写在梁的下方，并靠近跨中处。

当下部纵筋多于一排时，用"/"将各排纵筋分开，如6Φ25 2/4表示上排纵筋为2Φ25，下排纵筋为4Φ25；如果是2Φ20/3Φ25则表示上排纵筋为2Φ20，下排纵筋为3Φ25。

当同排纵筋有两种直径时，用"＋"将两种直径的纵筋连在一起，注写时将角部纵筋写在前面。如：梁下部有四根纵筋，2Φ25放在角部，2Φ22放在中部，则应注写为2Φ25＋2Φ22；又如：3Φ22/3Φ25＋2Φ22表示梁下部共有八根纵筋，上排纵筋为3Φ22，下排纵筋为3Φ25和2Φ22，3Φ25中有两根放在角部。

如果梁的集中标注中已经注写了梁上部和下部均为通长钢筋的数值时，则不在梁下部重复注写原位标注。

③ 附加箍筋或吊筋。在主次梁交接处，有时要设置附加箍筋或吊筋，可直接画在平面图中的主梁上，并引注总配筋值，如图4-29所示。当多数附加箍筋或吊筋相同时，可在梁平法施工图上统一注明，少数与统一注明值不同时，再原位引注。

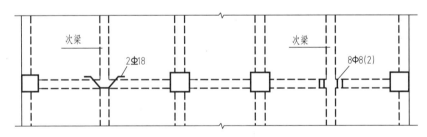

图 4-29　附加箍筋或吊筋画法

④ 当在梁上集中标注的内容（即梁截面尺寸、箍筋、上部通长筋或架立筋、梁侧面纵向构造钢筋或受扭纵向钢筋，以及梁顶面标高高差中的某一项或几项数值）不适用于某跨或某悬挑部位时，则将其不同的数值原位标注在该跨或该悬挑部位，施工的时候应按原位标注的数值优先取用，这一点是值得注意的。

3. 截面注写方式

截面注写方式，是在分标准层绘制的梁平面布置图上，分别在不同编号的梁中各选择一根梁用剖面号引出配筋图，并在其上注写截面尺寸和配筋（上部筋、下部筋、箍筋和侧面构造筋）具体数值的方式来表达梁平法施工图。

截面注写方式可以单独使用，也可与平面注写方式结合使用。

4. 梁平法施工图识读步骤

梁平法施工图识读可按如下步骤：

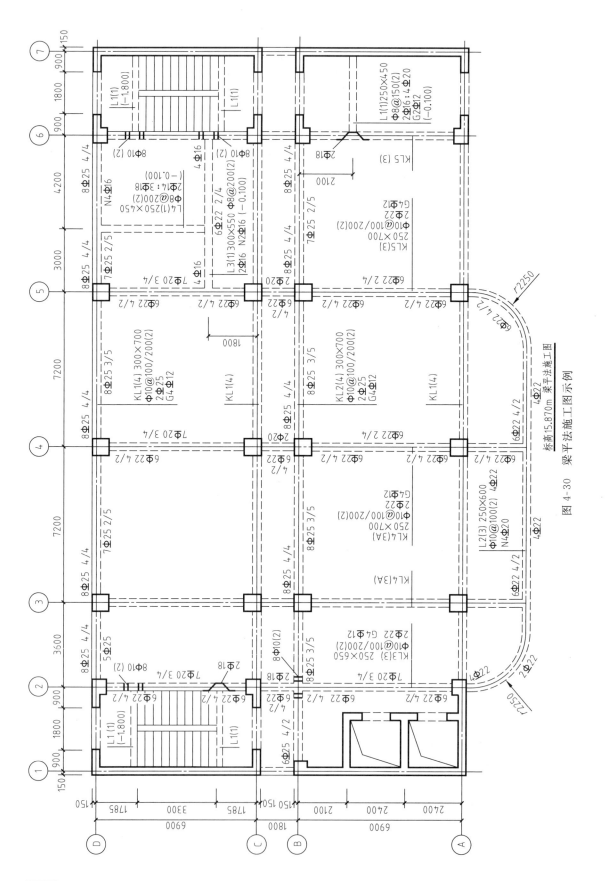

标高15.870m 梁平法施工图

图 4-30　梁平法图示例

① 查看图名、比例；

② 校核轴线编号及间距尺寸，必须与建筑图、基础平面图、柱平面图保持一致；

③ 与建筑图配合，明确各梁的编号、数量及位置；

④ 阅读结构设计总说明或有关分页专项说明，明确各标高范围剪力墙混凝土的强度等级；

⑤ 根据各梁的编号，查对图中标注或截面标注，明确梁的标高、截面尺寸和配筋。再根据抗震等级、标准构造要求确定纵向钢筋、箍筋和吊筋的构造要求（包括纵向钢筋锚固搭接长度、切断位置、连接方式、弯折要求；箍筋加密区范围等）。

这里需强调的是，应格外注意主、次梁交汇处钢筋摆放的高低位置要求。

如图 4-30 所示，是用平法表示的梁配筋平面图，这是一个 16 层框架-剪力墙结构，本图表示第 5 层梁的配筋情况，从图 4-24、图 4-25 中左边的列表可以看出，该结构有两层地下室，图中标识了每层的层高和楼面标高以及屋面的高度。

梁采用"平法"制图方法绘制施工图，直接把梁的配筋情况注明在梁的平面布置图上，简单明了。但在传统的梁立面配筋图中，可以看到的纵向钢筋锚固长度及搭接长度，在梁的"平法"施工图中无法体现。同柱"平法"施工图一样，只要我们知道钢筋的种类和直径，就可以按规范或图集中的要求确定其锚固长度和最小搭接长度。

四、现浇板施工图

1. 现浇板施工图主要内容

现浇板施工图主要内容包括：

① 图名和比例；

② 定位轴线及其编号、间距和尺寸；

③ 现浇板的厚度、标高及钢筋配置情况；

④ 阅读必要的设计说明和详图。

2. 现浇板施工图识读步骤

现浇板施工图识读可按如下步骤：

① 查看图名、比例；

② 校核轴线编号及间距尺寸，必须与建筑图、梁平法施工图保持一致；

③ 阅读结构设计总说明或有关说明，确定现浇板的混凝土强度等级；

④ 明确图中未标注的分布钢筋，有时对于温度较敏感或板厚较厚时还要设置温度钢筋，其与板内受力筋的搭接要求也应该在说明中明确。

对于现浇板配筋也可以和柱、梁、剪力墙一样采用"平法"表示，与之相配套的国标图集 04G101—4（现已废止）内容已经与柱、梁、剪力墙整合在现行国标图集 11G101—1 中，但就目前国内大量工程的施工图纸来看，采用板平法表示的还不是很多，还有许多设计单位仍然采用传统的方式表达现浇板，加之本书篇幅有限这里不再赘述，感兴趣的读者可查看国标图集 11G101—1 中关于板部分的内容。

第五章　钢结构施工图

桥梁、工业厂房、超高层建筑、闸门（板）等钢结构建筑以其强度高、抗震性能好、施工周期短、边角料可回收等优点，在土建行业已越来越引起人们的重视，在大中型工程中大量应用。钢结构具有强度高、占用空间小、安全可靠、制作安装容易等优点。

钢结构构件是由各种形状的型钢，经焊接或用螺栓、铆钉连接而成。

第一节　型钢与螺栓的表示方法

一、型钢的表示方法

型钢的表示方法见表 5-1。

表 5-1　型钢的表示方法

序号	名称	截面	标注	说明
1	等边角钢	 ∟	$\llcorner b \times d$	b 为肢宽 d 为肢厚
2	不等边角钢	 ∟	$\llcorner B \times b \times d$	B 为长肢宽
3	工字钢	 I	IN, QIN	轻型工字钢时加注 Q 字
4	槽钢	 [	$\mathsf{C}N, Q\mathsf{C}N$	轻型槽钢时加注 Q 字
5	方钢	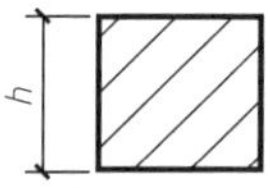 h	$□b$	
6	扁钢	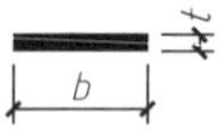 b, t	$-b \times t$	
7	钢板	 —	$-t$	
8	圆钢	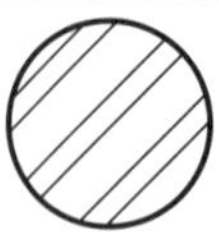 ○	ϕd	
9	钢管	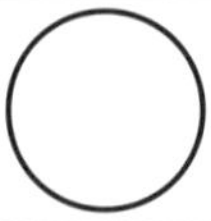 ○	$\phi d \times t$	t 为管壁厚
10	薄壁方钢管	 □	$B□h \times t$	薄壁型钢时加注 B 字

序号	名称	截面	标注	说明
11	薄壁等肢角钢		$BLb \times t$	
12	薄壁等肢卷边角钢		$BLb \times a \times t$	
13	薄壁槽钢		$B\sqsubset h \times b \times t$	
14	薄壁卷边槽钢		$B\sqsubset h \times b \times a \times t$	
15	薄壁卷边 Z 型钢		$B\!\!\!\!\ulcorner h \times b \times a \times t$	
16	起重机钢轨		$QU\times\times$	××为起重机钢轨型号
17	轻轨和钢轨		××KG/M 钢轨	××为轻轨和钢轨型号

二、螺栓、孔、电焊铆钉的表示方法

螺栓、孔、电焊铆钉的表示方法见表 5-2。

表 5-2　螺栓、孔、电焊铆钉的表示方法

名　称	截　面	说　明
永久螺栓	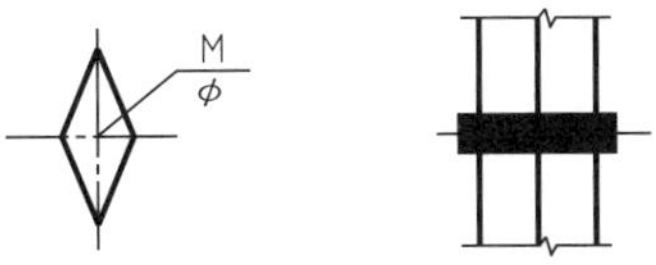	1. 细"＋"表示定位轴线 2. M 表示螺栓型号 3. ϕ 表示螺栓孔直径 4. 采用引出线表示螺栓时，横线上标注螺栓规格，横线下标注螺栓孔直径
高强螺栓	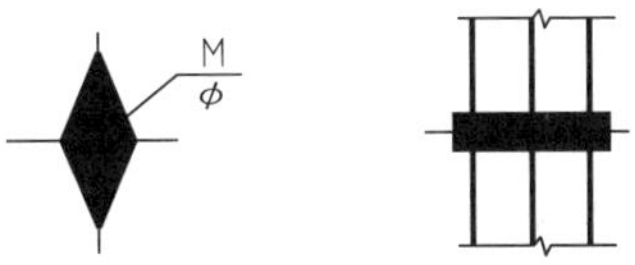	
安装螺栓	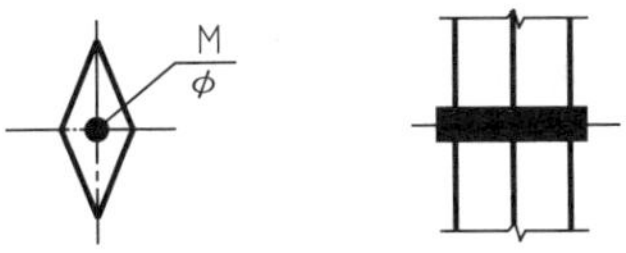	
膨胀螺栓	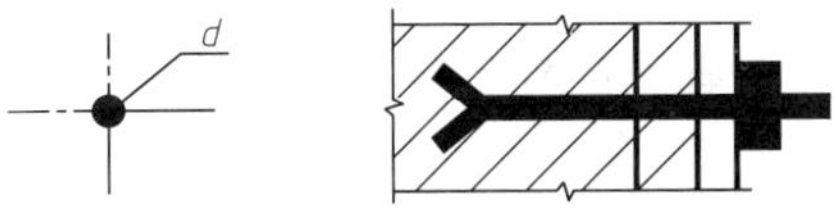	d 表示膨胀螺栓、电焊铆钉的直径
圆形螺栓孔	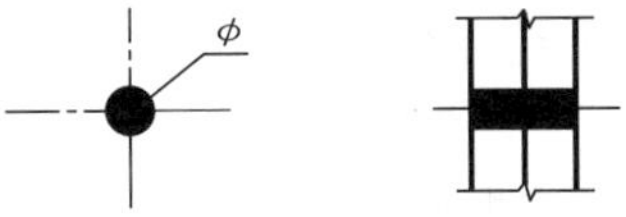	

名　称	截　面	说　明
圆形螺栓孔		
电焊铆钉		

三、压型钢板的表示方法

压型钢板用 YX H-S-B 表示：YX 为压、型的汉语拼音首字母；H 为压型钢板波高；S 为压型钢板波距；B 为压型钢板的有效覆盖宽度；t 为压型钢板的厚度，如图 5-1 所示。

例如：YX 130-300-600 表示压型钢板的波高为 130mm，波距为 300mm，有效覆盖宽度为 600mm，如图 5-2 所示。压型钢板的厚度通常在结构总说明中说明材料性能时一并说明。

又如：YX 173-300-300 表示压型钢板的波高为 173mm，波距为 300mm，有效覆盖宽度为 300mm，如图 5-3 所示。

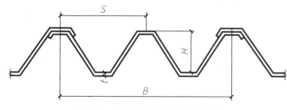

图 5-1　压型钢板截面形状图

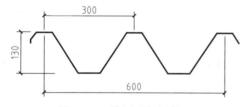

图 5-2　双波压型钢板截面

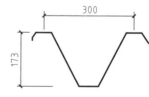

图 5-3　单波压型钢板截面

四、焊缝的表示方法

焊缝符号的表示方法及有关规定如下。

① 焊缝的引出线由箭头和两条基准线组成，其中一条为实线，另一条为虚线，线型均为细线，如图 5-4 所示。

② 基准线的虚线可以画在基准线实线的上侧，也可以画在下侧，基准线一般应与图样的标题栏平行，仅在特殊情况下才与标题栏垂直。

③ 若焊缝处在接头的箭头侧，则基本符号标注在基准线的实线侧；若焊缝处在接头的非箭头侧，则基本符号标注在基准线的虚线侧，如图 5-5 所示。

④ 当为双面对称焊缝时，基准线可不加虚线，如图 5-6 所示。

⑤ 箭头线相对焊缝的位置一般无特殊要求，但在标

图 5-4　焊缝的引出线

注单边形焊缝时箭头线要指向带有坡口一侧的工件，如图 5-7 所示。

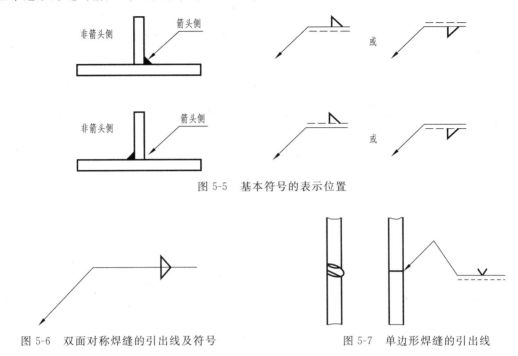

图 5-5　基本符号的表示位置

图 5-6　双面对称焊缝的引出线及符号 　　　　　　　图 5-7　单边形焊缝的引出线

⑥ 基本符号、补充符号与基准线相交或相切，与基准线重合的线段，用粗实线表示。

⑦ 焊缝的基本符号、辅助符号和补充符号（尾部符号除外）一律为粗实线，尺寸数字原则上亦为粗实线，尾部符号为细实线，尾部符号主要是焊接工艺、方法等内容。

⑧ 在同一图形上，当焊缝形式、断面尺寸和辅助要求均相同时，可只选择一处标注焊缝的符号和尺寸，并加注"相同焊缝的符号"，相同焊缝符号为 3/4 圆弧，画在引出线的转

(a) 　　　　　　　　　　　　　　　　(b)

图 5-8　相同焊缝的引出线及符号

折处，如图 5-8（a）所示。

在同一图形上，有数种相同焊缝时，可将焊缝分类编号，标注在尾部符号内，分类编号采用 A、B、C、…，在同一类焊缝中可选择一处标注代号，如图 5-8（b）所示。

⑨ 熔透角焊缝的符号应按图 5-9 所示方式标注。熔透角焊缝的符号为涂黑的圆圈，画在引出线的转折处。

⑩ 图形中较长的角焊缝（如焊接实腹钢梁的翼缘焊缝），可不用引出线标注，而直接在角焊缝旁标注焊缝尺寸值 K，如图 5-10 所示。

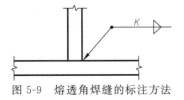

图 5-9　熔透角焊缝的标注方法

图 5-10　较长角焊缝的标注方法

⑪ 在连接长度内仅局部区段有焊缝时，标注方法如图 5-11 所示，K 为角焊缝焊脚尺寸。

⑫ 当焊缝分布不规则时，在焊缝处加中实线表示可见焊缝，或加栅线表示不可见焊缝，标注方法如图 5-12 所示。

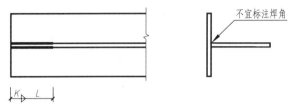

图 5-11　局部焊缝的标注方法

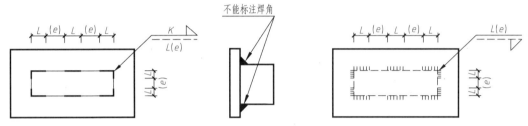

图 5-12　不规则焊缝的标注方法

⑬ 相互焊接的两个焊件，当为单面带双边不对称坡口焊缝时，引出线箭头指向较大坡口的焊件，如图 5-13 所示。

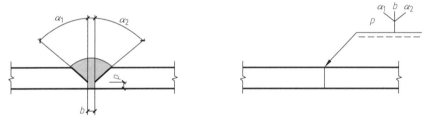

图 5-13　单面双边不对称坡口焊缝的标注方法

⑭ 环绕工作件周围的围焊缝符号用圆圈表示，画在引出线的转折处，并标注其焊脚尺寸 K，如图 5-14 所示。

⑮ 三个或三个以上的焊件相互焊接时，其焊缝不能作为双面焊缝标注，焊缝符号和尺寸应分别标注，如图 5-15 所示。

⑯ 在施工现场进行焊接的焊件其焊缝需标注"现场焊缝"符号。现场焊缝符号为涂黑的三角形旗号，绘在引出线的转折处，如图 5-16 所示。

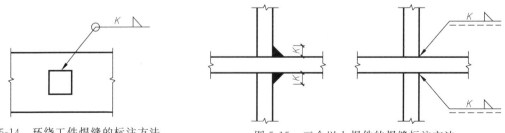

图 5-14　环绕工件焊缝的标注方法　　图 5-15　三个以上焊件的焊缝标注方法

⑰ 相互焊接的两个焊件中，当只有一个焊件带坡口时（如单面 V 形），引出线箭头指向带坡口的焊件，如图 5-17 所示。

图 5-16　现场焊缝的表示方法

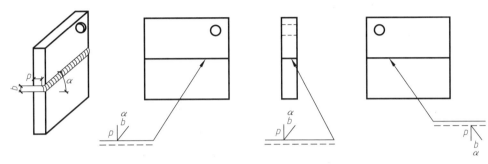

图 5-17　一个焊件带坡口的焊缝标注方法

五、常用焊缝的标注方法

常用焊缝的标注方法见表 5-3、表 5-4。

表 5-3　常用焊缝的标注方法（一）

焊缝名称	形式	标准标注方法	习惯标注方法（或说明）
I 型焊缝	b	b	b 焊件间隙（施工图中可不标注）
单边 V 型焊缝	β(35°～50°)　b(0～4)	β b	β 施工图中可不标注
带钝边单边 V 型焊缝	β(35°～50°)　p(1～3)　b(0～3)	β b　p	p 的高度称钝边，施工图中可不标注
带钝边 V 型焊缝	α 45°～55°　b(0～3)	2β b	α 施工图中可不标注
带垫板 V 型焊缝	β　b(6～15)　β　10　10	2β b	焊件较厚时

焊缝名称	形式	标准标注方法	习惯标注方法（或说明）
Y 型焊缝	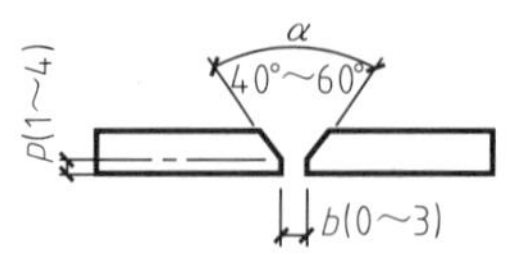	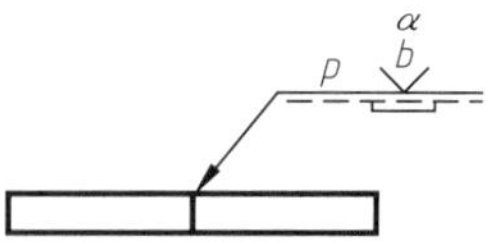	
带垫板 Y 型焊缝	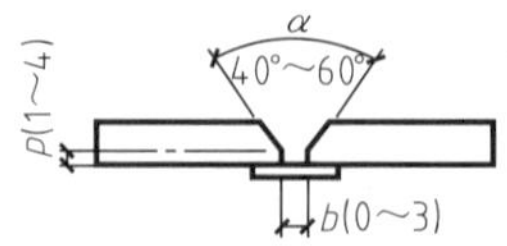	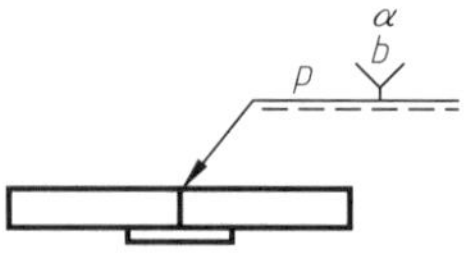	
双单边 V 型焊缝	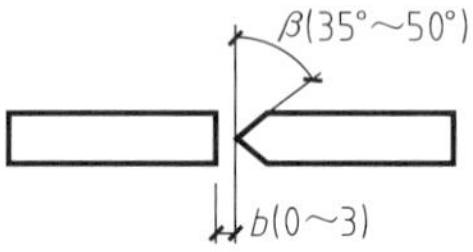	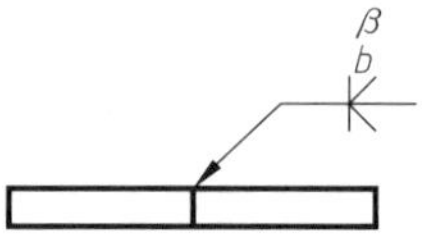	b 焊件间隙（施工图中可不标注）
双 V 型 焊缝	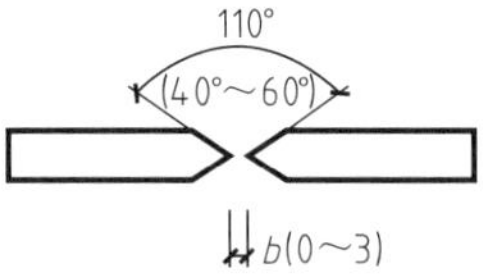	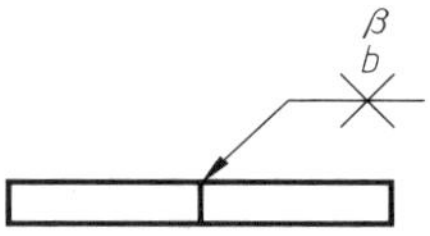	β 施工图中可不标注
T 型接头 双面焊缝	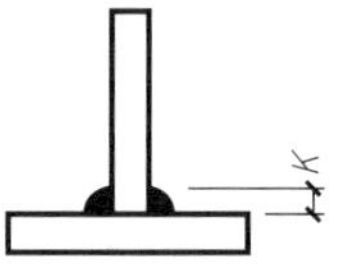	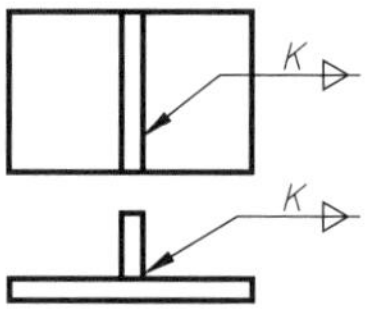	p 的高度称钝边，施工图中可不标注
T 型接头带钝边双单边 V 型焊缝（不焊透）	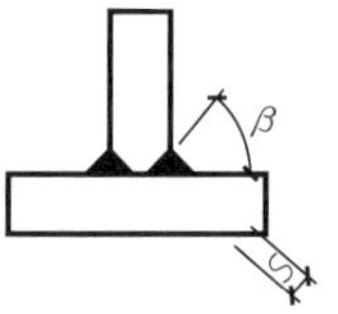	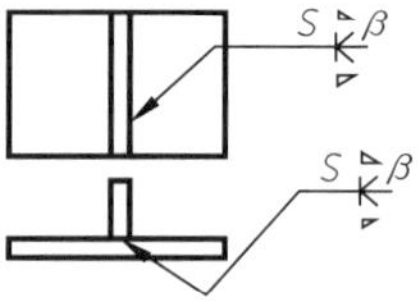	β 施工图中可不标注
双面角 焊缝		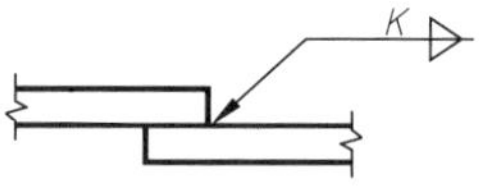	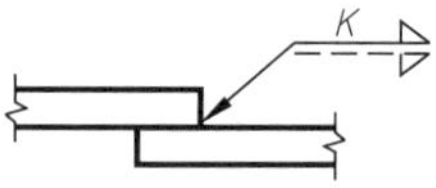
双面角 焊缝	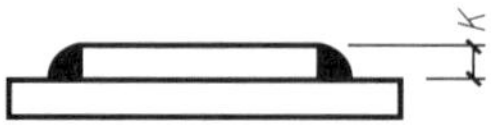	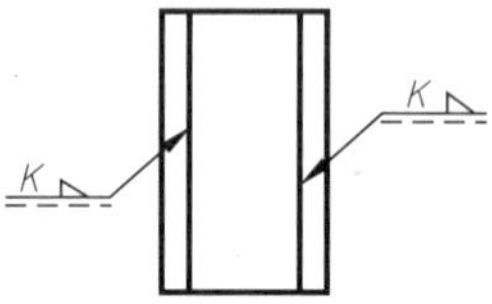	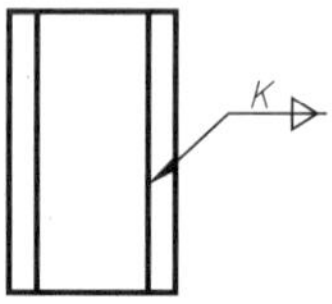
T 型接头焊缝	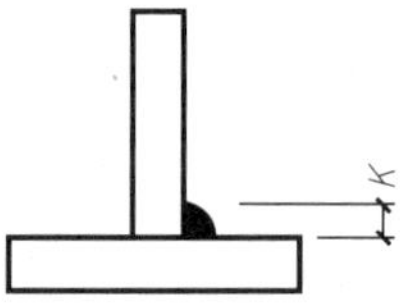	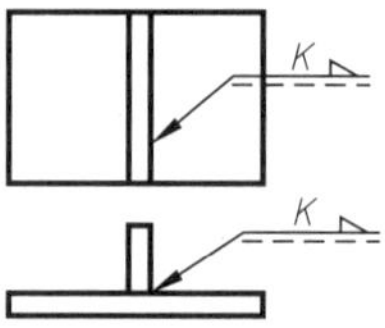	

表 5-4　常用焊缝的标注方法（二）

焊缝名称	形式	标准标注方法	习惯标注方法（或说明）
周围角焊缝			
三面围角焊缝			
L 型围角焊缝			
双面 L 型围角焊缝			
双面角焊缝			
喇叭型焊缝			
双面喇叭型焊缝			

注：1. 在实际应用中基准线中的虚线经常被省略。

2. 由于篇幅有限这里仅列举出一部分，如需要请查看有关钢结构手册。

第二节　钢结构节点详图

钢结构是由若干构件连接而成，而钢构件又是由若干型钢或零件连接而成。钢结构的连接有焊缝连接、普通螺栓连接和高强度螺栓连接，连接的部位统称为节点。连接设计是否合理，直接影响到结构的使用安全、施工工艺和工程造价，所以钢结构节点设计同构件或结构本身的设计一样重要。

在识读节点施工详图时，特别要注意连接件（螺栓、铆钉和焊缝）和辅助件（拼接板、节点板、垫块等）的型号、尺寸和位置的标注，螺栓在节点详图上要了解其个数、类型、大小和排列；焊缝要了解其类型、尺寸和位置；拼接板要了解其尺寸和放置位置。

一、柱拼接连接

柱的拼接形式有很多种，以连接方法可分为全焊接连接、全栓接连接和栓-焊混合连接；以构件截面可分为等截面拼接和变截面拼接；以构件位置可分为中心拼接和偏心拼接。如图5-18所示为柱采用全栓接的等截面拼接连接详图，从图中可以知道以下内容：

① 钢柱 HW458×417，表示钢柱为热轧宽翼缘 H 型钢，截面高为 458mm，宽为 417mm，截面特性可以查阅型钢表见 GB/T 11263—2010；

② 采用栓接连接，18M20 表示腹板上排列 18 个直径为 20 的螺栓，24M20 表示每块翼板上排列 24 个直径为 20 的螺栓，由螺栓的图例知，为高强度螺栓摩擦型连接，从立面图可知腹板上螺栓的排列，从立面图和平面图可知翼缘上螺栓的排列，栓距为 80mm，边距为 50mm；

③ 拼接板均采用双盖板连接，腹板上盖板长 540mm，宽 260mm，厚为 12mm，翼缘上外盖板长为 540mm，宽与柱翼缘相同，为 417mm，厚 12mm，内盖板宽为 180mm；

④ 作为钢柱连接，在节点连接处要能传递弯矩、扭矩、剪力和轴力，因此柱的连接必须为刚性连接。

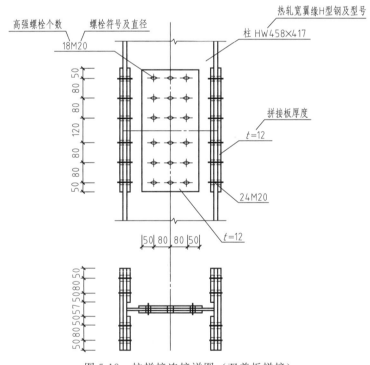

图 5-18　柱拼接连接详图（双盖板拼接）

如图 5-19 所示为柱采用全焊接的变截面拼接连接详图，从图中可以知道以下内容：

① 此柱上段为 HW400×400 热轧宽翼缘 H 型钢，高为 400mm，宽为 400mm，下段为 HW450×300 热轧宽翼缘 H 型钢，截面高为 450mm，宽为 300mm，截面特性可以查阅型钢表见 GB/T 11263—2010；

② 柱的左翼缘对齐，右翼缘错开，过渡段长 200mm，使腹板有高度 1：4 的斜度变化，

过渡段翼缘宽与上下段翼缘相同，这样的构造可减轻截面突变造成的应力集中；

③ 过渡段翼缘厚度为26mm，腹板厚度为18mm，采用对接焊缝连接，从焊缝标注可知为带坡口的对接焊缝，焊缝标注无数字时，表示焊缝按构造要求开口。

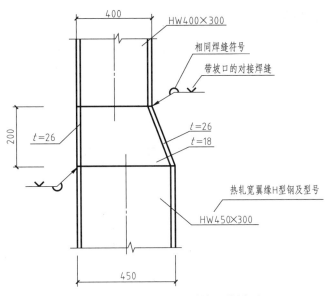

图 5-19 变截面柱偏心拼接连接详图

二、梁拼接连接

梁拼接连接形式与柱相类同。

如图 5-20 所示为梁拼接连接详图，从图中可以知道以下内容：

① 钢梁为等截面拼接，HN500×200 表示梁为热轧窄翼缘 H 型钢，截面高为500mm，宽为200mm，采用栓-焊混合连接，其中梁翼缘为对接焊缝连接，涂黑的小三角旗表示焊缝为现场施焊，从焊缝标注可知为带坡口有垫块的对接焊缝，焊缝标注无数字时，表示焊缝按构造要求开口；

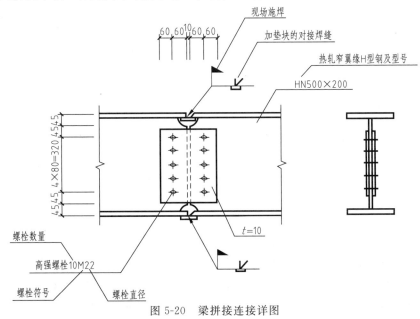

图 5-20 梁拼接连接详图

② 从螺栓的图例可知，为高强度螺栓摩擦型连接，共有 10 个，直径为 22mm，栓距为 80mm，边距为 45mm；腹板上拼接板采用双盖板连接，长 410mm，宽 250mm，厚为 10mm，此连接节点能传递弯矩，因此它属于刚性连接。

三、主、次梁侧向连接

为方便铺设楼板，民用钢结构建筑房屋的主、次梁连接宜采用平接连接，即主、次梁的上翼缘平齐或基本平齐。考虑到施工快捷，主、次梁连接一般采用铰接连接，如图 5-21 所示。

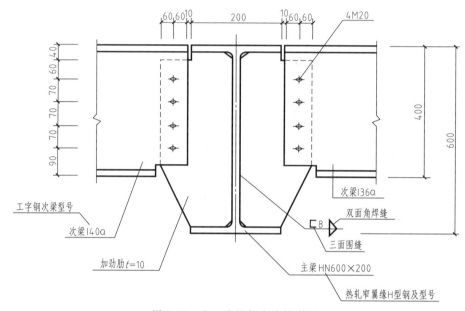

图 5-21　主、次梁侧向连接详图

从图中可以知道以下内容：

① 主梁为 HN600×200，表示主梁为热轧窄翼缘 H 型钢，截面高为 600mm，宽为 200mm，截面特性可以查阅型钢表 GB/T 11263—2010；次梁为 I40a，表示次梁为热轧普通工字钢，截面特性可以查阅型钢表 GB 706—2008，截面类型为 a 类，截面高 400mm；

② 次梁腹板与主梁设置的加劲肋采用螺栓连接，从螺栓图例可知为普通螺栓连接，每侧有 4 个，直径为 20mm，栓距为 70mm，边距为 60mm，加劲肋宽于主梁的翼缘，对次梁而言，相当于设置隔撑；

③ 加劲肋与主梁翼缘、腹板采用焊缝连接，从焊缝标注可知焊缝为三面围焊的双面角焊缝。

图示的主、次梁侧向连接不能传递弯矩，为铰接连接。

四、梁柱连接

梁柱节点有柱贯通型和梁贯通型两类，但为了简化构造、方便施工，同时提高节点的抗震能力，通常梁柱连接采用柱贯通型，即节点处柱构件应贯通而梁构件断开。梁柱的连接形式多种多样，以连接方法分为全焊接连接、全栓接连接和栓-焊混合连接；以传递弯矩分为刚性、半刚性和铰接连接。如图 5-22 所示为梁柱刚性连接详图，从图中可以知道以下内容：

① 钢梁 HN500×200，表示梁为热轧窄翼缘 H 型钢，截面高为 500mm，宽为 200mm，钢柱 HW400×300，表示柱为热轧宽翼缘 H 型钢，截面高为 400mm，宽为 300mm 截面特性可以查阅型钢表 GB/T 11263—2010；

② 采用栓-焊混合连接，梁翼缘与柱翼缘为对接焊缝连接，小三角旗表示焊缝为现场施焊，从焊缝标注可知为带坡口有垫块的对接焊缝，焊缝标注无数字时，表示焊缝按构造要求开口；

③ 梁腹板通过连接板与柱翼缘连接，"2-12"表示有两块连接板，分别位于梁腹板两侧，连接板与柱翼缘为双面角焊缝连接，焊脚尺寸为 8mm，焊缝长度无数字，表示沿连接板满焊，连接板与梁腹板采用高强度螺栓摩擦型连接，共 10 个，直径为 20mm。

此连接能使梁在节点处传递弯矩，为刚性连接。

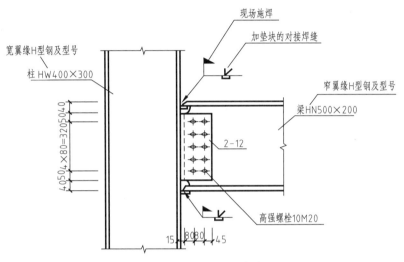

图 5-22 梁柱刚性连接详图

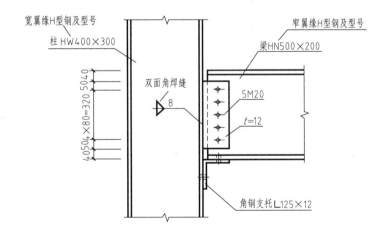

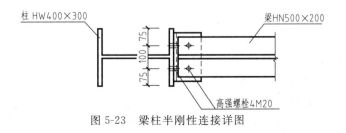

图 5-23 梁柱半刚性连接详图

如图 5-23 所示为梁柱半刚性连接详图，从图中可以知道以下内容：

① 钢梁 HN500×200，表示梁为热轧窄翼缘 H 型钢，截面高为 500mm，宽为 200mm；钢柱 HW400×300，表示柱为热轧宽翼缘 H 型钢，截面高为 400mm，宽为 300mm 截面特性可以查阅型钢表 GB/T 11263—2010；

② 梁腹板通过连接板与柱翼缘连接，连接板与柱翼缘为双面角焊缝连接，焊脚尺寸为 8mm，焊缝长度无数字表示沿连接板满焊，连接板与梁腹板采用高强度螺栓摩擦型连接，共 5 个，直径为 20mm；梁下翼缘用大角钢作为支托，两肢分别用 2 个直径 20mm 的高强度螺栓摩擦型连接与梁、柱翼缘连接。

此连接能使梁在节点处传递部分弯矩，为半刚性连接。

如图 5-24 所示为梁柱铰接连接详图，从图中可以知道以下内容：

① 钢梁 HN500×200，表示梁为热轧窄翼缘 H 型钢，截面高为 500mm，宽为 200mm；钢柱 HW400×300，表示柱为热轧宽翼缘 H 型钢，截面高为 400mm，宽为 300mm 截面特性可以查阅型钢表 GB/T 11263—2010；

② 梁腹板通过连接板与柱翼缘连接，连接板与柱翼缘为双面角焊缝连接，焊脚尺寸为 8mm，焊缝长度无数字表示沿连接板满焊，连接板与梁腹板采用高强度螺栓摩擦型连接，共 5 个，直径为 20mm。

此连接不能传递部分弯矩，为铰接连接。

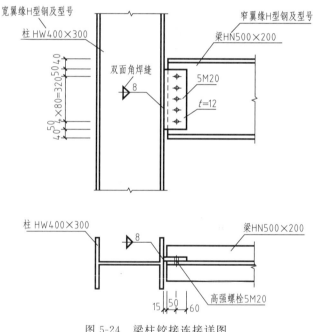

图 5-24　梁柱铰接连接详图

五、支撑节点详图

支撑多采用型钢制作，支撑与构件、支撑与支撑的连接处称为支撑连接节点。如图5-25 所示为一槽钢支撑节点详图。在此详图中，支撑槽钢为双槽钢 2[20a，截面高为 200mm，截面特性可以查型钢表 GB/T 705—89；槽钢连接于厚 12mm 的节点板上，可知构件槽钢夹住节点板连接，贯通槽钢用双面角焊缝连接，焊脚为 6mm，焊缝长度为满焊；分断槽钢用普通螺栓连接，每边螺栓有 8 个，直径 16mm，螺栓间距为 80mm。

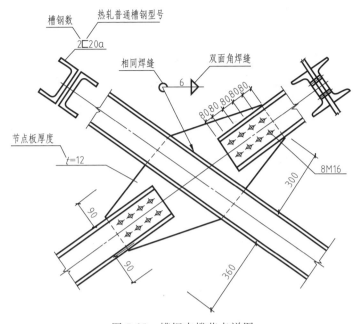

图 5-25　槽钢支撑节点详图

六、柱脚节点

柱脚的具体构造取决于柱的截面形式及柱与基础的连接方式。柱与基础的连接方式有刚接和铰接两大类。刚接柱脚与混凝土基础的连接方式有外露式（也称支承式）、外包式、埋入式三种；铰接柱脚一般采用外露式。

如图 5-26 所示为一铰接柱脚详图。在此详图中，钢柱为 HW400×300，表示钢柱为热轧宽翼缘 H 型钢，截面高为 400mm，宽为 300mm，截面特性可以查阅型钢表 GB/T 11263—2010；钢柱下设底板用以发挥利用混凝土的抗压承载力，底板长为 500mm、宽为 400mm，厚度为 30mm，采用 4 根直径 30mm 的锚栓，其位置见图 5-26。安装螺母前加厚度为 10mm 的垫片，柱底面刨平，与底板顶紧后，采用 10mm 的角焊缝四面围焊连接。此种柱脚几乎不能传递弯矩，为铰接柱脚。

如图 5-27 所示为外包式刚性柱脚详图。外包式柱脚是将钢柱柱底板搁置在混凝土基础（梁）顶面，再由基础伸出钢筋混凝土短柱，将钢柱包住的一种连接方式。在此详图中，钢柱为 HW500×450，表示钢柱为热轧宽翼缘 H 型钢，截面高为 500mm，宽为 450mm，截面特性可以查阅型钢表 GB/T 11263—2010；柱底板搁置在混凝土基础（梁）顶面，由基础伸出钢筋混凝土短柱 1000mm 高，将钢柱包住，并在柱翼缘上设置间距为 100mm，直径为 22mm 的圆柱头焊钉，柱底板长 500mm，宽 450mm，厚度 30mm，锚栓埋入深度为 1000mm 厚的基础内，混凝土柱台截面为 950mm×900mm，设置 4φ25 的纵向主筋（四

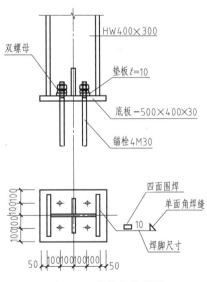

图 5-26　铰接柱脚详图

角）和 16Φ18 的纵向主筋（四边），箍筋Φ12@100。

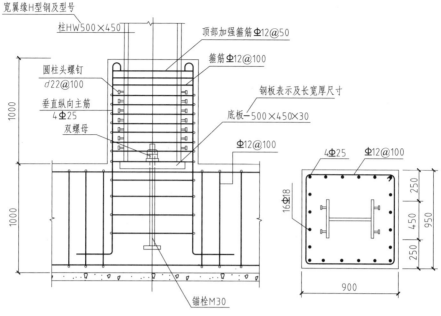

图 5-27　外包式刚性柱脚详图

如图 5-28 所示为埋入式刚性柱脚详图。埋入式柱脚是将钢柱底端直接埋入混凝土基础（梁）或地下室墙体内的一种柱脚。在此详图中，钢柱为 HW500×450，表示钢柱为热轧宽翼缘 H 型钢，截面高为 500mm，宽为 450mm，截面特性可以查阅型钢表 GB/T 11263—2010；柱底直接埋入混凝土基础中，并在埋入部分柱翼缘上设置间距为 100mm，直径为 22mm 圆柱头焊钉，柱底板长 500mm，宽 450mm，厚度 30mm，锚栓埋入深度为 1000mm，钢柱柱脚埋入部分的外围配置竖向钢筋，20Φ22，箍筋Φ12@100。

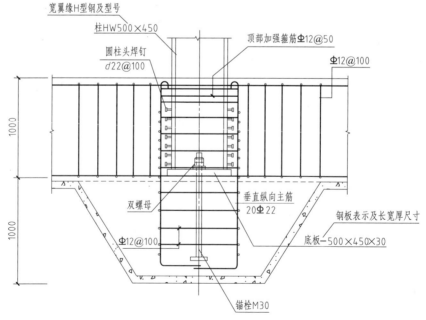

图 5-28　埋入式刚性柱脚详图

第三节　钢结构设计施工图

钢结构的施工图可以分为设计图（又称 KM 图）和施工详图（又称 KMII）两种，前者由设计单位负责编制，表达结构构件的截面形式、布置位置和方法及节点连接情况；而后者则是钢结构的制作厂家在设计图和技术要求的基础上，按照钢结构构件的制作工艺，将设计图进一步细化而绘制的图纸。

钢结构的结构形式多种多样，构件选型和截面种类很多，节点构造复杂，应用的符号、代号及图例形式繁多，因此，钢结构设计图需要按照《房屋建筑制图统一标准》（GB/T 50001—2010）、《建筑结构制图标准》（GB/T 50105—2010）等国家标准进行。

高层建筑是钢结构应用比较多的结构类型，以下简单介绍高层建筑钢结构设计施工图的阅读方法，对于多层建筑钢结构也可仿照。

建筑钢结构的结构形式多种多样，主要有以下一些类型：

① 纯钢框架，即结构由钢柱和钢梁组成；

② 框架-支撑体系，除了钢柱和钢梁以外，为提高结构抗侧移的能力，在结构的某些位置，由下至上布置柱间支撑，如图 5-29 所示；

③ 钢-混凝土混合结构体系，为进一步提高结构抗侧移的能力，采用钢筋混凝土剪力墙或核心筒作为主要抗侧力构件，钢框架主要承担重力荷载。

另外，在钢结构中，由于梁、柱构件的形式不同，如采用钢管混凝土柱（即在圆钢管或矩形钢管的内部填充混凝土），还有对梁、柱、支撑采用钢骨混凝土形式（即钢构件外包钢筋混凝土），前者会被称为钢管混凝土柱结构，后者则为钢骨混凝土结构，又称为劲性混凝土结构。

高层建筑钢结构高度高、层数多，大部分楼层结构布置相同，而且节点构造具有标准化、定型化的特点。钢结构设计施工图通常都由下列图纸组成：图纸目录、设计总说明、结构布置图、构件截面表、节点详图、楼板配筋图。

以下分别介绍几种主要图纸的识读。

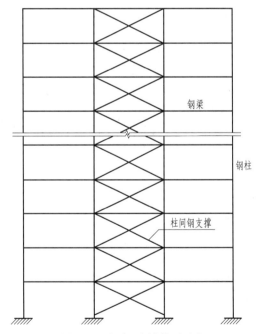

图 5-29　框架-支撑体系示意

一、结构布置图

钢结构的结构布置图同样是表明结构构件的布置情况，结构布置图有两种类型，一种是按结构的楼层平面，通过结构布置平面图来表达结构构件在平面上的布置情况，主要包括结构构件在当前楼层平面上布置的位置、截面的形状、尺寸，对构件和构件之间的连接节点，由于绘图比例的关系，无法完整表达，但在有的结构平面布置图中，会用图例表示构件的节点连接是铰接还是刚接，如图 5-30 所示；另一种结构布置图是取出结构在横向、纵向轴线上的各榀框架，用各榀框架立面图来表达结构构件在立面上的布置情况，这是结构布置立面图。与结构布置平面图相比，结构布置立面图可以比较直观地表达一幢建筑在立面上结构的布置情况，尤其是钢柱、柱间支撑的布置和截面。此外，在钢结构柱制作时，还需要按结构层高、钢结构加工，特别是运输能力、经济合理等条件，将钢柱分成不同的段进行加工，在结构布置立面图上，可以很直观地表达钢柱的分段情况。但立面布置图无法表达结构次梁的布置情况，还必须要有结构平面布置图。因此，钢结构的结构布置图，通常以结构平面布置图为主，结构立面布置图为辅，有时甚至不画出结构立面布置图，或者只以几榀典型的框架为例，来示意主梁和柱、支撑在钢框架立面上的布置情况。

如图 5-30 所示是某高层钢-混凝土混合结构 19 层的结构平面布置图，图中主要表达在该楼层上柱布置的位置、截面形状和编号，梁（包括主梁、次梁）布置的位置、编号、端部连接的方式。该楼层中心是钢筋混凝土核心筒，其施工图另外画出。本图中的柱有两种截面，一种是箱形截面，一种是 H 型钢截面，编号分别为 Z-1 和 Z-2。

梁有主梁和次梁两种类型，主梁是两端支撑在柱、核心筒上的梁，编号以 G 开头，如 G-19X2、G-19Y6 等；次梁的两端支撑在主梁上，编号以 B 开头，如 B-1914。梁的编号没有统一的编制方法，在这里，主梁的编号，如 G-19X2 的含义是：19 表示 19 层，X 表示该梁于纵轴放置；次梁编号，如 B-1914 的含义是：19 表示 19 层，14 表示第 14 种次梁。

在图 5-30 中，梁端部的符号"▶—"表示梁端与其他构件的连接是刚接，即可以抵抗弯矩的连接，常见于主梁的端部，如果是"——"则表示梁端与其他构件的连接是铰接，即只能承受剪力的连接，常见于次梁和部分主梁的端部。

二、构件截面表

高层钢结构的构件截面一般用列表表示，可以对所有的构件统一编制截面表，也可以随楼层的结构布置图单独编制，如图 5-30 所示中截面表只是 19 层楼面构件截面列表，表中列出了截面编号、截面尺寸（型号），如主梁 G-19X2 的截面型号是 H400×180×14×20，即为 H 型钢，截面高 400mm，截面宽 180mm，腹板厚 14mm，翼缘厚 20mm。

在截面表中，还标注了梁端节点连接类型，如主梁 G-19X2，左右节点连接型式为 C21；主梁 G-19Y1，由于是平行于横轴放置的，左节点相当于下端的节点，右节点相当于上端的节点，分别是 C13 和 C10；又如次梁 B-1904，左节点型式是 C26，右节点型式是 C28。各对应的节点型式将通过节点详图表达，如图 5-31 所示。

三、节点详图

节点详图表示各钢构件间相互连接关系及其构造特点，是钢结构施工图中重要的内容之一。节点图中包括梁与柱的连接、主梁与次梁的连接、柱与柱的接头、支撑与柱（梁）的连接、梁与剪力墙的连接等。如图 5-31 所示是图 5-30 中主梁 G-19Y1 的左端节点 C13 及次梁 B-1904 两端的节点 C26 的节点详图。因此，图 5-31（a）所示是主梁和柱的连接节点，图 5-31（b）所示是主梁和次梁的连接节点。

在图 5-31（a）所示中，梁和柱都是 H 型钢。③轴方向梁的翼缘用开单坡口的熔透焊缝与柱的翼缘连接，翼缘上焊缝的符号 ，表示翼缘的坡口钝边厚 4mm，钝边与柱的翼缘靠紧，坡口角度为 45°，并且下衬垫板，焊缝代号是 A，在其他相同型号的焊缝处，以

编号	截面尺寸	左连型接式	右连型接式
G-19X1	H400×180×14×20	C18	C25
G-19X2	H400×180×14×20	C21	C21
G-19X3	H400×180×14×20	C25	C18
G-19X4	H400×180×14×20	C21	C18
G-19X5	H400×180×14×20	C18	C20
G-19X6	H400×180×14×20	C20	C18
G-19X7	H400×180×14×20	C18	C21
G-19Y1	H550×300×14×26	C13	C10
G-19Y2	H550×300×14×26	C10	C13
G-19Y3	H550×300×14×26	C12	C13
G-19Y4	H550×300×14×26	C13	C13
G-19Y5	H550×300×14×26	C10	C13
G-19Y6	H550×300×14×26	C10	C10
G-19Y7	H550×300×14×26	C13	C13
G-19Y8	H550×300×14×26	C13	C12
B-1901	H300×150×8×14	C26	C26
B-1903	H300×150×8×14	C27	C26
B-1904	H300×150×8×14	C26	C28
B-1905	H300×150×8×14	C28	C26
B-1906	H300×150×8×14	C26	C27
B-1908	H300×150×8×14	C48	C48
B-1909	I16	C54	C53
B-1910	I10	C56	C55
B-1911	I16	C53	C54
B-1912	I10	C56	C55
B-1913	I10	C57	C58
B-1914	H300×180×8×14	C42	C42
Z-1	□600×600×60×60		
Z-2	H550×600×6×60		

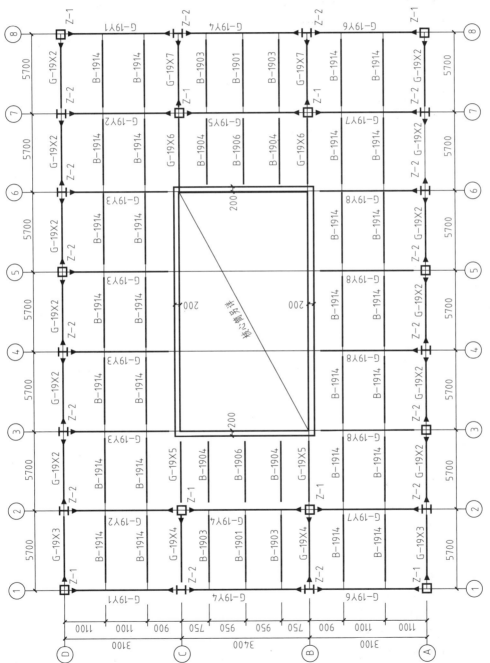

19层楼面钢结构平面布置图

图5-30 某高层钢-混凝土混合结构平面布置图

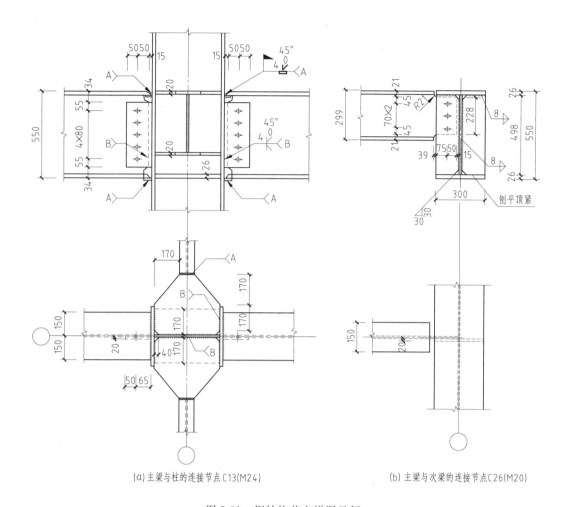

(a) 主梁与柱的连接节点 C13(M24)　　　(b) 主梁与次梁的连接节点 C26(M20)

图 5-31　钢结构节点详图示例

代号 A 表示，如 。腹板用 5 个 M24 的高强螺栓与焊在柱翼缘板上的节点板连接，为方便梁翼缘与柱的焊接，梁腹板上开了缺口。

　　① 轴方向的梁通过两块节点板与柱的腹板相连，梁的翼缘与节点板用焊缝 A 焊接，节点板与柱的翼缘、腹板用双坡口熔透焊缝焊接，焊缝的符号是，其含义是焊接连接的板件坡口钝边厚 4mm，钝边与柱的翼缘、腹板靠紧，开双坡口，角度均为 45°，焊缝的代号是 B，在其他相同型号的焊缝处，以代号 B 表示，如。

　　此外，由于与该柱连接的两个方向梁的高度不一致，因此在柱上增设了一块构造用节点板，如图 5-31 （a）所示中的注释。图名 C13 旁的（M24）表示该节点连接中用的高强螺栓是 M24 的，至于高强螺栓的等级，将在设计说明中说明。

　　图 5-31 （b）所示是一典型的主、次梁连接节点，图中⑧轴上截面高的梁是主梁，另一方向的梁是次梁。次梁的腹板用高强螺栓与焊接在主梁上的节点板相连，次梁的翼缘在靠近主梁的地方去除，以方便和主梁的连接。主梁上的节点板和主梁的上翼缘、腹板用焊脚为 8mm 的双面角焊缝焊接，节点板下部不与梁焊接，而是刨平后，抵紧下翼缘。

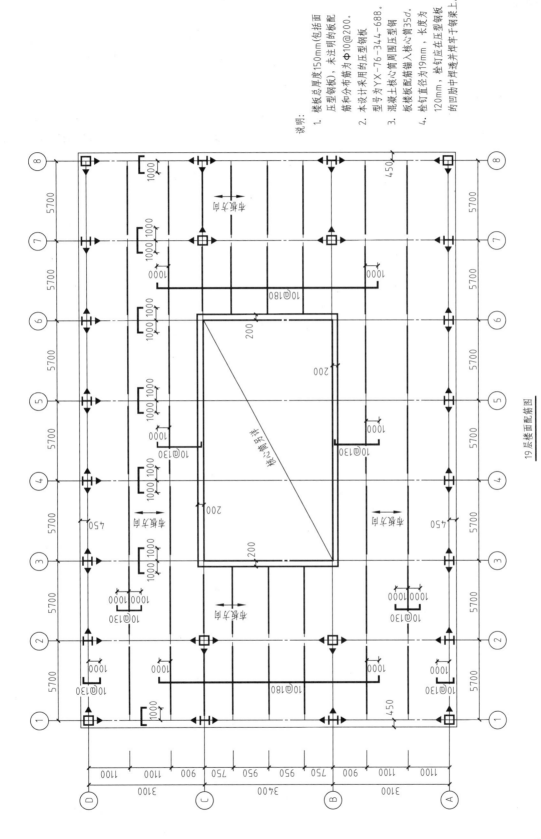

说明:

1. 楼板总厚度150mm(包括面压型钢板), 未注明的板配筋和分布筋为 Φ10@200。
2. 本设计采用的压型钢板型号为YX-76-344-688。
3. 混凝土核心筒周围压型钢板楼板配筋锚入核心筒35d。
4. 栓钉直径为19mm, 长度为120mm, 栓钉应在压型钢板的回肋中焊透并焊牢于钢梁上。

19层楼面配筋图

图5-32 某高层钢-混凝土混合结构楼面配筋图

四、楼板配筋

钢结构的楼面板普遍采用压型钢板组合楼板，即在压型钢板上浇筑混凝土形成的楼板。如图 5-32 所示是图 5-30 中建筑的楼板配筋图，此建筑即采用压型钢板组合楼板。图中箭头表示布板方向，指的是压型钢板的板肋方向。压型钢板除了做浇筑混凝土时的模板外，还用作板底的受拉钢筋，在主梁和次梁及其他一些需要的位置，为了防止混凝土楼面开裂，还配置了楼板的上部钢筋。例如在①轴和③轴间，穿过Ⓑ轴和Ⓒ轴，配置了Φ8@180 的 HRB400 级钢筋作为板的上部钢筋。在钢筋混凝土筒体墙附近的楼板上作钢筋，其端部需要锚固进钢筋混凝土墙体内，按设计说明锚固长度为非抗震锚固长度 l_a。

另根据设计说明，楼板的厚度均为 150mm，包括压型钢板的厚度，该楼板采用的压型钢板型号是 YX-76-344-688，YX 是压型钢板的代号，76 表示压型钢板的波高是 76mm，344 表示压型钢板的波距是 344mm，688 表示一块压型钢板的宽度是 688mm，即相当于两个波距。在所有的主梁和次梁上，都应布置栓钉，并且栓钉布置在压型钢板的凹肋处，直径为 19mm，长度 120mm，按设计要求，栓钉应焊透压型钢板，焊在钢梁上。

第六章 设备施工图

现代房屋建筑设备主要是指保障一幢房屋能够正常使用的必备设施，它也是房屋的重要组成部分。整套的建筑设备一般包括：给排水设备；供暖、通风设备；电气设备；煤气设备等。设备施工图主要就是表示各种建筑设备、管道和线路的布置、走向以及安装施工要求等。根据表达内容的不同，设备施工图又分为给水排水施工图、采暖施工图、通风与空调施工图、电气施工图等。根据表达形式的不同，设备施工图也可分成平面布置图、系统图和详图三类。其中平面布置图和系统图有室内和室外之分，本书主要介绍室内设备施工图。

第一节 室内给水排水施工图

给水排水设备系统就是为了给建筑物供应生活、生产、消防用水以及排除生活或生产废水而建设的一整套工程设施的总称。给水排水设备工程主要可以分为室外给水排水（也称城市给水排水）工程和室内给水排水（也称建筑给水排水）工程，同时两者又都包括给水工程和排水工程两个方面。给水排水施工图就是表达给水排水设备系统施工的图样，其中室内给水排水施工图主要包括给水排水平面图、给水排水系统图、详图和施工说明；室外给水排水施工图主要包括：系统平面图、系统纵断面图、详图和施工说明。

一、室内给水排水系统的组成

如图 6-1 所示，室内给水排水系统主要包括：室内给水系统和室内排水系统。

1. 室内给水系统

一般民用建筑物室内给水系统由下列各部分组成。

（1）房屋引入管 主要是指由室外给水系统（一般是指市政管网系统）将自来水（净水）引入建筑物与室内给水系统相连接的一段水平管。

（2）水表节点 是指在房屋引入管上安装的总水表以及安装水表前后的阀门和其他装置的总称，一般情况下水表节点应该位于建筑物室外专门修建的水表井中。

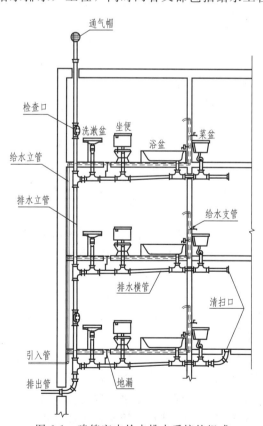

图 6-1 建筑室内给水排水系统的组成

（3）室内给水管网　由水平干管、立管、水平支管和配水支管等各种管道组成的系统。

（4）配水附件　包括各种配水用的水龙头、阀门、消火栓等设备。

（5）用水设备　就是指建筑物内的各种卫生设备。

（6）附属设备　是指当室外给水系统水压不足以为整栋建筑物供水时所需要的各种升压设备和储水设备，主要包括水泵、水箱等设备。

通常意义上讲，室内给水系统可以分成两大类：下行上给式和上行下给式。

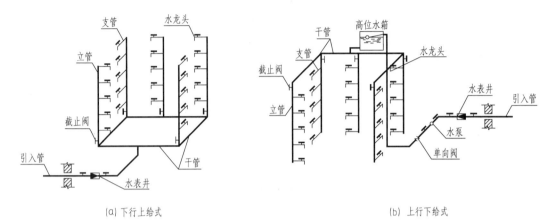

(a) 下行上给式　　　　　　　　　　　　　　(b) 上行下给式

图 6-2　建筑室内给水系统

（1）下行上给式　当市政管网系统水压充足或者是在底层设有增压设备时可以采用这种给水方式，给水水平干管设置在建筑物底部，自来水通过立管自下而上为各个用水设备供水，这种给水方式的优势是结构简单，造价低，维护方便，缺点是在水压不足时不能很好地满足上层用户的用水需求，如图 6-2（a）所示。

（2）上行下给式　当市政管网系统给水压力不足或者在用水高峰期不能提供足够压力时可以在房屋顶部设置水箱，将给水水平干管放置于房屋屋面之上或者顶楼天棚之下，由市政管网供给的自来水首先进入水箱再由顶部的水平给水干管自上向下为整栋建筑供水，一旦市政管网水压不足时，可以先将水箱中的存水供给居民使用，当水压能够满足使用条件时水箱又开始充水，以确保下次水压不足时使用，这种给水系统优势是能够在各种情况下，较好地保证上层用户的用水，但由于增加了储水箱使系统结构复杂，造价增加，最大的缺点是自来水容易被二次污染，如图 6-2（b）所示。

2. 室内排水系统

一般民用建筑物室内排水系统由下列各部分组成。

（1）污水收集器　用来收集污水的设备，污水通过存水弯进入排水横管，常见的污水收集器包括：各种卫生设备、地漏等。

（2）排水横管　连接污水收集器的存水弯和排水立管之间的一段水平管道就是排水横管，污水在排水横管中依靠横管本身存在的坡度自然由收集器流向排水立管。如果同一个排水横管上连接有多个污水收集器时，该排水横管需要配备清扫口。

（3）排水立管　与排水横管和排出管连接，将排水横管中的污水排入排出管，排水立管应该在每隔一层（包括首层和顶层）距室内楼面1m高的位置处设置检查口。

（4）排出管　是排水立管与室外排水管网（市政排水管网）之间的一段连接水平管道，一般是指在室内排水立管和污水检查井之间的那段横管。

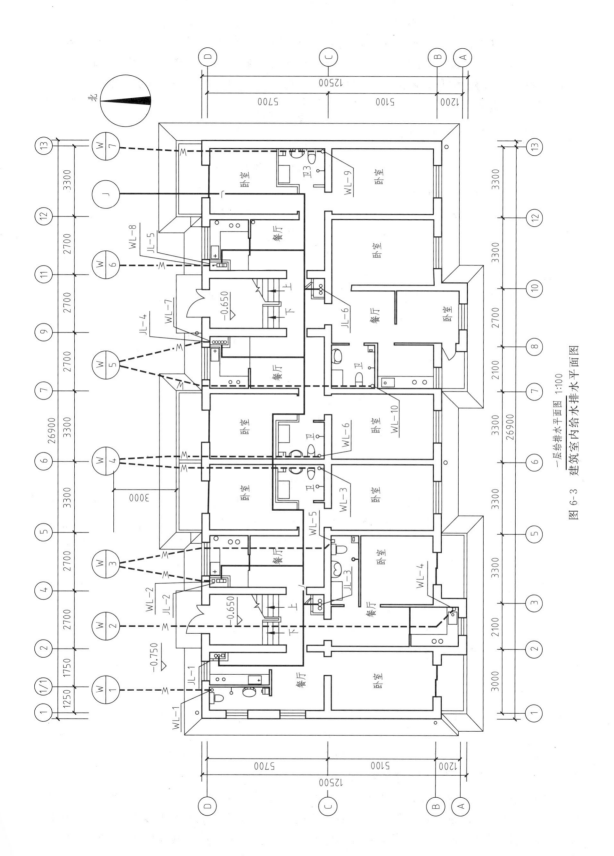

一层给水排水平面图 1:100

图 6-3 建筑室内给水排水平面图

（5）通气管　排水系统不可避免地会产生有害气体，同时由于排水系统利用的是污水的自然流动实现排水，为了保证有害气体的顺利排出和管道网的内外气压平衡，在顶层检查口以上的排水立管上加设一段通气管。通气管高出屋面的距离应大于等于 0.3m，且高度应大于建筑物所在地的最大积雪厚度，以避免被积雪覆盖。同时为防止异物掉入，通气管顶端应安装通气帽或者网罩。

二、室内给水排水施工图的内容

室内给水排水施工图主要包括给水排水平面图、给水排水系统图和安装详图。

1. 室内给水排水平面图

给排水平面图主要表达给水、排水管道在室内的平面布置和走向。当室内给水排水系统相对简单时，可以将给水排水系统绘制在同一张图纸中，否则应该分开绘制。如图 6-3 所示就是将室内给水排水系统绘制在同一张图纸上的给水排水平面图。对多层建筑，原则上应分层绘制，若楼层平面的卫生设备和管道布置完全相同时，可绘制一个管道平面图（即标准层管道平面图），但底层管道平面图应单独绘制。屋顶设有水箱时，应绘制屋顶水箱管道平面图。

由于底层管道平面图中的室内管道与户外管道相连，必须单独绘制一张比较完整的平面图，把它与户外的管道连接情况表达清楚。而各楼层的管道平面图只需绘制有卫生设备和管道布置的房间，表达清楚即可。

① 建筑结构主体部分，与用水设备无关的建筑配件和标注可以省略，如门窗编号等，这部分应该都使用细实线绘制，不用标注细部尺寸。

② 给水排水系统管网，包括各种干管、立管和支管在水平方向上的布置方式、位置、编号和管道管径等信息。因为给水排水施工图是安装示意图，所以管网系统中各种直径的管道均采用相同线宽的直线绘制，管径按管道类型标准，不用准确地表达出管道与墙体的细微距离，即使是暗装管道也可以画在墙体外面，但需要说明暗装部分。各种管道不论在楼面（地面）之上或者之下，均不考虑其可见性，按管道类别用规定的线型绘制。在平面图中给水干管、支管用粗实线绘制，排水干管、支管用粗虚线绘制，立管不区分管道直径均采用小圆圈代替。当几根在不同高度的水平管道重叠在一起时，可以不区分高度，在平面图中平行绘制。

③ 各种用水设备和附属设备的平面位置。各种用水设备不区分给水系统和排水系统，可见部分均采用中实线绘制，不可见部分均采用中虚线绘制。

2. 室内给水排水系统图

给水排水平面图只能表示给水排水系统平面布置情况，给水排水系统中关于管网空间布置以及管道间相对位置也是十分重要的内容。为了能够准确表达这些内容，就需要绘制给水排水系统轴测图，简称给水排水系统图，如图 6-4（a）～图 6-4（c）所示。

按照《给水排水制图标准》（GB/T 50106—2010）规定，给水排水系统图应采用 45° 正面斜等轴测图，将房间的开间、进深作为 X、Y 方向；楼层高度作为 Z 方向，三个轴向伸缩系数均为 1，一般按照实际情况将 OX 轴设成与建筑物长度方向一致，OY 轴画成 45° 斜线与建筑物宽度方向一致。在系统图中要把给水排水系统管网的空间走向，管道直径、坡度、标高以及各种用水设备、连接件的位置表达清楚。各种管道均用单根粗实线表示，管道上的各种附件均用图例绘制。若有多层布置相同时，可绘制其中一层，其他层用折断线断开。

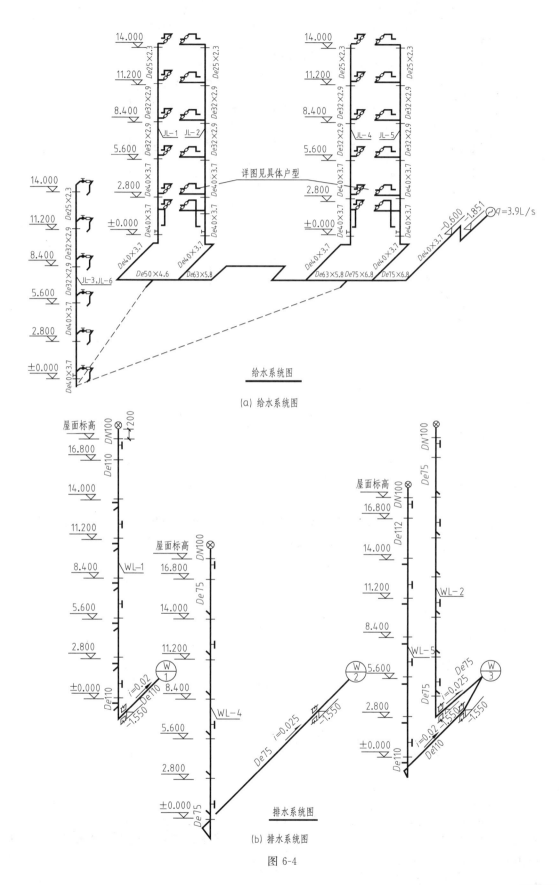

给水系统图

(a) 给水系统图

排水系统图

(b) 排水系统图

图 6-4

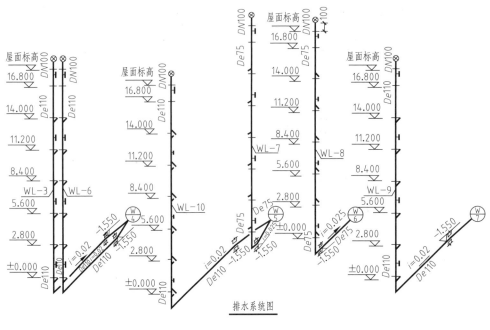

(c) 排水系统图

图 6-4　建筑室内给水排水系统图

① 给水排水系统图应与平面图采用相同的比例绘制，各管道系统编号应与底层管道平面图中的系统索引编号相同，当管网结构比较复杂时也可以适当放大比例。

② 管道系统不需要准确绘制，只需将管道标高、坡度和管径标注清晰准确即可。

③ 当空间交叉的管道在系统图中相交时，应该按如下规定绘制：在后面的管道在相交处断开绘制，以确保在前面的管道正常绘制。

④ 当多个管道在系统图中重叠时，允许将一部分管网断开引出绘制，相应的断开处可以用细虚线连接，如果断开处较多时，需要用相同的小写英文字母注明对应关系，如图 6-4 (a) 所示。

⑤ 当管道穿越楼面和地面时，在系统图中需要用一段细实线表示被穿越的楼面、地面，如图 6-4 中 (a)、(c) 所示。

三、室内给水排水施工图的制图规定

为了能够将这些内容表达得清晰准确，给水排水施工图除了要符合《房屋建筑制图统一标准》（GB/T 50001—2010）和《建筑给水排水制图标准》（GB/T 50106—2010）的规定外，还要符合相关的行业标准。

1. 图例

给水排水施工图常用一些标准图例来表示给水排水系统中常见的结构、设备、管线，常用的图例如表 6-1 所示。

2. 图线

给水排水施工图主要是用来表达给水排水系统的内容和施工方法，因此相对而言给水排水施工图中图线比较简单，一般就是用粗实线表示给水系统，用粗虚线表示排水系统。其主要使用的图线如表 6-2 所示。

表 6-1　给水排水图例

名称	图例	名称	图例
给水管	 ——— J ———	阀门井、检查井	 ——○——　——□——
排水管	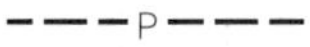 – – – P – – –	水表井	 ——▷——
污水管	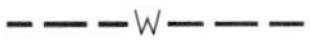 — — W — —	水表	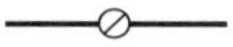 ——⊘——
坡向	 ———→	管道固定支架	 ——*——*——
闸阀	 ——▷◁——	自动冲洗水箱	 □—　—⌐
截止阀	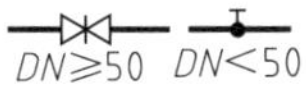 ——▷◁——　——⊤—— DN≥50　DN<50	淋浴喷头	⌐　⌐
旋塞阀	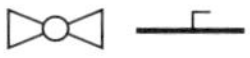 ▷◁　—⌐	管道立管	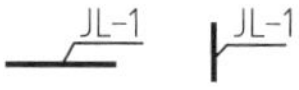 —JL-1　‖JL-1
止回阀	 ——◁——	立管检查口	�
蝶阀	 ——◁·——	洗脸盆	⬛
浮球阀	 ○—	立式洗脸盆	⬛
水龙头	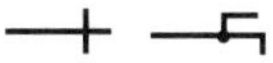 —＋—　—⌐	拖布池	⊠
多孔管	 ————··········	立式小便器	▽
清扫口	 —◉—　⌐	蹲式大便器	▭
圆形地漏	 ●　Y	坐式大便器	 ▯⊙
存水管	⌐　L	小便槽	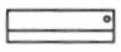 ▭
通气帽	 ↑　● 成品　铅丝球	雨水斗	 TD　TD ○平面

表 6-2　给水排水施工图中常用的图线

名称	线型	线宽	备注
粗实线	————	b	新设计的各种给水和其他压力流管线
粗虚线	– – – –	b	新设计的各种排水和其他重力流管线 流管线的不可见轮廓线
中粗实线	————	$0.7b$	新设计的各种给水和其他压力流管线 原有的各种给水和其他压力流管线
中粗虚线	— — — —	$0.7b$	新设计的各种给水和其他压力流管线及原有的各种 排水和其他重力流管线的不可见轮廓线
中实线	————	$0.5b$	给水排水设备、零(附)件的可见轮廓线;总图中新建 的建筑物和构筑物的可见轮廓线;原有的各种给水和 其他压力流管线
中虚线	— — — —	$0.5b$	给水排水设备、零(附)件的不可见轮廓线;总图中新 建的建筑物和构筑物的不可见轮廓线;原有的各种给 水和其他压力流管线的不可见轮廓线

名称	线型	线宽	备注
细实线	——————	0.25b	建筑的可见轮廓线;制图中原有的建筑物和构筑物的可见轮廓线;制图中的各种标注线
细虚线	— — — —	0.25b	建筑的不可见轮廓线;总图中原有的建筑物和构筑物的不可见轮廓线
单点长画线	—— · ——	0.25b	中心线、定位轴线
折断线	———\/———	0.25b	断开界线
波浪线	～～～	0.25b	平面图中水面线;局部构造层次范围线;保温范围示意线等

3. 比例

根据给水排水施工图中各种图样表达的内容不同，通常采用不同的比例绘制，如表 6-3 所示。

表 6-3　给水排水施工图常用比例

名称	比例	备注
区域规划图 区域位置图	1:50000,1:25000,1:10000 1:5000,1:2000	宜与总图专业一致
总平面图	1:1000,1:500,1:300	宜与总图专业一致
管道总平面图	横向 1:200,1:100,1:50 纵向 1:1000,1:500,1:300	
水处理厂(站)平面图	1:500,1:200,1:100	
水处理构筑物、设备间、卫生间、泵房平、剖面图	1:100,1:50,1:40,1:30	
建筑给排水平面图	1:200,1:150,1:100	宜与建筑专业一致
建筑给排水轴测图	1:150,1:100,1:50	宜与相应图纸一致
详图	1:50,1:30,1:20,1:10, 1:2,1:1,2:1	

4. 标高

给水排水施工图中标高同建筑施工图中一样，均以米（m）为默认单位，一般精确到毫米（mm）位，即小数点后三位，在总平面图上可以精确到厘米（cm）位，即小数点后两位。另外标高种类也应与建筑施工图一致，室内采用相对标高方式，室外采用绝对标高方式进行标注。

在给水排水施工图中，应在管道起止点、转角点、变坡度、尺寸以及交叉点处标注标高；压力管道一般标注管中心标高，室内重力管道宜标注管内底标高。具体的标注如图 6-5～图 6-8 所示。

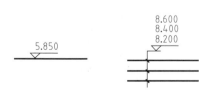

图 6-5　平面图中管道标高标注方法

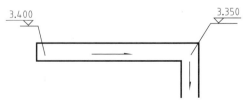

图 6-6　平面图中沟渠标高标注方法

图 6-7　剖面图中管道及水位标高标注方法

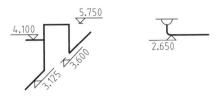

图 6-8　系统图中管道标高标注方法

5. 管径

管径均采用毫米（mm）为默认单位。根据具体管道类型按如下方式标注：

① 水煤气输送钢管（镀锌或非镀锌）、铸铁管等管材，管径宜以公称直径 DN 表示，如 $DN15$、$DN50$；

② 无缝钢管、焊接钢管（直缝或螺旋缝）、铜管、不锈钢管等管材，管径宜以外径 $D\times$ 壁厚表示，如 $D108\times4$、$D159\times4.5$ 等；

③ 钢筋混凝土（或混凝土）管、陶土管、耐酸陶瓷管、缸瓦管等管材，管径宜以内径 d 表示，如 $d230$、$d380$ 等；

④ 塑料管材，管径宜按产品标准的方法表示，一般采用 $De\times e$ 表示（公称外径×壁厚），也有省略壁厚 e 的，如 $De50$、$De32$ 等；

⑤ 当设计均用公称直径 DN 表示管径时，应有公称直径 DN 与相应产品规格对照表。

具体的标注方式如图 6-9、图 6-10 所示：

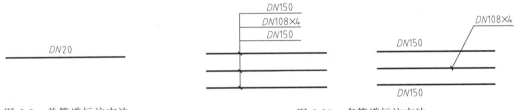

图 6-9　单管道标注方法　　　　　　　　　　图 6-10　多管道标注方法

6. 编号

当建筑物的给水引入管或者排水排出管数量超过 1 根时，需要采用阿拉伯数字进行编号，编号方法如图 6-11 所示，圆圈用细实线，直径Φ12。当建筑物中给水排水立管数量超过 1 根时，也需要对立管进行编号，采用如图 6-12 所示的编号方法。

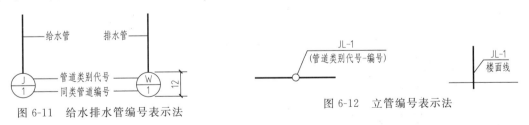

图 6-11　给水排水管编号表示法　　　　图 6-12　立管编号表示法

四、室内给水排水施工图的绘制和阅读

给水排水平面图和给水排水系统图是建筑给水排水施工图中最基本图样，两者必须互为对照和相互补充，进而将室内卫生器具和管道系统组合成完整的工程体系，明确各种设备的具体位置和管路在空间的布置情况，最终搞清楚图样所表达的内容。为了能够更准确地掌握

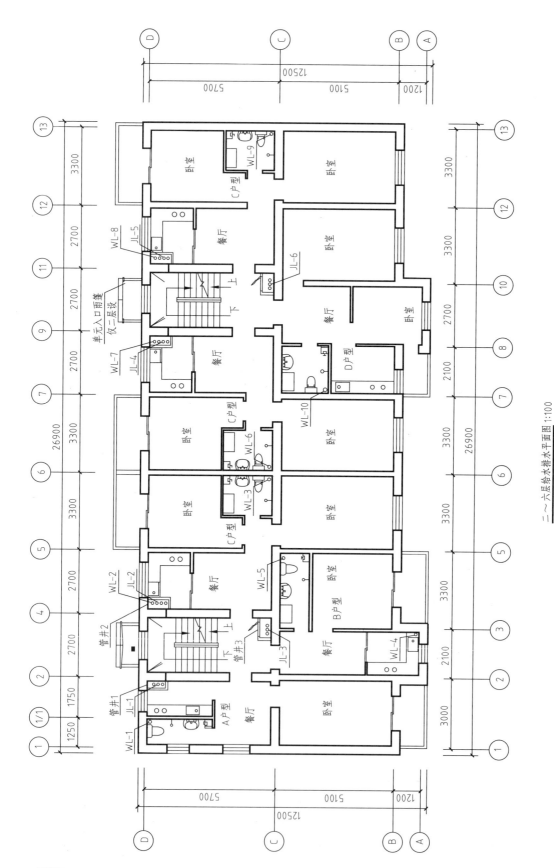

二～六层给水排水平面图 1:100

图 6-13　二～六层给水排水平面图

给水排水施工图的内容、绘制方法，现结合六层住宅的给水排水施工图，如图 6-3、图 6-4、图 6-13、图 6-14 所示，来介绍给水排水施工图的绘制方法和阅读。注意：给水排水施工图中管道的位置和连接都是示意性的，安装时应按标准图或者习惯做法施工。

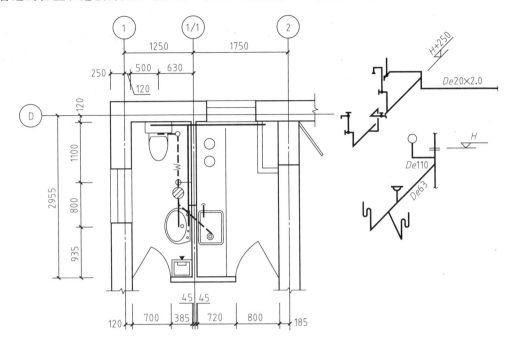

A户型厨卫详图 1:50

图 6-14　A户型厨卫给水排水平面详图

1. 室内给水排水平面图

室内给水排水平面图的绘制过程如下。

（1）绘建筑平面图　根据用水设备所在房间情况，需用细实线抄绘建筑平面图中主要部分内容，如墙身、柱、门窗、楼梯等主要构件以及标注定位轴线和必要的尺寸，与用水设备无关的建筑配件和标注可以省略，如门窗编号等，不用标注细部尺寸。一般来说，底层平面图应绘制整个建筑平面图，以表明室内给水引入管、污水排出管与室外管网的相互关系；而楼层平面图仅需绘制用水设备所在房间的建筑平面图。给水排水管道平面图的绘图比例为 1∶50、1∶100、1∶200，一般应与建筑平面图的绘图比例相一致。如卫生设备或管线布置较复杂的房间，用 1∶100 不能表达清楚时，可用 1∶50 来绘制。

（2）绘制各种用水设备的图例　在设有给水和排水设备的房间内绘制用水设备的平面图。各种用水设备均按国标所规定的图例要求，用中粗实线绘制。

（3）绘制给水排水管线　给水管道用单根粗实线绘制；排水管道用单根粗虚线绘制；给水、排水立管用小圆圈（直径 $3b$）表示，并标注立管的类别和编号。在底层管道平面图中，各种管道应按系统予以编号。一般给水管按每一室外引入管为一系统，污、废水管道按每一室外排出管为一系统。绘制管道布置图，先绘制立管，再绘制引入管和排出管，最后按水流方向，依次绘制横支管和附件；底层平面图中，应绘制引入管和排出管；给水管一般画至各设备的放水龙头或冲洗水箱的支管接口。排水管一般画至各设备的废、污水排出口。

（4）标注符号　在各层管道平面图中，标注立管类别和编号。在底层管道平面图中，注明管道系统索引符号。

（5）管道上的各种附件或配件　管道上的各种附件或配件，如阀门、水龙头、地漏、检查口等均按国标规定的图例绘制，并对所使用到的图例进行文字说明。

（6）尺寸和标高　标注给水引入管的定位尺寸和污水、废水排出管连接的检查井定位尺寸。管道的长度在备料时，只需用比例尺从图中近似量出，在安装时是以实测尺寸为依据，故不必标注管道长度。

2. 室内给水排水系统图

给水排水系统图中，管道的长度和宽度由给水排水平面图中量取，高度则应根据房屋的层高、门窗的高度、梁的位置和卫生器具的安装高度等进行综合确定。

① 首先绘制管道系统的立管，定出各层的楼、地面、屋面线，再绘制给水引入管及屋面水箱的管路或排水管系中接画排出横管、窨井和立管上的检查口和通气帽等，所有管道不区分给水管道和排水管道，一律采用粗实线绘制，楼面线、地面线、屋面线等均采用细实线绘制；

② 从立管上引出各横向的连接管段，并绘出给水管系中的截止阀、放水龙头、连接支管、冲洗水箱等，或排水管系中的承接支管、存水弯等，这部分支管管道和用水设备均采用中实线绘制；

应注意，当空间交叉的管道在系统图中相交时，为确保在前面的管道正常绘制，后面的管道在相交处需要断开绘制。

③ 注写各管段的公称直径、坡度、标高、冲洗水箱的容积等数据。

掌握了给水排水平面图绘制方法，相应的给水排水施工图的阅读就可以很好的完成。阅读给水排水平面图时首先要搞清楚两个问题：

① 各层平面图中，哪些房间有卫生器具和管道？卫生器具是如何布置的？楼地面标高是多少？

② 有哪几个管道系统？

而阅读给水排水系统图，则需要弄清楚各管段的管径、坡度和标高。基本上系统应该按照水的流动方向来阅读。

（1）给水管道系统图　从给水引入管开始，按水流方向依次阅读：引入管→水平干管→立管→支管→卫生器具。

（2）排水管道系统图　按排水方向依次阅读：卫生器具→连接短管→排水横管→立管→排出管→检查井。

具体的，按已经给定的一层给水排水平面图（图 6-3），二～六层给水排水平面图（图 6-13）和给水排水系统图（图 6-4）可知，此套六层住宅楼引入管（$De90 \times 8.2$，标高 -1.850）通过外墙 D 进入建筑物，再通过水平干管，与位于管道井的立管 JL-1～JL-6 相连，立管与各个户型的给水支管相连为各个房间的用水设备供水。而通过厨卫详图，就可以准确地了解给水支管入户后的具体放置位置和用水设备的安置方式。同时通过排水系统图可知，这套住宅拥有10 个排水立管 WL-1～WL-10，并且在户外有 7 条排出管。

3. 安装详图

给水排水施工图除了要绘制表示整体布局的平面图和系统图外，同样还需要绘制用水设备的具体安装详图。图 6-15 就是坐便器的安装详图。从图中就可以看出安装坐便器所需要的各种管件和安装的详细尺寸。

国家建筑标准设计图集——《卫生设备安装》（99S304）已经将一般常用的用水设备标准化、定型化，如果选用其中给定的卫生设备安装图，则不需要另行绘制安装详图，但如选用标准图集中没有的卫生设备，则必须绘制卫生设备安装详图。

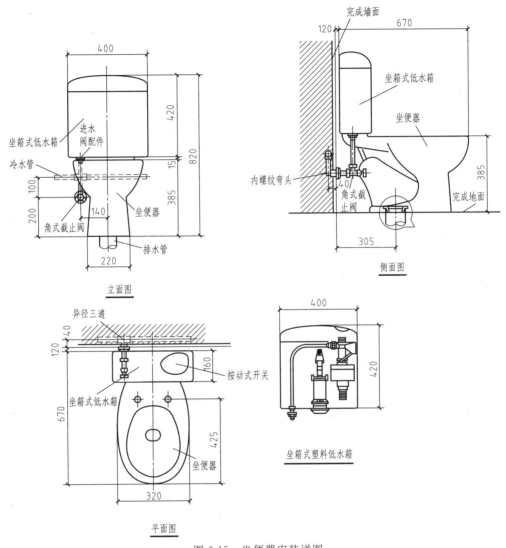

图 6-15　坐便器安装详图

第二节　采暖施工图

采暖工程是为了保证人们在建筑物内进行正常的生产和生活，或为了满足某些特殊科学实验、生产工艺等环境要求而设置的保持或提高室内温度的一系列设备施工工程。因此在寒冷地区，或对室内温度有一定要求的地区，都必须在室内安装采暖设施。按照换热介质的不同，普通民用采暖工程可以简单的分为热水采暖、蒸汽采暖和电采暖。从目前的实际使用情况看，由于蒸汽采暖能耗大、系统稳定性差，除了特殊环境必需外，基本很少使用；热水采暖是现在采暖工程中使用最多的一种，其主要特点是：低温供热、能耗小、节能；而电采暖是新兴的采暖方式，其主要特点是绿色环保、能耗小。

本节主要介绍的是采用热水采暖方式的采暖工程，具体介绍热水采暖工程图的内容、基本规定以及采暖施工图的绘制和阅读。

一、采暖系统的组成

采暖系统由三个部分组成，即热源、输热管道和散热设备。

（1）热源　热源就是为整个采暖工程提供热能的设备，常见的如火力发电厂、锅炉房、天然温泉热水、地源热泵等。

（2）输热管道　输热管道就是将某种传热介质（这里主要是指热水），从热源输送到建筑物内的散热设备上，进而实现将热能输送到建筑物内的管道网。

（3）散热设备　散热设备就是将由输热管网输送到建筑物内的传热介质，所带来的热能通过对流方式或者辐射方式来加热建筑物内空气温度的各种设备，一般是布置在各个房间的窗台下面，没有窗户的房间也可以沿内墙布置，以明装居多。

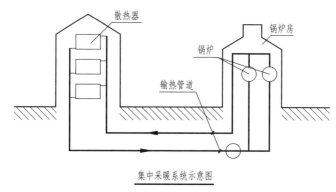

图 6-16　集中采暖系统示意图

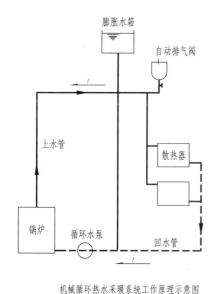

图 6-17　机械循环热水采暖系统工作原理示意图

根据热源与散热设备之间的物理位置关系，采暖系统可分为集中采暖系统和局部采暖系统两种。

① 集中采暖系统是指热源远离需要采暖的房间，通过输热管道将热源输送到多个需采暖的房间。这种方式是目前大规模使用的采暖方式，它的特点主要是：系统相对复杂、造价高，但热效率高、清洁安全方便。集中采暖系统的简化示意图，如图 6-16 所示。

② 局部采暖系统是指热源与散热设备处于同一个房间。为了使某一房间或者室内局部空气温度上升而采用的采暖系统。相对集中采暖系统，局部采暖系统具有构造简单、成本低、热效率低等特点。由于这些特点，只有在一些有特殊要求的场所才会使用这种采暖系统，否

则，只有不具备集中采暖条件或者集中采暖不能满足需求时才会采用这种方式。

根据热水采暖系统热水循环的原动力不同，采暖系统又可以分为自然循环系统和机械循环系统，机械循环热水采暖系统工作原理示意图，如图 6-17 所示。

根据输送立管与散热器的连接形式，热水采暖系统又可分为：单管单侧顺流式、单管双侧顺流式、双管单侧顺流式、双管双侧顺流式、单管单侧跨越式、单管双侧跨越式等，如图 6-18 所示。

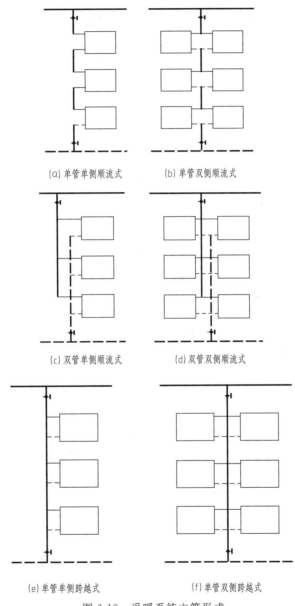

图 6-18　采暖系统立管形式

二、采暖施工图的内容

采暖施工图分为室内采暖施工图和室外采暖施工图两部分。室内采暖施工图部分主要包括：采暖平面图、采暖系统图、详图以及施工说明。室外采暖施工图部分主要包括：采暖总

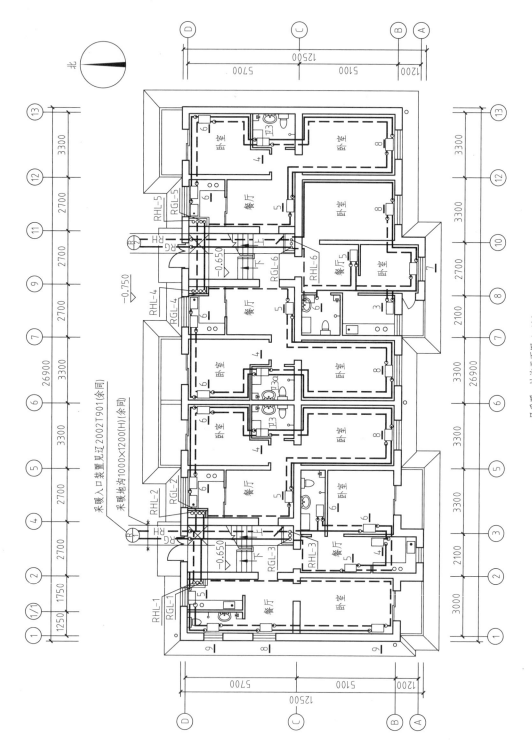

一层采暖，地沟平面图 1:100

图 6-19　一层采暖地沟平面图

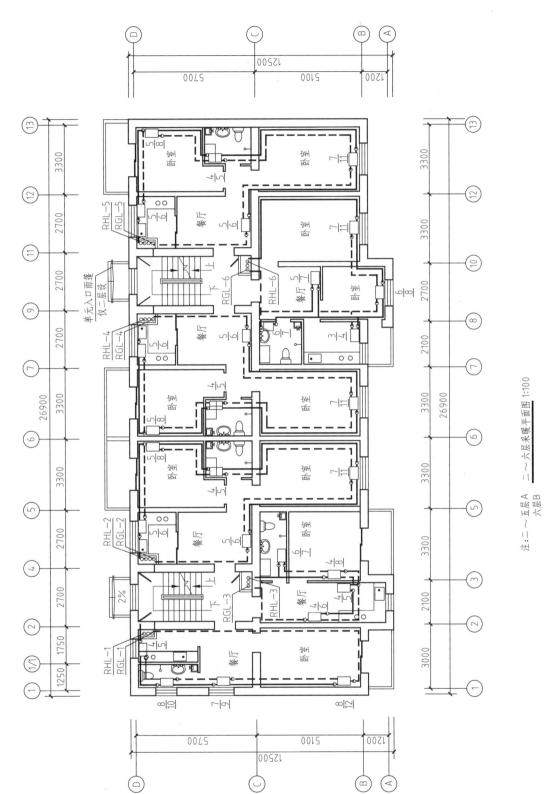

注：二～五层A 二～六层采暖平面图 1:100
六层B

图 6-20 二～六层采暖平面图

平面图、管道横剖面图、管道纵剖面图、详图以及施工说明。如图 6-19～图 6-22 就是一栋六层普通民宅的采暖平面图和采暖系统图。

1. 室内采暖平面图

采暖平面图主要表达采暖系统的平面布置，其内容包括供热干管、采暖立管、回水管道和散热器在室内的平面布置。

对多层建筑，原则上应分层绘制，若楼层平面散热器布置相同，可绘制一个楼层采暖平面图（即标准层采暖平面图），以表明散热器和采暖立管的平面布置，但底层和顶层采暖平面图应单独绘制。底层采暖平面图还需表达供热干管的入口位置，回水干管在底层的平面布置及其出口位置。顶层采暖平面图还需表达供热横干管在顶棚的平面布置情况。

在采暖平面图中，管线与墙身的距离不反映管道与墙身的实际距离，仅表示管道沿墙的走向，即使是明装管道也可绘制在墙身内，但应在施工说明中注明。供热、回水管道不论管径大小，均用单线条表示。供热管用粗实线绘制，回水管用粗虚线绘制。管径用公称直径 DN 表示。

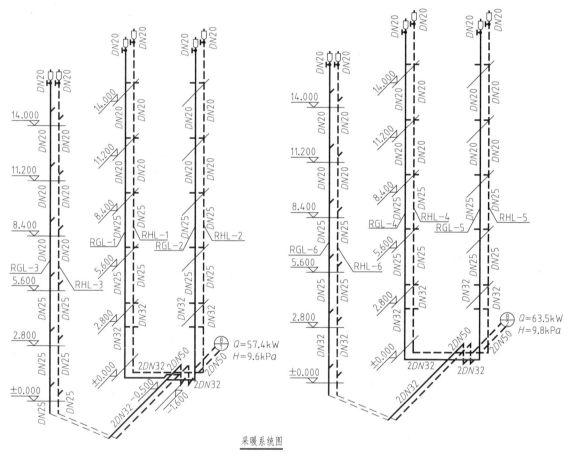

采暖系统图

图 6-21　采暖系统图

具体地讲采暖平面图基本内容包括：①建筑平面图（含定位轴线），与采暖设备无关的细部省略不画；②散热器的位置、规格、数量及安装方式；③采暖管道系统的干管、立管、支管的平面位置，立管编号和管道安装方式；④采暖干管上的阀门、固定支架等其他设备的平面位置；⑤管道及设备安装的预留洞、管沟等。

2. 室内采暖系统图

采暖系统图是用正面斜等轴测投影绘制的供暖系统立体图,将房屋的长度、宽度方向作为 X、Y 方向;楼层高度作为 Z 方向,三个轴向伸缩系数均为1。供热干管、立管用单根粗实线表示,回水干管用单根粗虚线表示。管道上的各种附件均用图例绘制。

采暖系统图主要表达管道系统从入口到出口的室内采暖管网系统、散热设备及主要附件的空间位置和相互关系。主要内容包括:①管道系统及入口系统编号;②房屋构件位置;③标注管径、坡度、管中心标高、散热器规格及数量、立管编号等。

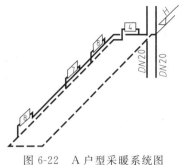

图 6-22 A 户型采暖系统图

3. 剖(立)面图

采暖系统剖(立)面图要表达房屋和采暖系统在高度方向的构造和布置情况。房屋方面,如地面、墙、柱子、门、窗、楼层、楼盖、楼梯等,凡是剖切平面剖切后按投影方向能看到的设备及管道布置情况都要表达。还要标出地面、楼板面、屋顶等位置的标高。管道系统方面,凡是能看到的设备及管道布置情况都要表达。在注释及尺寸标注方面,如设备的名称及型号、散热器的规格和数量、立管编号、管道的截面尺寸、标高及坡度等,均需按规定注出。

4. 详图

供暖详图用以详细体现各零部件的尺寸、构造和安装要求,以便施工安装时使用。如图 6-23 所示,为几种不同散热器的安装详图。当采用悬挂式安装时,铁钩要在砌墙时埋入,待墙面处理完毕后再进行安装,同时要保证安装尺寸。

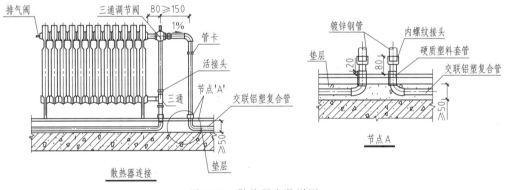

图 6-23 散热器安装详图

三、采暖施工图的制图标准

为了能够将这些内容表达得清晰准确,采暖施工图除了要符合《房屋建筑制图统一标准》(GB/T 50001—2010)和《暖通空调制图标准》(GB/T 50114—2010)的规定外,还要符合相关的行业标准。

1. 线型

采暖施工图中所使用的各种图线应符合表 6-4 所示中的规定。

表 6-4　采暖施工图中常用的线型

名称	线型	线宽	备　　注
粗实线	 ——————	b	单线表示供水管线
粗虚线	 — — — — —	b	回水管线及单线表示的管道被遮挡的部分
中粗实线	 ——————	$0.7b$	本专业设备轮廓、双线表示的管道轮廓
中粗虚线	 — — — — —	$0.7b$	本专业设备轮廓、双线表示的管道轮廓
中实线	 ——————	$0.5b$	尺寸、标高、角度等标注线及引出线;建筑物轮廓
中虚线	 — — — — —	$0.5b$	地下管沟、改造前风管的轮廓线;示意性连线
细实线	 ——————	$0.25b$	建筑布置的家具、绿化等;非本专业设备轮廓
细虚线	 — — — — —	$0.25b$	非本专业虚线表示的设备轮廓线
单点长画线	 —— · —— · ——	$0.25b$	中心线、轴线
双点长画线	 —— ·· —— ·· ——	$0.25b$	假想或工艺设备轮廓线
折断线	 —— /\ ——	$0.25b$	断开界线
细波浪线	 ∿∿∿	$0.25b$	断开界线
中波浪线	 ∿∿∿	$0.5b$	单线表示的软管

2. 比例

表 6-5 就是采暖施工图中常用的比例。

表 6-5　采暖施工图中常用的比例

名称	比例	备注
剖面图	1∶50、1∶100	1∶150、1∶200
局部放大图 管沟断面图	1∶20、1∶50、1∶100	1∶25、1∶30、1∶150、1∶200
索引图、详图	1∶1、1∶2、1∶5、1∶10、1∶20	1∶3、1∶4、1∶15

3. 图例

采暖施工图中将常见的设备以图例的方式画出，常用图例如表 6-6 所示。

表 6-6　采暖施工图中常用的图例

名称	图　例	名称	图　例
供水(汽)管	 ——————	水管转向上	 ——○
回(凝结)水管	 — — — — —	水管转向下	——◐
保温管	 ——▨——	保温层	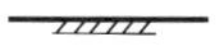 ——▨—
蝶阀	⟍• ▭	角阀	▷
球阀	▷◁	三通阀	▷◁
止回阀	 →⟍	四通阀	✳
自动排气阀	 ▽	方形伸缩器	 ⊓
减压阀	 ◁→	套管伸缩器	 —▭—
波形伸缩器	 ◇	软管	 ∿
弧形伸缩器	 ⌒	球形伸缩器	 ◎
动态流量平衡阀	⋈	平衡阀(可设定流量)	▷◁

名称	图 例	名称	图 例
管帽螺纹		法兰盖	
丝堵		法兰	
活接头		滑动支架	
散热器		固定支架	
集气阀		管架(通用)	
闸阀		同心异径管	
手动调节阀		偏心异径管	
波纹管补偿器		截止阀	
固定支架		闸阀	

4. 标高和坡度

在采暖施工图中,标高与建筑施工图一样,采用
米(m)为默认单位,管道应标注管中心标高,并标

图 6-24　坡度坡向的表示方法

注在管段的始端或末端。散热器宜标注底标高,同一层、同标高的散热器只标右端的一组。

由于在采暖施工图中某些管道是要按照一定坡度安装,因此施工图中要标注管道的坡度
和坡向,管道的坡度用单面箭头表示,数字表示坡度,箭头表示坡向下方。如图 6-24 所示。

5. 采暖立管与采暖入口编号

采暖施工图需要对系统中的采暖立管和采暖入口进行编号,
如图 6-25 所示。编号用 $\phi 12$ 的细实线圆绘制。

6. 管径标注法

管径应标注公称直径,如 $DN15$ 等;当需要注明外径和壁厚
时,用"D(或 ϕ)外径×壁厚"表示,如 $D110×4$、$\phi 110×4$。
一般标注在管道变径处,水平管道注在管道线上方,斜管道注在
管道斜上方,竖直管道注在管道左侧,当管道无法按上述位置标
注时,可用引出线引出标注。具体的标注方式如图 6-26 所示。

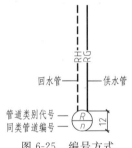

图 6-25　编号方式

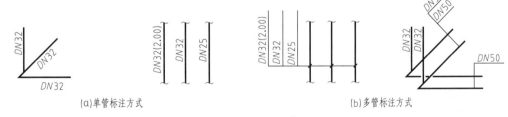

(a)单管标注方式　　　　(b)多管标注方式

图 6-26　管径标注方式

7. 散热器的规格及数量的标注

根据在采暖系统中使用的散热器的种类,按不同方式标注散热器的规格和数量:

① 柱式散热器只标注数量,如 14;

② 圆翼形散热器应注根数、排数,如 $2×2$;

③ 光管散热器应注管径、长度和排数，如 $D76 \times 3000 \times 3$；

④ 串片式散热器应注长度和排数，如 1.0×2，具体标注方式如图 6-27 所示。

(a)柱式散热器　　　(b)圆翼形散热器　　　　(c)光管散热器　　　(d)串片式散热器

图 6-27　散热器的标注方式

另外，在平面图中，应标注在散热器所靠窗户外侧附近；在系统图中，应标注在散热器图例内或上方。

四、采暖施工图的绘制和阅读

采暖平面图和采暖系统图是采暖施工图中最基本的图样，两者必须互为对照和相互补充，才能明确各种散热设备的具体位置和管路在空间的布置情况，最终搞清楚图样所表达的内容。为了能够更准确地掌握采暖施工图的内容、绘制方法，现结合六层住宅的采暖施工图（如图 6-19～图 6-22 所示），来介绍采暖图的绘制方法和图纸阅读。注意：采暖施工图中管道的位置和连接都是示意性的，安装时应按标准图或者习惯做法施工。

1. 采暖平面图

采暖平面图主要表达供热干管、采暖立管、回水管道和散热器在室内的平面布置。通过绘制和阅读采暖平面图，能够掌握建筑物内散热器的平面位置、种类、数量以及安装方式，了解输送管道的布置方式以及膨胀水箱、集气罐、疏水器、阀门等各种附件的型号和安装位置。一般情况下，采暖平面图与建筑施工图采用相同的比例绘制，为了突出采暖系统，建筑物部分均用细实线绘制，只绘制建筑物的主体部分，省略门窗标号之类的细节；采暖供热、供汽干管、立管用单根粗实线绘制；采暖回水、凝结水管用单根粗虚线绘制；散热器及连接支管用中粗实线绘制。

根据实际情况，采暖平面图需要绘制底层平面图、中间层（标准层）平面图和顶层平面图，在底层平面图中应绘制供热引入管、回水管，并注明管径、立管编号、散热器类型和数量等；而顶层平面图则需要表达供水干管和集气罐等附属设备的位置。

采暖平面图的绘制过程如下。

（1）绘建筑平面图　用细实线抄绘建筑平面图中主要部分内容，如墙身、柱、门窗、楼梯等主要构件以及标注定位轴线和必要的尺寸，与采暖工程无关的建筑配件和标注可以省略，如门窗编号等，不用标注细部尺寸。

（2）绘制散热器的图例　按国标所规定的图例要求，用中粗实线绘制各种散热器。

（3）绘制输送管道　采暖供热、供汽干管、立管用单根粗实线绘制；采暖回水、凝结水管用单根粗虚线绘制。立管用小圆圈（直径 $3b$）表示，并标注立管的类别和编号。在平面图中，各种管道应按系统予以编号。

（4）管道上的各种附件或配件　管道上的各种附件或配件，如膨胀水箱、集气罐、疏水器、阀门等均按国标规定的图例绘制，并对所使用到的图例进行文字说明。

（5）尺寸和标高　标注供热引入管和回水排出管定位尺寸。管道的长度在备料时，只需用比例尺从图中近似量出，在安装时是以实测尺寸为依据，故不必标注管道长度。

2. 采暖系统图

采暖系统图中，管道的长度和宽度由采暖平面图中量取，高度则应根据房屋的层高、门窗的高度、梁的位置和附件的安装高度等进行综合确定。

① 首先绘制管道系统的立管，定出各层的楼、地面线、屋面线，再绘制供热引入管、回水管和供热干管等，供热干管、立管用单根粗实线表示，回水干管用单根粗虚线表示，楼面线、地面线、屋面线等均采用细实线绘制。

② 从立管上引出各横向的连接管段，并绘出散热器，这部分支管管道和散热均采用中实线或者中虚线绘制。

应注意，当空间交叉的管道在系统图中相交时，为确保在前面的管道正常绘制，后面的管道在相交处需要断开绘制。

③ 绘制各种附件和配件。管道上的各种附件均用图例绘制。

④ 注写各管段的公称直径、坡度、标高、散热器的规格数量等数据。

综上所述，在掌握了采暖施工图绘制的基础上，识读供暖施工图时，首先应分清热水给水管和热水回水管，并判断出管线的排布方法是单管单侧顺流式、单管双侧顺流式、双管单侧顺流式、双管双侧顺流式、单管单侧跨越式、单管双侧跨越式中的哪种形式；然后查清各散热器的位置、数量以及其他附件和配件（如阀门等）的位置、型号；最后再按供热管网的走向顺次读图。阅读采暖施工图时首先要搞清楚两个问题：

① 各层采暖平面图中，哪些房间有散热器和管道？采暖管道上附属设备有哪些？其位置何处？

② 采暖管道系统的入口与出口位置？管沟位置在何处？

其次，再阅读采暖管道系统图，弄清楚散热器与采暖立管的连接形式以及各管段管径、坡度和标高。从采暖管道系统入口处开始，按水流方向依次阅读：系统入口→采暖干管→采暖立管→支管→散热器。

最后弄清散热器与采暖立管的连接形式。

如图 6-19～图 6-22 所示的建筑采暖施工图，这栋建筑物拥有两个入口分别从两个单元门的地下进入建筑物，进入后分成 3 个方向进入 3 个管道井，连接成 3 组立管 RGL1-3 和GHL1-3，三个立管分别为每层的三户供暖，如 RGL1 和 GHL1 为 A 户型供暖，整个供暖采用的是双管单侧顺流式供暖，在套内输热管道形成大循环。

第三节　室内电气施工图

一、概述

建筑电气施工图是整个建筑工程设计的重要组成部分，是安排和组织施工安装的主要依据，因此我们有必要学会阅读建筑电气施工图。本节主要介绍建筑电气施工图的特点、建筑电气施工图的内容及绘制和阅读建筑电气施工图的一般程序，并通过一套建筑电气施工图来详细说明建筑电气施工图的绘制和阅读过程。通过学习要求掌握建筑电气施工图的绘制和阅读方法。

电在人们的生产、生活中起着极其重要的作用。在工程建设中，电气设备及其安装是必不可少的。建筑电气系统一般可分为：变电与配电系统，如变压器、配电箱等；动力设备系统，如电动机等；电气照明系统，如白炽灯等；避雷和接地系统，如避雷针等；弱电系统，如电话等。

（1）变电与配电系统　建筑物内各类用电设备，一般使用低电压即 380V 以下，对使用高压线路（10kV 以上）的独立建筑物就需自备变压设备，并装设低压配电装置。

（2）动力设备系统　建筑物内的动力设备如电梯、水泵、空调设备等，这些设备及其供电线路、控制电路、保护继电器等组成动力设备系统。

（3）电气照明系统　利用电能转变成光能进行人工照明的各种设施，主要由照明电光源、照明线路和照明灯具组成。

（4）避雷和接地系统　避雷装置是将雷电泄入地，使建筑物免遭雷击；用电设备不应带电的金属部分需要接地装置。

（5）弱电系统　弱电系统主要是指用于信号传输的直流电路或者电压 24V 以内的交流电路，如电话系统、有线电视系统、闭路监视系统、计算机网络系统等均为弱电系统。相对而言，也有将交流电压 24V 以上的电路称为强电系统。

因此室内电气施工图可以分为室内电气照明施工图和室内弱电施工图两部分。室内电气照明施工图又分为设备用电和照明用电两个分支，设备用电主要是指为冰箱、洗衣机、空调、电热水器等高负荷用电设备供电的线路，照明用电则是指室内各种灯具的用电。室内弱电施工图是指有线电视系统（CATV 系统）、电话系统、各种安保系统等弱电系统。

二、室内电气施工图的有关规定

1. 图线

建筑物的轮廓线用细实线绘制，电路中主回路线用粗实线绘制，以突出表达室内的电气线路的平面布置。具体使用要求如表 6-7 所示。

表 6-7　电气施工图中常用的图线

名称	线型	备注
粗实线	——————	基本线、可见轮廓线、可见导线、一次线路、主要线路
细实线	——————	二次线路、一般线路
细虚线	--------	辅助线、不可见轮廓线、不可见导线、导蔽线等
单点长画线	——-——-——	设备中心线、轴心线、部位中心线、定位轴线
双点长画线	——-·-——-·-——	辅助围框线、36V 以下线路等

2. 比例

室内供电平面图采用与建筑平面图相同的比例；与建筑物无关的其他电气施工图，可任选比例或不按比例示意性绘制。

3. 图例符号

在建筑电气施工图中，各种电气设备、元件和线路都应该统一使用由《电气简图用图形符号》（GB/T 4728）、《技术产品及技术产品文件结构原则 字母代码 按项目用途和任务划分的主类和子类》（GB/T 20939—2007）等文件规定的图形符号和文字符号，一般不允许随意乱用，破坏图样的通用性。表 6-8 为常用的电气图形符号。

表 6-8　常用的电气图形符号

图形符号	说　明	图形符号	说　明
⌐S	动合(常开)触点注:本符号也可以用作开关一般符号	⋏	单相插座
⌐S	动断(常闭)触点	⋏	暗装单相插座
⌐S	断路器	⋏	密闭(防水)单相插座
⌐S	负荷开关(负荷隔离开关)	⋏	防爆单相插座
�«»	落地交接箱	⋏	带接地插孔的单相插座
◄►	壁龛交接箱	⋏	暗装带接地插孔的单相插座
⊕	室内分线盒	⋏	密闭(防水)带接地插孔的单相插座
╱	向上配线	⋏	防爆带接地插孔的单相插座
╱	向下配线	◎	按钮一般符号(若图面位置有限,又不会引起混淆,小圆允许涂黑)
╱	垂直通过配线	⚲	单极开关
⏚S	接地一般符号(如表示接地的状况或作用不够明显,可补充说明)	⚲	暗装单极开关
⊗	灯的一般符号　信号灯一般符号	⚲	密闭(防水)单极开关
⊛	防水筒灯	⚲	防爆单极开关
⊏⊐	安全出口灯	⚲	双极开关
▤	疏散指示灯	⚲	双极开关暗装
⊙	路灯	⚲	密闭(防水)双极开关
⊛	庭院灯	⚲	防爆双极开关
◓	壁灯	⚲	三极开关
◛	吸顶灯	⚲	暗装三极开关
⊓	电信插座的一般符号(可用文字或符号加以区别。TP——电话　TX——电传　TV——电视　◁——扬声器　M——传声器　FM——调频)	⚲	密闭(防水)三极开关
⊓	信息插座　2×RJ-45	⚲	防爆三极开关
⊢⊣	单管荧光灯　1×58W	⚲	单极限时开关
⊏⊐	双管荧光灯　2×58W	⚲	双控开关(单极三线)
Wh	电度表(W·h)	▭	屏、台、箱、柜一般符号
⏛	电铃	▬	动力或动力-照明配电箱
▨	照明配电箱(屏)(需要时允许涂红)	⊠	信号板、信号箱(屏)

（1）图形符号　在建筑电气施工图中使用的图形符号除了需要遵守《电气简图用图形符号》（GB/T 4728）、《技术产品及技术产品文件结构原则 字母代码 按项目用途和任务划分的主类和子类》（GB/T 20939—2007）等规定外，还应注意：

① 图形符号应按无电压、无外力作用时的原始状态绘制。

② 图形符号可根据图面布置的需要缩小或放大，但各个符号之间及符号本身的比例应保持不变，同一张图纸上的图形符号的大小应一致，线条的粗细应一致。

③ 图形符号的方位不是强制的，在不改变符号含义的前提下，可根据图面布置的需要旋转或成镜像放置，但文字和指示方向不得倒置，旋转方位是90°的倍数。

④ 对于标准中没有的图形符号可以在标准的基础上派生新的符号，但需要在图样中加以说明。

（2）文字符号　电气文字符号在电气工程图中，标注在电气设备、装置和元器件上或其近旁，用以标明电气设备、装置和元器件的名称、功能、状态和特征。

① 在配电线路上的标注格式为：

$$ab-c(d\times e+f\times g)i-jh$$

其中，a为参照代号；b为型号；c为电缆根数；d为相导体根数；e为相导体截面，mm^2；f为N、PE导体根数；g为N、PE导体截面，mm^2；i为敷设方式及管径；j为敷设部位；h为安装高度。

导线型号的文字代号如表6-9所示。

表6-9　常用导线型号的文字代号

导线代号	说明	导线代号	说明
BV	铜芯塑料线	BX	铜芯橡皮线
BLV	铝芯塑料线	BLX	铝芯橡皮线
BBLX	铝芯玻璃丝橡皮线	BXF	铜芯氯丁橡皮线
BRV	铜芯塑料软线	BLXF	铝芯氯丁橡皮线
BXR	铜芯橡皮软线	BXH	铜芯橡皮花线
BLXG	铝芯穿管橡皮线	BXS	双芯橡皮线
RVS	铜芯塑料绞型软线	RVB	铜芯塑料平型软线

配电线路穿管敷设方式的文字代号如表6-10所示。

表6-10　常用配电线路穿管敷设方式的文字代号

代号	说明	代号	说明	代号	说明
FPC	穿阻燃半硬塑料导管敷设	KPC	穿塑料波纹电线管敷设	MT	穿普通碳素钢电线套管敷设
SC	穿焊接钢管敷设	CT	电缆托盘敷设	MR	金属槽盒敷设
PR	塑料槽盒敷设	M	钢索敷设	PC	穿硬塑料导管敷设

配电线路敷设部位的文字代号如表6-11所示。

表6-11　常用配电线路敷设部位的文字代号

代号	说明	代号	说明	代号	说明
SR	沿钢线槽敷设	BE	沿屋架或跨屋架敷设	CLE	沿柱或跨柱敷设
WE	沿墙面敷设	SCE	吊顶内敷设	TC	电缆沟敷设
BC	暗敷设在梁内	CLC	暗敷设在柱内	WC	暗敷设在墙内
CC	暗敷设在顶棚内	DB	直接埋设	FC	暗敷设在地面内
CE	沿天棚面或顶棚面敷设	ACE	在能进入人的吊顶内敷设	ACC	暗敷设在不能进入的顶棚内

例如在电气照明施工图中，注有：

$$3-BLV(3\times 20+3\times 8)FPC40-CC$$

表明 3 号回路，采用 6 根铝芯塑料导线，其中 3 根导线截面为 $20mm^2$，3 根截面为 $8mm^2$，6 根导线穿在管径为 40mm 的阻燃半硬聚氯乙烯管内，暗设在屋面或顶棚板内。

② 照明灯具的表达格式：

$$a-b\frac{c\times d}{e}\times Lf$$

其中，a 为灯具数；b 为灯具型号或编号（无则可以省略）；c 为灯泡数或灯管数；d 为灯泡或灯管的功率，W；e 为安装高度，m（安装壁灯时指灯具中心与地面距离，安装吊灯时指灯具底部与地面距离，"—"表示吸顶灯）；f 为安装方式；L 为光源种类。

灯具安装方式的文字代号如表 6-12 所示。

表 6-12　常用灯具安装方式的文字代号

代号	说明	代号	说明	代号	说明
CS	链吊式	DS	管吊式	W	壁装式
C	吸顶式	R	嵌入式	SW	线吊式
CL	柱上安装	CR	吊顶内安装	WR	墙壁内安装
HM	座装	S	支架上安装		

如果需要指示光源种类，宜在符号旁标注下列字母：Na（钠气）；Xe（氙）；Ne（氖）；IN（白炽灯）；Hg（汞）；I（碘）；EL（电致发光）；ARC（弧光）；IR（红外线）；FL（荧光）；UV（紫外线）；LED（发光二极管）。

一般灯具标注，可以省略型号，如 $8\frac{2\times 40}{2.8}CS$，表示 8 个灯具，每个灯具配有 2 个功率 40W 的白炽灯，安装高度为 2.8m，链吊式安装。

有时为了减少图面的标注，提高图面的清晰度，在平面图上往往不详细标注各线路，而只标注线路编号，另外再绘制一张线路管线表，根据平面图上标注的线路编号即可找出该线路的导线型号、截面、管径、长度等。

（3）标高　电气施工图中，线路和电气设备的安装高度在必要时可以标注标高，同建筑施工图一样采用相对标高，或者采用相对于本层楼地面的相对标高。如，某建筑电气施工图中标注总电源进户高度 3.5，指的是相对于该建筑物的基准标高 ± 0.000 的高度，即相对于底层室内地面的高度为 3.5m。若某开关的标注为 nF＋1.3，则表示该室内（n）负载开关（F）距本层楼地面的高度为 1.3m。

（4）电路表示法　在电气施工图中电路可以采用三种表示法：多线表示法、单线表示法和组合表示法。

① 多线表示法。电路是按照导线的实际走向一根一根地分别画出，其特点是连接方式一目了然，但线条过多，影响图形的表达。

② 单线表示法。电路中走向一致的连接导线用一条线表示，即图上的一根线实际代表一束线，因此其图形表达简单，在现在的电气施工图中多采用这种方式。

③ 组合表示法。单线表示法和多线表示法可以组合使用。

当使用单线表示法绘制电气施工图时，由于图中的一根线条实际上表示电路中的一束电线，因此为了将电线的数量表达清楚，可以采用在图线上划上若干短斜线表示根数（一般用于少于等于 3 根电线的线束），或者用一根短斜线旁注数字来表示电线根数（一般用于 3 根以上的线束）。

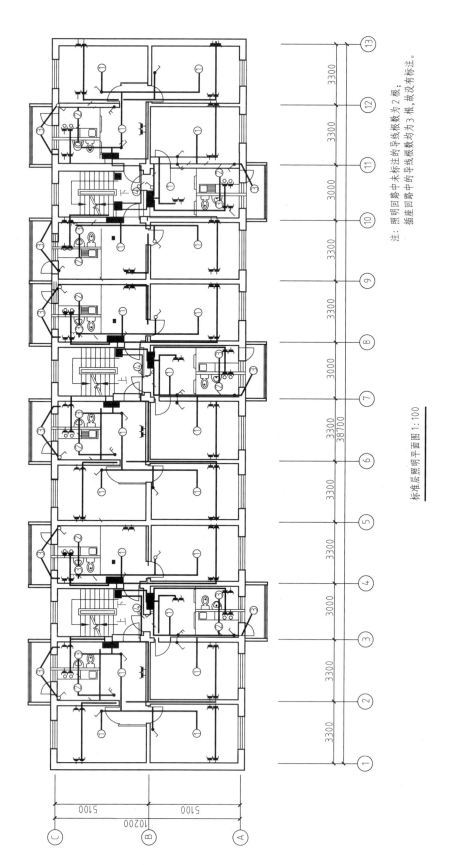

注：照明回路中未标注的导线根数为2根；
　　插座回路中的导线根数均为3根，故没有标注。

标准层照明平面图 1:100

图 6-28　标准层照明平面图

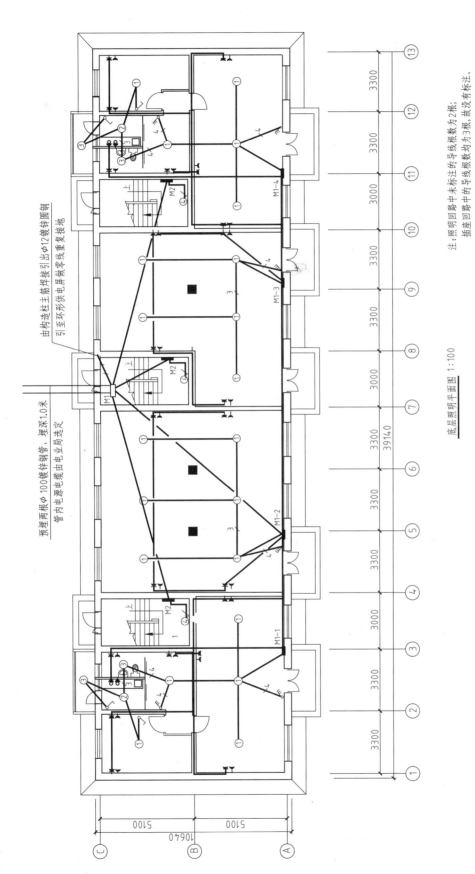

注：照明回路中未标注的导线根数为2根；
插座回路中的导线根数均为3根，故没有标注。

底层照明平面图 1:100

预埋两根φ100镀锌钢管，埋深1.0米，管内电源电缆由电业局选定

由构造柱主筋焊接引出φ12镀锌圆钢引至环形供电屏做零线重复接地

图 6-29　底层照明平面图

三、室内电气照明施工图

1. 室内照明的基本知识

室内照明系统一般由室外引入室内的进户线、配电箱，由配电箱引向各灯具和插座的供电支线和插座、灯具等所组成。

照明线路供电电压通常采用 380/220V 的三相四线制供电，即由用户配电变压器的低压侧引出三根相线和一根零线。

相线与相线间的电压为 380V，称为线电压，可供动力负载用电；相线与零线间的电压为 220V，称为相电压，可供照明负载用电。

对于用电量不多的建筑可采用 220V 单相二线制供电系统，而对较大的建筑或厂房常采用三相四线制供电系统。

接户线——从室外的低压架空线上接到用电建筑外墙上铁横担的一段导线。

进户线——从铁横担到室内配电箱的一段导线，是室内供电的起点。

配电箱——接受和分配电能的装置，内部装有记录用电量的电度表，进行总控制的总开关和总保护熔断器以及各分支线路的分开关和分路保护熔断器。

室内电器照明线路的敷设方法有明线布置和暗线布置两种方法。

明线布置是指用绝缘的槽板、瓷夹、线夹等将导线牢固地固定在建筑物的墙面或天棚的表面。

暗线布置是指将塑料管或金属管预设在建筑物的墙体内、楼板内或天棚内，然后再将导线穿入管中。

灯具开关也有明装和暗装两类，按其构造分有单联、双联和三联开关。开关应安装在火线上，利用开关控制线路上的各种灯具或其他用电设备。

2. 室内电气照明施工图的绘制和识读

室内电气照明施工图是应用非常广泛的电气施工图之一。室内电气照明施工图可以表明室内电气照明系统的构成、规模和功能，详细描述电气装置的工作原理，提供安装技术数据和使用维护方法。不同建筑物的规模和要求不同，室内电气照明施工图的种类和图纸数量也不同。如图 6-28～图 6-30 所示就是某建筑物的一套照明施工图。

3. 电气照明平面图

电气照明平面图主要是表达室内照明线路和各种设备的详细情况。其中建筑物部分的平面图，均使用细实线绘制，本层的电气线路用粗实线采用单线表示法绘制。若楼层电气线路布置相同时，可用标准层的方式处理。电气线路上的各种灯具、插座等用标准电气图例符号表示，其规格、安装方式、安装位置等用规定文字符号标注。

如图 6-31 所示是一个房间的电气照明平面图，从户内配电箱 M3 出来的照明电路有 3 条：

① 号线路从配电箱出来后首先在客厅处安装软线灯，接着分线进入南北两个卧室并分别安装软线灯，每个灯都配有相应的暗装单极开关；

② 号线路直接进入厨房安装防水吊灯，一个并在客厅进入卧室的门旁配有暗装的普通双极开关；

③ 号线路进入卫生间在安装磁质座灯和相应的暗装单极开关后，进入阳台安装磁质座灯，并且此灯的单极开关暗装在厨房通往阳台的门边。

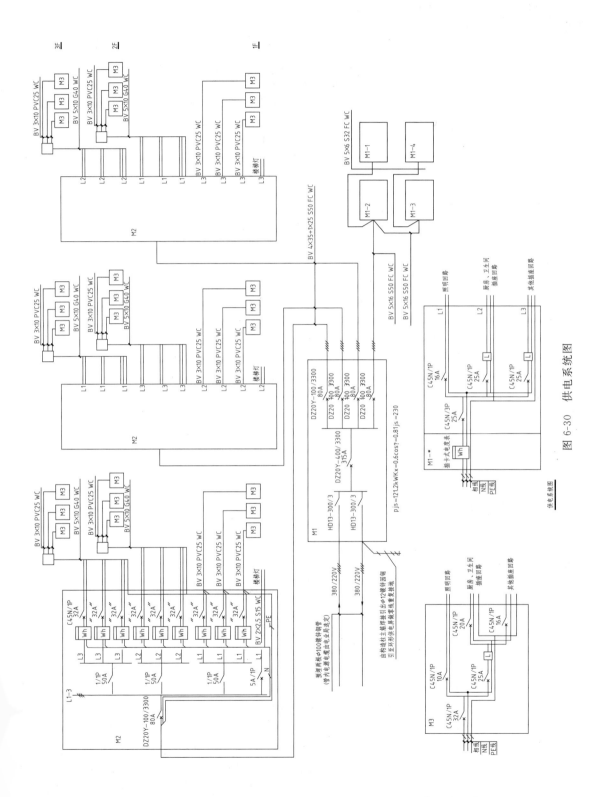

图 6-30 供电系统图

而没用编号的设备用电线路则是两条，一条通往厨房和卫生间，并在厨房和卫生间内安装两个单相两孔加三孔插座；另外一条则通过客厅进入南北卧室，并在各个房间内安装两个单相两孔加三孔插座。

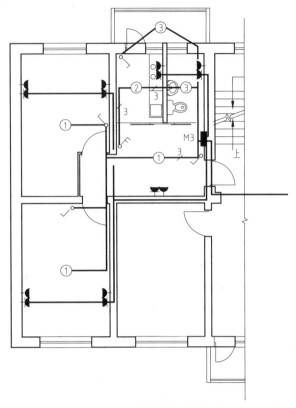

图 6-31　电气照明平面图局部

4. 电气照明系统图

对于电气照明系统相对简单的建筑物，按照照明平面图施工即可，但是对于多层建筑物或者电气设备较复杂的建筑，则需要绘制照明系统图。照明系统图是使用图例符号来表示建筑物内供电系统的接线原理图，因此系统图可以不按比例绘制，也不反映电气设备在建筑内的具体安装位置。

如图 6-32 所示是电气照明系统图，为了使读者能够较好地理解系统图的内容，图 6-32 截取了系统图的局部为例，来识读系统图。从入户线分配出来的电线分成 3 组，每组 3 根直径10mm 的铜芯塑料线穿过暗敷设在墙内的直径 25mm 的 PVC 管到达每层 3 户的配电箱 M3，为室内供电。

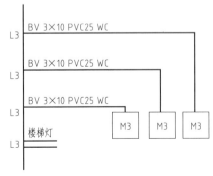

图 6-32　电气照明系统图局部

四、室内弱电施工图

随着智能建筑理念的逐步发展和普及，建筑室内弱电系统早已不局限于电话通信系统、有线电视系统（CATV 系统），更多的弱电系统正迅速的出现在建筑电气系统。和室内照明施工图一样，室内弱电施工图也由平面图和系统图组成。如图 6-33、图 6-34 所示就是室内弱电平面图。

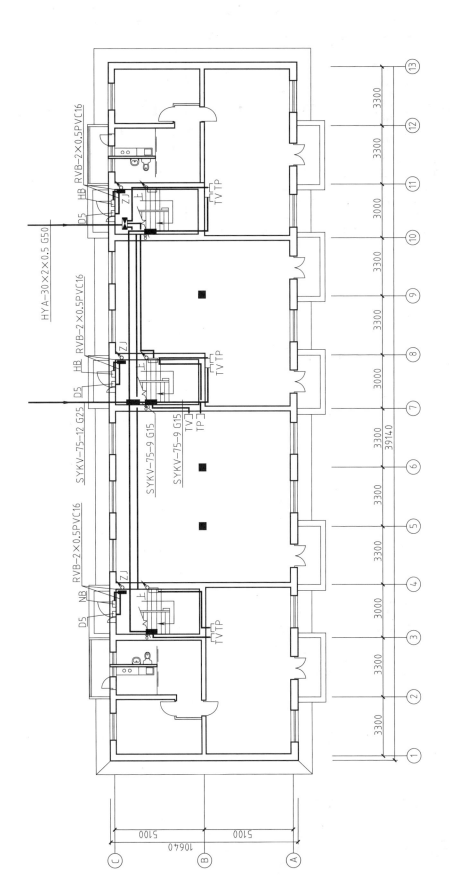

底层弱电平面图　1:100

图 6-33　底层弱电平面图

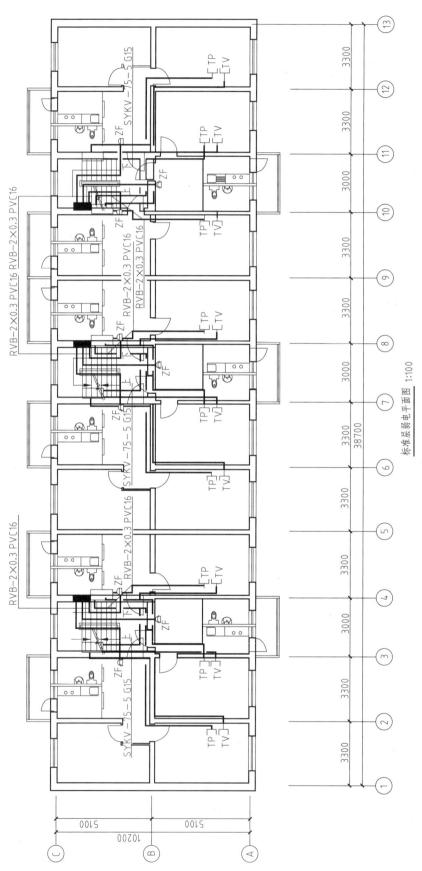

图 6-34　标准层弱电平面图

电气弱电平面图绘制与电气照明平面图绘制方法相同，建筑物部分的平面图，均使用细实线绘制，用粗实线采用单线表示法绘制本层的电气弱电线路，若楼层电气弱电线路布置相同时，可用标准层处理。电气线路上的各种设备用标准电气图例符号表示，其规格、安装方式、安装位置等用规定文字符号标注。

该建筑中，如图 6-33～图 6-37 所示，电话通信系统采用 HYA-30×2×0.5 G50 线路入户，CATV 系统采用 SYKV-75-12 G25 线路入户，到达主卧室后，在墙上分别暗装插口（TP 符号、TV 符号）。门禁分别采用三根电线 RVB-2×0.3 PVC16、BV-3×2.5 PVC20 和 RVB-2×0.3-SP16 采集信号进入继电器（ZJ 符号），采用 RVS-5×0.3 PVC16 进入层间分配器（CF 符号），之后采用 RVB-2×0.3 PVC16 入户并在入户门旁边安装门禁控制端（ZF 符号）。

1. 电话系统图

如图 6-35 所示住宅电话系统图，入户线是 HYA-50×2×0.5 G50，表示铜芯聚氯乙烯绝缘、聚氯乙烯护套穿直径 50mm 的厚电线管直接进入楼内电话接线箱，然后沿墙分别进入 2～5 层分线箱，进而进入各户。

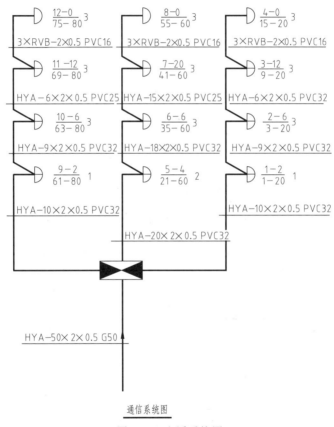

图 6-35　电话系统图

2. CATV 系统图

如图 6-36 所示住宅 CATV 系统图，电视入户线是 SYKV-75-12 G25 表示藕状空心聚乙烯绝缘聚氯乙烯护套，特性阻抗 75Ω，线芯绝缘外径 12mm 的同轴电缆，并穿直径 25mm 厚电线管。系统入户线进入系统箱，箱内配有放大器、分配器，系统箱各分层间用立管和各支管均采用 SYKV-75-9 G25 线路。

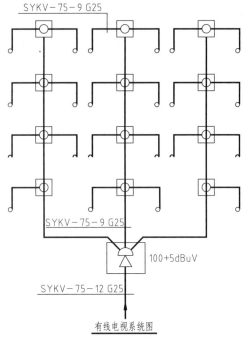

图 6-36 CATV 系统图

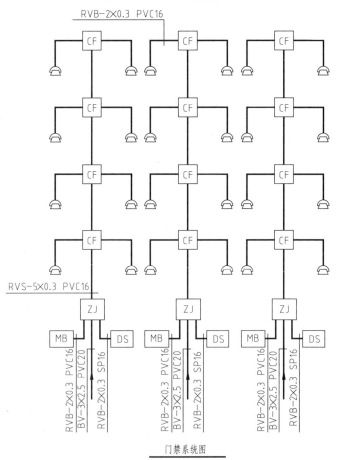

图 6-37 门禁系统图

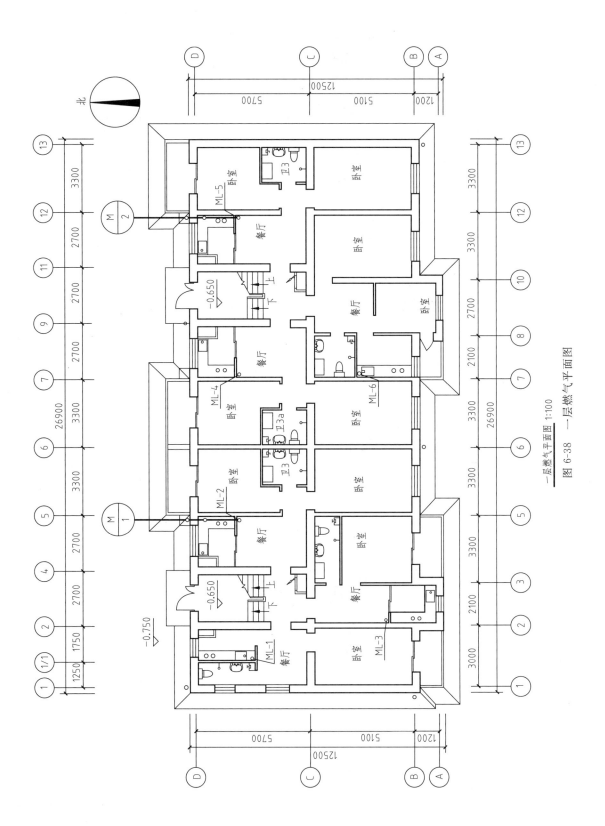

一层燃气平面图 1:100

图 6-38 一层燃气平面图

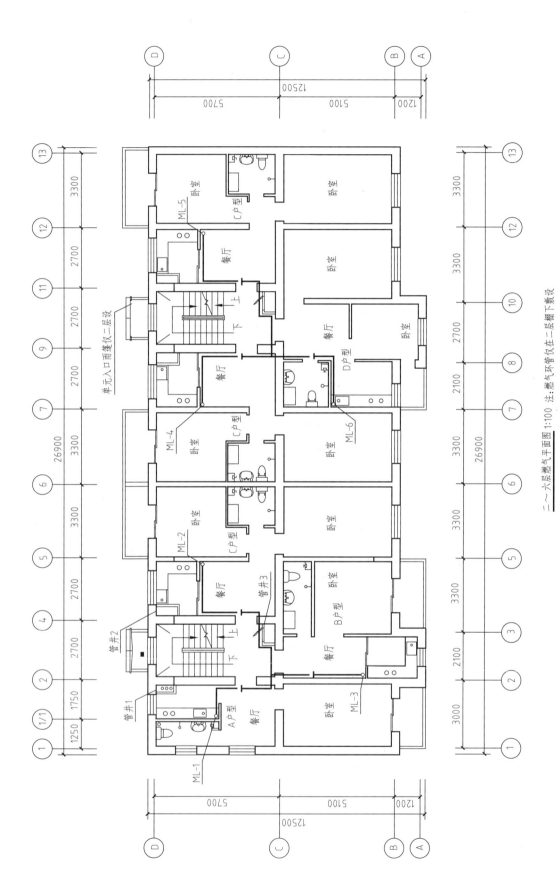

二～六层燃气平面图 1:100 注:燃气环管仅在二层棚下敷设

图 6-39 二～六层燃气平面图

3. 门禁系统图

如图 6-37 所示门禁系统图，表示的是建筑物的单元大门门禁系统，采用的系统供电线路为 BV-3×2.5 PVC20，表示 3 根铜芯塑料绝缘导线穿直径 20mmPVC 管，从单元门到各层对讲分配箱均采用 RVS-5×0.3 PVC16 连接，从分配箱到各户均采用 RVB-2×0.3 PVC16 导线。

第四节　室内燃气施工图

随着居民生活质量的提高燃气安装已成为现在住宅楼建设的重要组成部分。燃气管网的分布近似于给水管网，但由于人工燃气有剧毒，并且与空气混合到一定比例时易发生爆炸，所以对于燃气设备、管道等的设计、加工与敷设都有严格要求，必须注意防腐、防漏气的处理，同时还应加强维护和管理工作。

燃气施工图一般有平面图、系统图和详图三种，同时还附有设计说明。绘制的方法同给水排水施工图和采暖施工图一样。如图 6-38～图 6-41 所示为燃气系统平面图和系统图，从图 6-38、图 6-39 中可以看出：燃气管道由户引入管从室外进入，通过立管进入到各楼层，再由干管、用户支管送入厨房；图中还标明燃气系统平面布置的相关尺寸和要求（如管道穿墙要使用套管）等。图 6-40 中表示出该系统的空间布置、管道、设备的尺寸、型号及标高等；图 6-41 中截取了 A 户型房间厨房的燃气管道、燃气表和炉灶的平面图和系统。

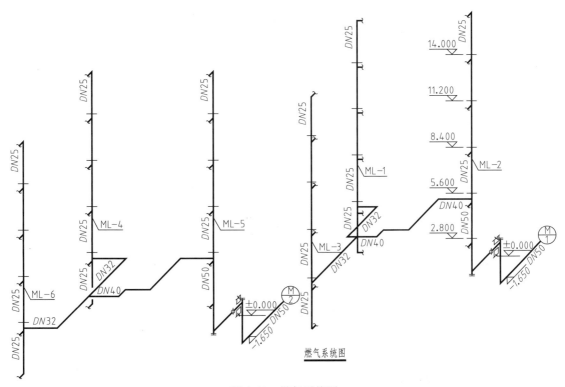

图 6-40　燃气系统图

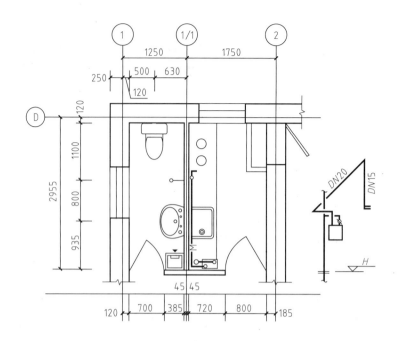

A户型厨卫详图 1:50

图 6-41　A 户型厨房燃气详图

第七章　路桥涵隧工程图

第一节　道路工程图

道路是一种供车辆行驶和行人步行的带状构造物，是一个三维的空间实体。它的中心线（简称中线）是一条空间曲线，我们平时所说的路线指的就是道路中线的位置。

道路根据它们不同的组成和功能特点，可分为公路和城市道路两种。位于城市郊区和城市以外的道路称为公路，如图 7-1（a）所示，公路具有狭长、高差大、弯曲多等特点；位于城市范围以内的道路称为城市道路，如图 7-1（b）所示。道路路线是以平面图、纵断面图和横断面图来表达的。

(a) 公路　　　　　　　　　　　　　　　(b) 城市道路

图 7-1　道路实景图

一、公路线路工程图

人们通常把联结城市、乡村，主要供汽车行驶的具备一定技术条件和设施的道路称为公路。公路是一种主要承受汽车荷载反复作用的带状工程结构物。公路的中心线由于受自然条件的限制，在平面上有转折，纵面上有起伏，为了满足车辆行驶的要求，必须用一定半径的曲线连接起来，因此路线在平面和在纵断面上都是由直线和曲线组合而成的。平面上的曲线称为平曲线，纵断面上的曲线称为竖曲线。

公路路线工程图的表达方法与一般工程图不完全相同，有自己的一些画法和规定。它是用公路路线平面图作为平面图，路线纵断面图和路基横断面图分别代替立面图和侧面图。也就是说公路路线工程图主要包括路线平面图、路线纵断面图和路基横断面图。通常，路线平面图、路线纵断面图和路基横断面图大都画在单独的图纸上，读图时注意相互对照。

1. 路线平面图

路线平面图是为概括地反映工程全貌而绘制的图。路线平面图的作用是表达路线的地

图 7-2 路线平面图

曲 线 元 素 表

交点号	交点坐标		交点桩号	转角值	半径	缓和曲线	曲线要素值/m		
	X(N)	Y(E)					切线长度	曲线长度	外距	校正值
JD2	2244.959	1630.695	K2+308.546	43°13′19.3″(Y)	450	150	254.023	489.465	36.263	18.580
JD3	2245.352	2170.822	K2+830.093	26°44′46.5″(Y)	880	150	284.444	560.793	25.622	8.096

沈阳建筑大学	××一级公路综合设计	路线平面设计图	设计		复核		审核		比例	1:2000	图号	LS-1-04

形、地物、坐标网，路中心线、路基边线、公里桩、百米桩及平曲线主要桩位，大型构造物的位置以及县以上界线等。路线平面图是将道路的路线画在用等高线表示的地形图上。如图7-2所示为某公路 K2＋100 至 K2＋800 段的路线平面图，其内容包括地形、路线两部分。

（1）地形部分

① 比例：路线平面图的比例一般为 1：2000～1：5000，本图的比例为 1：2000。一般来讲，地形复杂处可用大比例，如山区用 1：5000。若地形相对简单，如平原、丘陵处用小比例，如 1：2000。

② 坐标位置：为了确定方位和路线的走向，地形图上必须画出指北针或坐标网。坐标网格应采用细实线绘制，南北方向轴线代号应为 X（X 表示北），东西方向轴线代号应为 Y（Y 表示东），坐标值的标注应靠近被标注点，书写方向应平行于网格或在网格延长线上，数值前应标注坐标轴线代号，当无坐标轴线代号时，图纸上应绘制指北针标志，本图采用指北针标志。

③ 地形和地物：路线所在地带的地形图是用等高线的标高和图例表示的，常用的地物平面图图例见表 7-1。在地形图中，等高线的疏密不同，表示地势的陡缓变化程度不同。此外，图上还标注了水库（路的北侧）、房屋、地震台、工厂、养殖场等信息。

表 7-1　地物平面图图例

名称	符号	名称	符号	名称	符号
房屋	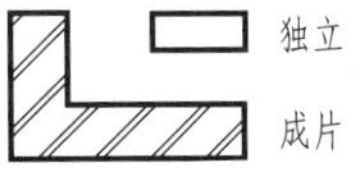 独立 成片	漏洞		水稻田	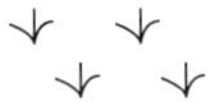
学校	 文	桥梁	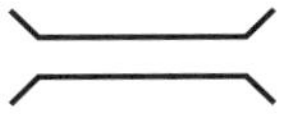	草地	
医院	 ＋	菜地	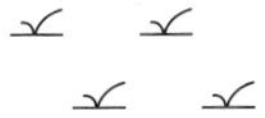	河流	
大车路		旱田		高压线 低压线	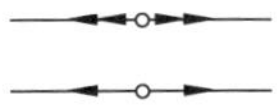
小路		水田		水准点	
铁路		果树	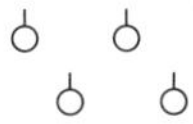	变压器	
公路		坟地	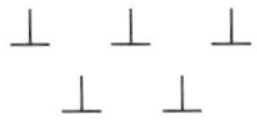	通信线	

（2）路线部分

① 公路的里程及公里桩：在《道路工程制图标准》（GB 50162—92，简称"国标"）中规定，道路中线应采用细点画线表示，路基边缘线应该采用粗实线表示。路线的长度是用里程表示的。里程桩号应标注在道路中线上，从路线起点至终点，按从小到大，从左到右的顺序排列。

② 曲线段的参数：线路的平面线形有直线和曲线。对于公路转弯处的曲线形路线，在平面图中采用交角点（公路转弯点）编号来表示。如图 7-3 所示，由左向右为路线的前进方向，ZY（直圆）表示圆曲线的起点即由直线段进入圆曲线段，QZ（曲中）表示圆曲线的中点，YZ（圆直）表示圆曲线的终点即由圆曲线段转入直线段。图 7-3 中，T 为切线长，E 为外距，R 为曲线半径，α 为偏角（Z 为左偏角，Y 为右偏角），JD 为交点，详见图 7-2 下面的曲线元素表。

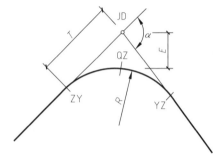

图 7-3　平曲线示意图

本图路段圆曲线半径分别为 450m 和 880m，缓和曲线长度均为 150m，路线长是 700m。

③ 其他：如地形图采用 1∶1000 或较大比例，也可以画出路基宽度以及填方、坡脚线和开挖的边界线。在平面图上路线前进方向规定从左至右，以便和纵断面图对应。

（3）路线平面图的画法

① 先画地形图，后画路线中心线。

② 等高线按先粗后细的步骤徒手画出，要求线条光顺。路中心用绘图仪器按先曲线后直线的顺序画出，为了与等高线有明显区别，一般以两倍于计曲线宽度绘制。

③ 路线平面图从左向右绘制，桩号左小右大，由于路线具有狭长的特点，需将整条路线分段绘制在若干张图纸上，使用时拼接起来，如图 7-4 所示。分段的断开处尽量设在路线的直线段上的整数桩号处，断开的两端应画出垂直于路线的接图线。

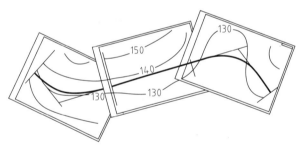

图 7-4　路线图拼接示意图

④ 平面图的植物图例、水准点符号等，应朝上或向北绘制。最后，在每张图纸的右上角画出角标，标明这张图纸的序号和图纸的总张数。

（4）路线平面图的读图　读图可按下列顺序进行：

① 先看清路线平面图中的控制点、坐标网（或指北针方向）以及画图所采用的比例；

② 看地形图，了解路线所处区域的地形、地物分布情况；

③ 看路线设计图，了解路线在平面的走向；

④ 了解平曲线的设置情况及平曲线要素；

⑤ 注意路线与公路、铁路、河流的交叉情况；

⑥ 与前后路线平面图拼接起来后，了解路线在平面图中的总体布置情况。

2. 路线纵断面图

路线纵断面图是假想用铅垂面沿路中心线进行剖切展平后形成的。由于路是由直线和曲

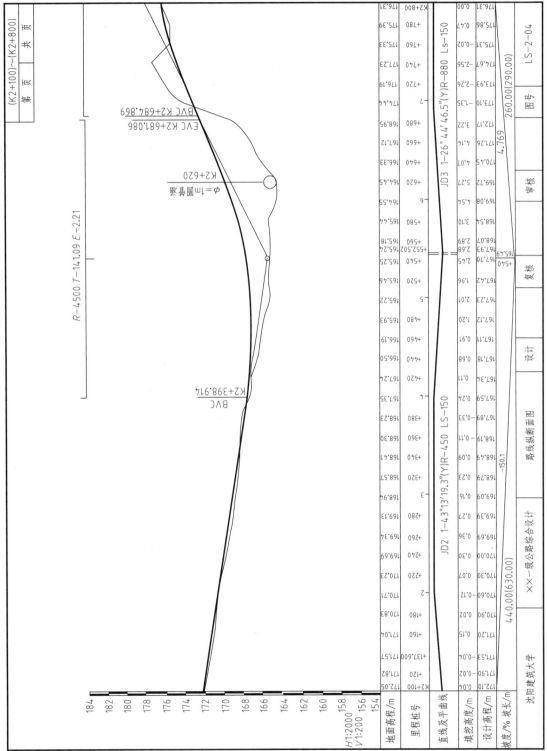

图 7-5　路线纵断面图 (一)

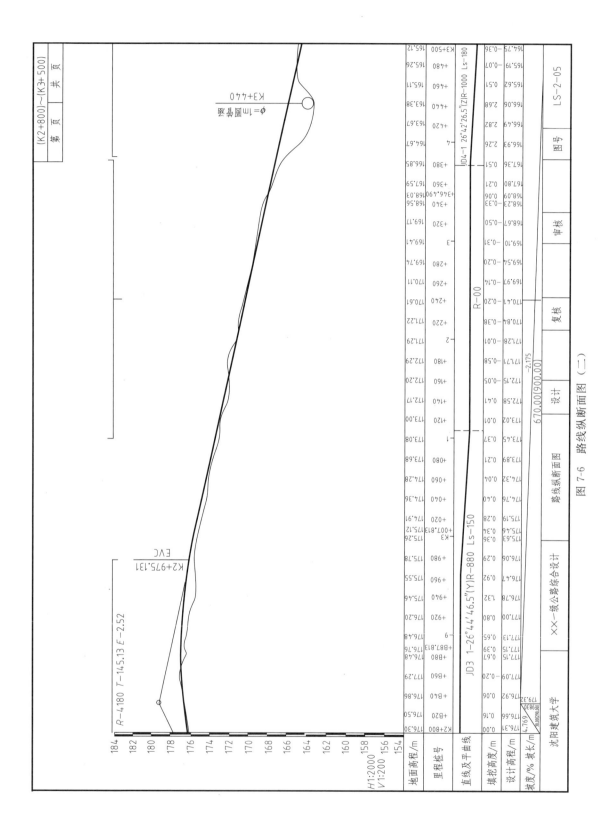

图 7-6 路线纵断面图（二）

线组成的，因此，剖切平面由平面和柱面组成。为了能够清晰地表达路线纵断面情况，特采用展开的方法将断面展成一平面，然后作正投影，形成了路线纵断面图。因此，路线纵断面图的作用是表达路中线地面高低起伏的情况，设计路线的坡度情况，以及土壤、地质、水准点、人工构造物和平曲线的示意情况。

如图 7-5 所示为图 7-2 所示某公路 K2＋100 至 K2＋800 段的路线纵断面，如图 7-6 所示为图 7-2 所示某公路 K2＋800 至 K3＋500 段的路线纵断面。其内容包括图样和资料表两大部分，图样应布置在图幅上部，资料表应采用表格形式布置在图幅下部，高程应布置在资料表的上方左侧，图样与资料表的内容要对应。

（1）图样部分　图中水平方向由左至右表示路线的前进方向，垂直方向表示高程。由于路线的高差与其长度相比小很多，为了表示清楚路线高度的变化，国标规定，断面图中的距离与高程宜按不同的比例绘制，水平比例尺与平面图一致，垂直比例尺相应地用 1∶200～1∶500。本例垂直比例尺采用 1∶200。

图中不规则的细折线表示地面线，它是沿路基中线的原地面各点的连线。粗实线表示路线设计线，它是路基中线各点的连线。

当路线坡度发生变化时，为保证车辆顺利行驶，应设置竖向曲线。竖曲线分为凸曲线和凹曲线两种，分别用 "┌─┐" 和 "└─┘" 符号表示，并应标注竖曲线的半径（R）、切线长（T）和外距（E）。竖曲线符号一般画在图样的上方，国标规定也可布置在测设数据内。如图 7-5 所示，在 K2＋398.914 和 K2＋681.086 之间设置了一段凹曲线；如图 7-6 所示，在 K2＋684.869 和 K2＋975.131 之间设置了一段凸曲线。

（2）资料表部分　测设数据应列有 "坡度/％、距离/m"、"竖曲线"、"填高（高）"、"挖深（低）"、"设计高程"、"地面高程"、"里程桩号" 和 "平曲线"，设计高程、地面高程、填高、挖深的数据应对准其桩号，单位以 m 计。桩号数值的字底应与所表示桩号位置对齐，整公里桩处应标注 "K"，其余桩号的公里数可省略。表中 "平曲线" 一栏表示路线的平面线形，"┌─┐" 表示为左偏角的圆曲线，"└─┘" 表示为右偏角的圆曲线。这样，结合纵断面情况，即可想象出该路线的空间情况。

值得注意的是：为了减少机动车在弯道上行驶的横向作用力，在必要条件下公路在平曲线处需要设计成外侧高内侧低的形式，路基边缘与设计线之间形成高差，此高差称为超高，如图 7-7 所示。

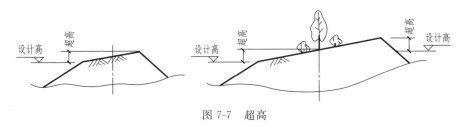

图 7-7　超高

路线纵断面图和路线平面图一般安排在两张图纸上，由于高等级公路的平曲线半径较大，路线平面图与纵断面图长度相差不大，就可以放在一张图纸上，阅读时便于互相对照。

（3）路线纵断面图的画法

① 路线纵断面图常画在透明的方格纸上，方格规格为纵横都是 1mm 长，每 5mm 处印成粗线，可以加快绘图速度，而且还便于检查。绘图时一般画在方格纸的反面，为了在擦改

图时能够保留住方格线。

② 路线纵断面图应由左向右按路线前进方向顺序绘制。先画资料表、填注里程、地面标高、设计标高、平曲线、纵断面图、桥梁、隧道、涵洞等构造物。当路线坡度发生变化时，变坡点应用直径为 2mm 的中粗线圆圈表示，切线应用细虚线表示，如图 7-8 所示。

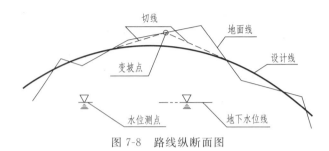

图 7-8　路线纵断面图

③ 每张图的右上角，应注明该图纸的序号及纵断面图的总张数，如图 7-5、图 7-6 右上角所示。

（4）路线纵断面图的读图　读图可按下列顺序进行：

① 先看清水平、垂直向所采用的比例与水准点的位置；

② 看地面线，了解沿路线纵向的地势起伏情况、土质分布情况；

③ 看设计线，了解路线沿纵向的分布情况，弄清楚哪里有坡度以及坡长；

④ 比较地面线与设计线，了解路线填方、挖方情况；

⑤ 看清楚设置竖曲线的位置以及竖曲线要素的各项指标数据；

⑥ 了解沿路线纵向其他工程构造物的分布情况及主要内容；

⑦ 了解竖曲线与平曲线之间的对应关系。

总之，在读图过程中，应该紧密结合数据表与图样，把纵断面图中体现出来的内容读懂读通。

3. 路基横断面图

路基横断面图是在垂直于道路中线的方向上作的断面图。路基横断面图的作用是表达各中心桩处地面横向起伏状况以及设计路基的形状和尺寸。工程上要求在每一中心桩处，根据测量资料和设计要求顺次画出每一个路基横断面，用来计算公路的土石方量和作为路基施工的依据。

路基横断面图的比例尺用 1：100～1：200。

（1）路基横断面图的基本形式及内容　路基按其横断面的挖填情况分为路堤、路堑、半路堤半路堑以及不填不挖断面等。在进行路基设计时，先要进行横断面设计。横断面确定以后，再全面综合考虑路基工程在纵断面上的配合以及路基本体工程与其他各项工程的配合。一般情况下，路基横断面的基本形式有三种：填方路基（路堤），挖方路基（路堑），半填半挖路基，如图 7-9 所示。

① 填方路基（路堤）：填方路基即路堤是指全部用岩土填筑而成的路基。路堤的几种常用横断面形式有矮路堤（填土高度低于 1.0m 者）、高路堤〔填土高度大于 18m（土质）或 20m（石质）〕、一般路堤（填土高度介于两者之间）、浸水路堤、护脚路堤和挖沟填筑路堤。

如图 7-9（a）所示填方路基（路堤），在图样的下方应注明该断面图的里程桩号，中心线处的填方高度 H_t（m）以及该断面处的填方面积 A_t（m^2）。

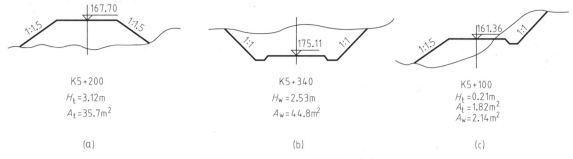

图 7-9 路基横断面图的基本形式

② 挖方路基（路堑）：挖方路基即路堑，是指全部在原地面开挖而成的路基。路堑横断面的几种基本型式有全挖式路基、台口式路基、半山洞式路基。

如图 7-9（b）所示挖方路基（路堑），在图样的下方应注明该断面图的里程桩号，中心线处的挖方高度 H_w（m）以及该断面处的挖方面积 A_w（m^2）。

③ 半填半挖路基：当原地面横坡大，且路基较宽，需一侧开挖另一侧填筑时，为挖填结合路基，也称半填半挖路基。在丘陵或山区公路上，挖填结合是路基横断面的主要形式。

如图 7-9（c）所示半填半挖路基，在图样的下方应注明该断面图的路程桩号，中心线处的填（挖）方高度 H_w（m）以及该断面处的填方面积 A_t（m^2）和挖方面积 A_w（m^2）。

（2）路基横断面图的画法

① 路基横断面图常画在透明的方格纸上，应沿中心线桩号的顺序排列，并图纸的左下方开始画，先由下向上，再由左向右排列绘出，如图 7-10 所示。

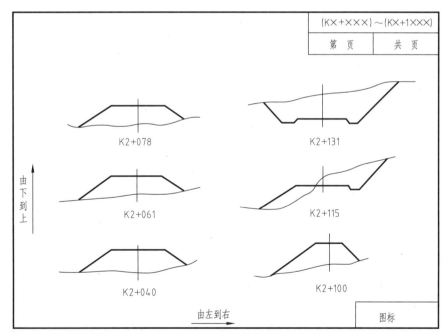

图 7-10 路基横断面图的画法

② 路面线（包括路肩线）、边坡线、护坡线等采用粗实线表示；原有地面线采用细实线表示，设计或原有道路中线采用细点划线表示，如图 7-10 所示。

③ 每张路基横断面图的右上角，注明该张图纸的编号及横断面图的总张数，如图 7-10 所示。

④ 必要时用中粗点划线表示出征地界限，如图 7-11 所示。

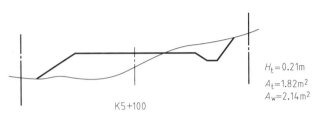

$H_t=0.21m$
$A_t=1.82m^2$
$A_w=2.14m^2$

K5+100

图 7-11　路基横断面图的征地界限

（3）路基横断面图的读图　路基横断面图的读图一般沿着桩号由下往上、从左至右，了解每一桩号处的路基标高、路基边坡、填方或挖方高度以及填方或挖方面积等信息。

二、城市道路路线工程图

在城市里，沿街两侧建筑红线之间的空间范围定义为城市道路用地。城市道路主要包括机动车道、非机动车道、人行道、分隔带、绿带、交叉口和交通广场以及各种设施等。

城市道路的线型设计结果也是通过横断面图、平面图和纵断面图来表达的。它们的图示方法与公路路线工程图完全相同，只是城市道路一般所处的地形比较平坦，而且城市道路的设计是在城市规划与交通规划的基础上实施的，交通性质和组成部分比公路复杂的多，因此城市道路的横断面图比公路复杂的多。

横断面图设计是矛盾的主要方面，所以城市道路先做横断面图，再做平面图和纵断面图。

1. 横断面图

道路的横断面图在直线段是垂直于道路中心线方向的断面图，而在平曲线上则是法线方向的断面图。道路的横断面是由车行道、人行道、绿化带和分车带等几部分组成。

（1）横断面的基本形式　根据机动车道和非机动车道不同的布置形式，城市道路横断面的布置有四种基本形式。

① "一块板" 断面。把所有车辆都组织在同一个车行道上混合行驶，车行道布置在道路中央。如图 7-12（a）所示。

② "两块板" 断面。利用分隔带把一块板型式的车行道一分为二，分向行驶。如图 7-12（b）所示。

③ "三块板" 断面。利用分隔带把车行道分隔为三块，中间的为双向行驶的机动车车行道，两侧的为单向行驶的非机动车车行道。如图 7-12（c）所示。

④ "四块板" 断面。在三块板断面型式的基础上，再用分隔带把中间的机动车车行道分隔为二，分向行驶。如图 7-12（d）所示。

（2）横断面图的内容　当道路分期修建、改建时，应在同一张图纸中表示出规划、设计和原有道路横断面，并注明各道路中线之间的位置关系。规划道路中线应采用双点画线表示，在图中还应绘出车行道、人行道、绿带、照明、新建或改建的地下管道等各组成部分的

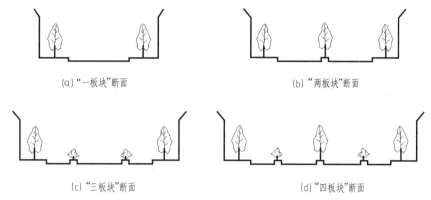

(a) "一板块" 断面

(b) "两板块" 断面

(c) "三板块" 断面

(d) "四板块" 断面

图 7-12　城市道路横断面的基本形式

位置和宽度，以及排水方向、横坡等。

如图 7-13 所示为某路段的横断面形式，道路宽 30m，其中车行道宽 18m，两侧人行道各宽 6m。路面排水坡度为 1.5％，箭头表示流水方向。如图 7-14 所示为路面结构设计图。图中表示了车行道、人行道以及路牙石的具体做法。

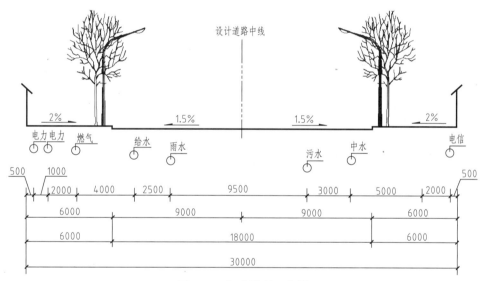

图 7-13　标准横断面大样

2. 平面图

城市道路平面图与公路路线平面图相似，用来表示城市道路的方向、平面线型和车行道布置以及沿路两侧一定范围内的地形和地物情况。

在道路中心线位置已确定、横断面各组成部分宽度设计已近完成时，再绘制平面图。在图上要将各组成部分及各种地上地下管线的走向和位置、里程桩号等标出，比例为 1∶500 或 1∶1000。

如图 7-15 所示为带有平面交叉口的城市道路平面设计图，图中粗实线表示为该段道路的设计线，"＋" 表示坐标网，作用是确定道路的走向，指北针用来表示道路的方向。由此可知，此图表示的路线走向为南北向。城市道路平面图的车道、人行道的分布和宽度按比例画出，从图中可以看出南北方向路宽 62m，两侧机动车道宽度为 12m，中间分隔带宽度

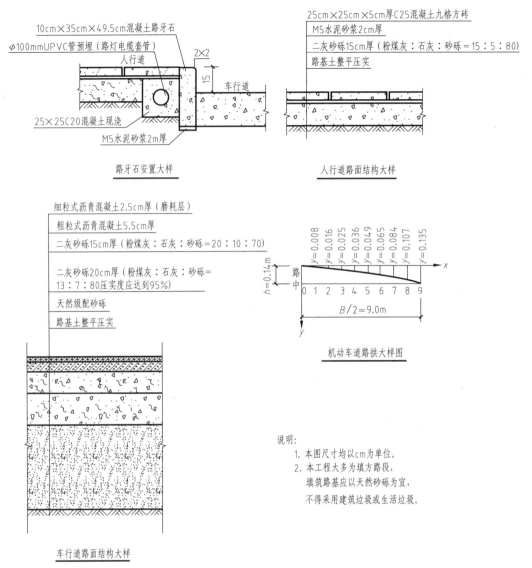

图 7-14　路面结构图

6m，非机动车道宽 7m，两侧分隔带宽 2m，人行道宽 7m，共有 3 个分隔带，所以该路段为"四块板"断面布置形式。

3. 纵断面图

沿道路中心线所作的断面图为纵断面图，其作用与公路纵断面图相同。城市道路纵断面图的内容和公路纵断面图一样，也是由图样部分和资料表部分组成。

（1）图样部分　城市道路纵断面的图样部分完全与公路路线纵断面的图示方法相同，包括：道路中线的地面线、纵坡设计线、施工高度、沿线桥涵位置、结构类型和孔径、沿线交叉口位置和标高、沿线水准点位置、桩号和标高等。一般比例采用水平方向为 1∶500～1∶1000，垂直方向为 1∶50～1∶100。即绘图比例竖直方向较水平方向放大 10 倍表示。但内容与公路路线纵断面图有些不同，如设置锯齿形街沟等。图样画法与公路路线纵断面图的画法基本相同，如图 7-16 所示。

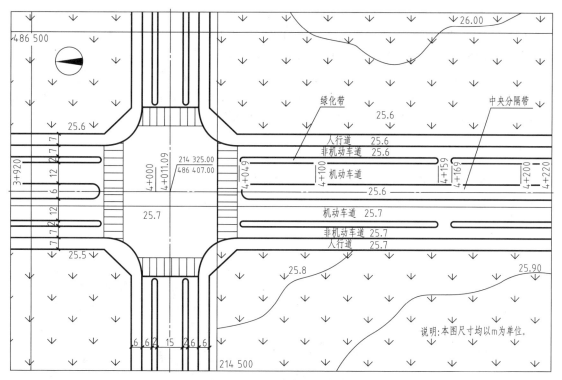

图 7-15　城市道路平面设计图

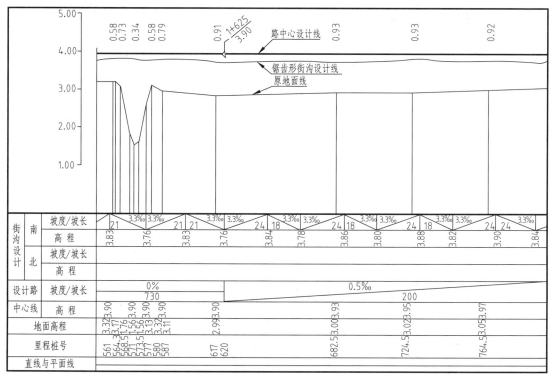

图 7-16　城市道路纵断面设计图

另外，在市区主干道的纵断面设计图纸上，还需标出相交道路的名称、交叉口的交点标高以及街坊与重要建筑物出入口的标高等。

（2）资料表部分　城市道路纵断面图资料表基本上与公路路线纵断面图相同，要求与道路中心、地面线图样上下对应，并要标注有关设计内容。

城市道路除画出道路中心的纵断面之外，当纵坡小于0.3％时，道路两侧街沟一般设置锯齿形街沟来满足排水要求，并分别标出雨水进水和分水点的设计标高。如图7-16所示的K1＋620/3.90就是一个雨水进水和分水点，其设计标高为3.90m。

三、道路交叉口工程图

道路与道路（或铁路）相交所形成的共同空间部分称为交叉口。根据相交道路所处的空间位置，道路交叉口可分为平面交叉口（如图7-17（a）所示）和立体交叉（如图7-17（b）所示）两大类。

(a)　　　　　　　　　　　　　　　　(b)

图 7-17　道路交叉口实景图

1. 平面交叉口

（1）平面交叉口的形式及选型范围　常见的平面交叉口有十字交叉，如图7-18（a）所示；X形交叉，如图7-18（b）所示；丁字形（T形）交叉，如图7-18中（c）、（d）所示；Y形交叉，如图7-18（e）所示；多路交叉，如图7-18（f）所示；环形交叉，如图7-18（g）所示。

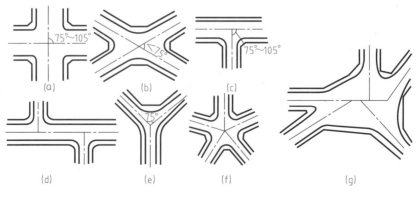

图 7-18　平面交叉口的形式

通常采用较多的是十字交叉口，它构造简单、交通组织方便，街角建筑容易处理，使用范围广泛，可用于相同等级或不同等级的道路交叉。在任何一种形式的道路规划中，它都是最基本的交叉口形式。其次是用中心岛（转盘）组织车辆，按逆时针方向绕中心岛单向行驶的环形交叉。

环形交叉口是在几条相交道路的平面交叉口中央设置一个半径较大的中心岛，使所有经过交叉口的直行和左转车辆都绕着中心岛作逆时针方向行驶，在其行驶过程中将车流的冲突点变为交织点，从而保证交叉口的行车安全，提高交叉口的通行能力。根据交叉口的占地面积，中心岛的形状和大小、交通组织原则等因素的不同，可将环形交叉口分成三种基本形式。

① 普通（常规）环形交叉口。具有单向环形车道，其中包括交织路段，中心岛直径大于 25m。

② 小型环形交叉口。具有单向环形车道，中心岛直径为 4～25m。

③ 微型环形交叉口。具有单向环形车道，中心岛直径小于 4m。

总之，路口形式的选型应根据道路的布置、相交道路等级、性质、设计小时交通量、交通性质及组成和交通组织措施等确定。平面交叉的相交道路宜为 4 条，不宜超过 5～6条。平面交叉口应避免设置错位交叉，已有的错位交叉口应从交通组织、管理上加以改造。

（2）平面交叉口设计的规定

① 新建平面交叉口不得出现超过 4 叉的多路交叉口、错位交叉口、畸形交叉口以及交角小于 70°（特殊困难时为 45°）的斜交交叉口。已有的错位交叉口、畸形交叉口应加强交通组织与管理，并应加以改造。

② 平面交叉口的交通组织和渠化方式应根据相交道路等级、功能定位、交通量、交通管理条件等因素确定。信号交叉口平面设计应与信号控制方案协调一致，渠化设计不应压缩行人和非机动车的通行空间。

③ 交叉口附近设置公交停靠站时，应根据公交线路走向、道路类型、交叉口交通状况，结合站类别、规模、用地条件合理确定。应保证乘客安全，方便换乘、过街，有利于公交车安全停靠、顺利驶出，且不影响交叉口的通行能力。

④ 地块及建筑物机动车出入口不得设在交叉口范围内，且不宜设在主干路上，宜经支路或专为集散车辆用的地块内部道路与次干路相通。

⑤ 桥梁、隧道两端不宜设置平面交叉口。

平面交叉口设计图包括平面图和断面图两种，对于简单的平面交叉口，有时将这两种图合并为一张交叉口设计图，如图 7-19 所示为某城市道路 K1＋380 交叉口设计合并图。

（3）平面交叉口的画法

① 在 1∶200 或 1∶500 的地形图上（本图例采用 1∶500），以相应道路的中心线为坐标基线，用细实线画方格网，方格网一般用 5m×5m 或 10m×10m，并平行于路中线。也可以根据道路宽窄选其他尺寸的方格网，本例采用的是 7.5m×7.5m 的方格网。标出方格网各交叉点的设计标高。

② 画出已建或拟建的排水管道位置，并标出其标高。

③ 画出交叉口各相交道路的宽度、纵坡、横坡及坡度。

④ 画出交叉口控制标高和四周建筑物标高。相邻等高线的高差一般为 0.02～0.1m，本

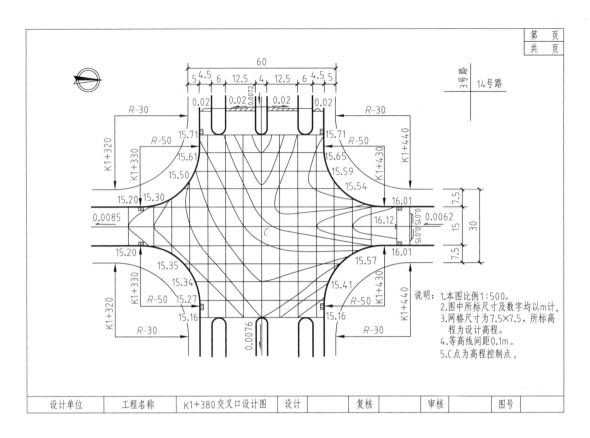

图 7-19　平面交叉口设计图

例等高线高差为 0.1m。

2. 立体交叉口

当交叉口的交通量很大，经常发生交通拥挤、堵塞现象，或位于高等级公路、城市快速道路上的交叉口一般应采用立体交叉。立体交叉按上下位置的不同，分为下穿式（隧道式）和上跨式（跨路桥式）两种基本形式。在结构形式上按有无匝道连接立体交叉分为分离式和互通式两种，在城市道路中多采用互通式立体交叉。

立体交叉图一般包括平面布置图、纵断面图、横断面图、透视图和竖向设计图等，这里只介绍前三种。

（1）互通式立体交叉口的常见类型　互通式立体交叉口的常见形式如图 7-20 所示，图中的（a）、（b）、（c）、（d）为完全互通式立交，（e）和（f）为部分互通式立交。

（2）立体交叉口工程图的图示方法

① 平面布置图。如图 7-21 所示，是三路相交互通式立体交叉口平面布置图。图中标出了四条匝道起终点的位置及相应里程桩号、相交道路走向、收费站位置。

② 纵断面图。立体交叉口的纵断面图可分为主线纵断面图和匝道纵断面图两类，其内容与公路或城市道路纵断面图基本一致，但一般都略有简化。

③ 横断面图。如图 7-22 所示为立体交叉的干道横断面图，图中画出了桥孔宽度、路面横坡以及与雨水管、雨水口的位置。

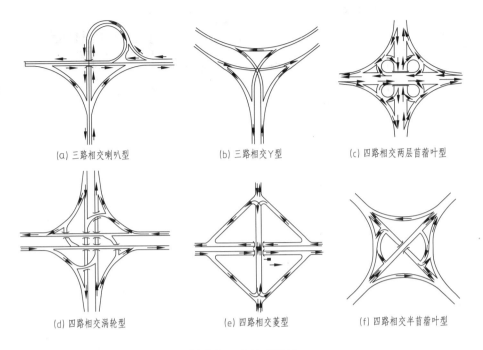

(a) 三路相交喇叭型　　　　(b) 三路相交Y型　　　　(c) 四路相交两层苜蓿叶型

(d) 四路相交涡轮型　　　　(e) 四路相交菱型　　　　(f) 四路相交半苜蓿叶型

图 7-20　立体交叉口

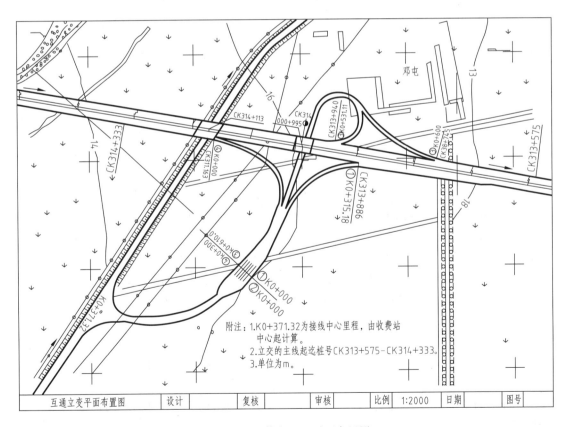

附注：1.K0+371.32为接线中心里程，由收费站
　　　中心起计算。
　　　2.立交的主线起讫桩号CK313+575-CK314+333。
　　　3.单位为m。

| 互通立变平面布置图 | 设计 | | 复核 | | 审核 | | 比例 | 1:2000 | 日期 | | 图号 | |

图 7-21　立体交叉口平面布置图

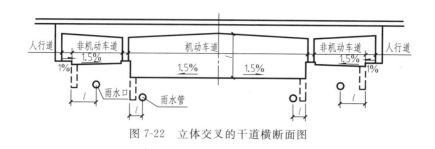

图 7-22　立体交叉的干道横断面图

第二节　桥梁工程图

桥梁指的是为道路跨越天然或人工障碍物而修建的建筑物。用以保证路线畅通，车辆行驶正常。

桥梁按照主要承重构件的受力情况分为：梁桥、钢架桥、吊桥、拱桥及组合体系桥等；按照上部结构所使用的材料可分为：钢桥、木桥、钢筋混凝土桥、圬工（砖、石、混凝土）桥等。

桥梁主要是由上部结构和下部结构组成，如图 7-23 所示。

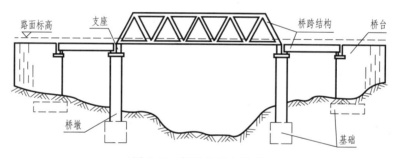

图 7-23　桥梁的基本组成

上部结构是指桥梁结构中直接承受车辆和其他荷载，并跨越各种障碍物的结构部分。一般包括桥面构造（行车道、人行道、栏杆等）、桥梁跨越部分的承载结构和桥梁支座。

下部结构是指桥梁结构中设置在地基上用以支承桥跨结构，将其荷载传递至地基的结构部分。一般包括桥墩、桥台及墩台基础。

（1）桥墩　桥墩是多跨桥梁中处于相邻桥跨之间并支承上部结构的构造物。

（2）桥台　桥台是位于桥梁两端与路基相连并支承上部结构的构造物。

（3）墩台基础　墩台基础是桥梁墩台底部与地基相接触的结构部分。

一座桥梁的图纸，应将桥梁的位置、整体形状、大小及各部分的结构、构造、施工方法和所用材料等详细、准确地表示出来。一般需要以下几方面的图纸：①桥位地形、地物、地质、水文等资料平面图；②桥型布置图；③桥的上部、下部构造和配筋图等设计图。

桥梁工程图主要特点如下：

① 桥梁的下部结构大部分埋于土或水中，画图时常把土和水视为透明的或揭去不画，而只画构件的投影；

② 桥梁位于路线的一段之中，标注尺寸时，除需要表示桥本身的大小尺寸外，还要标

注出桥的主要部分相对于整个路线的里程和标高（以 m 为单位，精确到 cm），便于施工和校核尺寸；

③ 桥梁是大体量的条形构筑物，画图时均采用缩小的比例，但不同种类的图比例各不相同，常用的比例如表 7-2 所示。

表 7-2　桥梁图常用比例

图　　名	常　用　比　例	说　明
桥位平面图	1：500、1：1000、1：2000	小比例
桥位地质断面图	纵向 1：500、1：1000、1：2000	小比例
桥头引道纵断面图	竖向 1：100、1：200、1：500	普通比例
桥型布置图	1：50、1：100、1：200、1：500	普通比例
构件结构图	1：10、1：20、1：50、1：100	大比例
详图	1：2、1：3、1：4、1：5、1：10	大比例

桥梁的结构形式很多，采用的建筑材料也有多种。但无论其形式和建筑材料如何不同，在图示方面均大同小异。

一、桥位平面图

桥位平面图，主要用来表示桥梁在整个线路中的地理位置。桥位平面图与路线工程图中的"路线平面图"基本相同。图上应画出道路、河流、水准点、钻孔及附近的地形和地物（如房屋、桥梁等），在此基础上画出桥梁在图中的平面位置及其与路线的关系以作为设计桥梁、施工定位的依据。桥位平面图一般采用较小的比例，如 1：500、1：1000、1：2000、1：5000 等。在每张图纸的右上角或标题栏内应注明图纸序号和总张数。

如图 7-24 所示为某桥桥位平面图，在一定比例尺（图中为 1：2000）的地形图上，设计的路线用粗实线表示，桥用符号示意。从图 7-24 中可以看出，路线为东西走向，桥梁中心里程为 DK73+068，跨越清水河，桥长 55.29m。图上除了画出路线平面形状、地形和地物

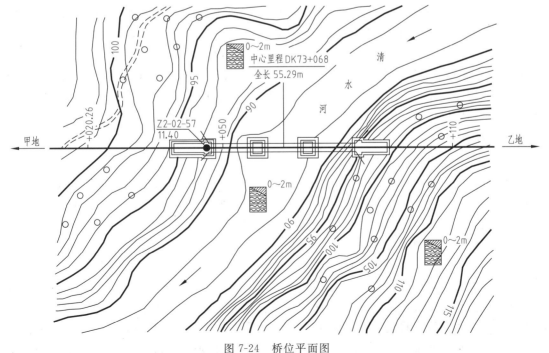

图 7-24　桥位平面图

外，还画出了四个桥墩的位置：两个在河道内，两个在河床内。桥位平面图中植被、水准点标注符号等均应朝北，而图中文字方向则可按照路线工程图有关技术要求来决定。

二、桥型总体布置图

桥型总体布置图，主要表明该桥的桥型、孔数、跨径、总体尺寸、各主要部分的相互位置及其里程与标高、材料数量以及总的技术说明等。此外，河床断面形状、常水位、设计水位以及地质断面情况等也都要在图中示出。

如图 7-25 为某桥的桥型总体布置图，其比例为 1∶400。它由立面图、平面图、剖面图、资料表组成。

1. 立面图（纵剖面图）

立面图是用于表明桥的整体立面形状的投影图。从图 7-25（a）所示立面图中可以看出，桥的孔径布置主要受河床宽度及流量的控制，全桥共三孔，跨径组合为 $3 \times 30m$，桥梁起点桩号为 K3621+837.94，终点桩号为 K3621+940.06，中心桩号为 K3621+889.00，桥梁全长 102.12m，该桥平面位于直线段内。桥的上部结构采用预应力混凝土简支箱梁，桥面连续；下部结构桥墩采用柱式墩、桩基础；桥台用编号 0 和 3 标示，采用重力式桥台、扩大基础。桥台周围的锥体护坡纵向坡度为 1∶1。桥的竖向，除标明桥的墩、台、梁等主要尺寸外，还标明了墩、台的桩底和桩顶标高，墩、台顶面及梁底标高，桥面中心，路肩标高，设计水位以及最大冲刷水位等。这些主要部位的标高是施工时控制有关位置的重要依据。

为了查对桥的主要部位的纵向里程、河床标高、桥面的设计标高和各段的纵向坡度、坡长等资料，在平面图下方列有资料表，和立面图对应。在立面图的左方，设有一个标尺，可以帮助对应读出某点的里程和标高，也起到校核尺寸的作用。

此外，立面图上还标注出了剖面图的剖切位置和投影方向。

2. 平面图

桥的平面图习惯上采用从左至右分层揭去上面构件（或其他覆盖物）使下面被遮构件逐渐露出来的办法表示，因此也无需标明剖切位置。

在图 7-25（a）所示的平面图中可以看出，桥面净宽 8.0m，桥梁全宽 9.0m，桥梁交角为 90°。从左面路堤到第一个桥墩轴线处，表示了路堤的宽度为 11m 也可以看到路堤边坡、桥台处锥形护坡、行车道的布置情况。从第一桥墩轴线到第二桥墩轴线处（揭去行车道板）表示了桥墩和桥台（揭去台背填土）的平面尺寸及柱身与钻孔的位置。

3. 剖面图

桥的两端和路堤相连，不能直接画出侧面图，为了表示桥在横向上的形状和尺寸，应在桥的适当位置（如在桥跨中间或接近桥台处）对桥横向剖切画出桥的横剖面图。应在立面图上标明横剖面图的剖切位置和投影方向，并在横剖面图的下方标明相应的横剖面图名称。为了减少画图，可把不同位置的两个横剖面各取对称图形的一半，组成一个图形，中间仍以对称线为界，画在侧面图的位置上。

图 7-25（b）所示的 1—1 剖面图、2—2 剖面图就是两个不同位置的剖面。1—1 剖面图是在台背耳墙右端部将桥剖开（揭去填土），并向左投影得到的。图中表示了桥台背面的形状，路肩标高和路堤边坡等。2—2 剖面图是在桥的左孔靠近右面桥墩，将桥剖开并向右投影得到的。从图中可以看到桥墩和钻孔桩及其梁系在横向上的相互位置、主要尺寸和标高。上部结构由三片 T 梁组成，桥面行车道宽为 8m，桥面横坡为 0.2%，由路中对称分布，人

行道宽为0.5m。

为使剖面图清楚，绘图时采用了较大比例，本例为1：100，为了节省图幅，将桩折断表示。

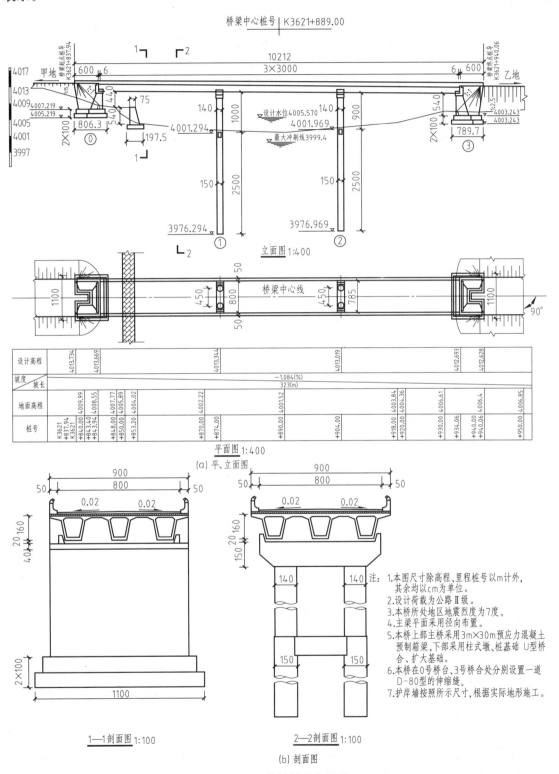

图 7-25　某桥桥型布置图

4. 资料表

在图的下方对应有资料表，包括"设计高程"、"坡度/坡长"、"里程桩号"各栏。由资料表可查到各墩、台的里程以及它们的地面和设计高程。

桥型布置图的技术说明，包括本图的尺寸单位、设计标准和结构型式等内容，从图7-25（b）看出，本桥采用 D-80 型毛勒缝桥梁伸缩缝，桥头搭板的长度均采用 5.0m。

只凭一张桥型布置图，并不能把桥的所有构件的形状、尺寸和所用材料都表达清楚，还必须分别画出桥的上部、下部各构件的构造图，才能满足施工的要求。

三、构件结构图

在桥梁总体布置图中，桥梁的各部分构件是无法详细完整地表达出来的，因此只凭总体布置图是不能进行构件制作和施工的。为此，还必须根据总体布置图采用较大的比例把构件的形状大小、材料的选用完整地表达出来，作为施工依据，这种图样称为构件结构图，简称构件图。由于采用较大的比例，故又称为详图，如桥台图、桥墩图、主梁图（上部构件图）和栏杆图等。构件图的常用比例为 1∶10～1∶100，当某一局部在构件中不能完整清晰地表达时，可采用更大的比例如 1∶2～1∶10 等来画局部详图。构件图大多包括一般构造图和钢筋结构图。

1. 桥台图

（1）桥台的组成及作用　桥台指的是位于桥梁两端，并与路基相连接的支承上部结构和承受桥头填土侧压力的构造物。其功能除传递桥梁上部结构的荷载到基础外，还具有抵挡台后的填土压力、稳定桥头路基，使桥头线路和桥上线路可靠而平稳地连接的作用。桥台一般是石砌或素混凝土结构，轻型桥台则采用钢筋混凝土结构。桥台具有多种形式，主要分为重力式桥台、轻型桥台、框架式桥台、组合式桥台、承拉桥台等。

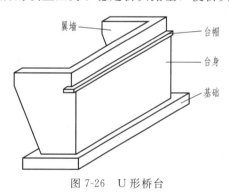

图 7-26　U 形桥台

如图 7-26 所示为当前我国公路上用得较多的实体桥台。这种桥台由于前墙和两道翼墙垂直相连，其水平断面的形状呈 U 形，因而称为 U 形桥台。它由基础、台身（前墙）、翼墙（侧墙）及台帽组成，U 形桥台属重力式桥台，此外重力式桥台还有有 T 形、埋置式、耳墙式等多种形式。

U 形桥台构造简单，它的主要作用是支撑桥跨结构的主梁，并且靠它的自重和土压力来平衡由主梁传下来的压力，以防止倾覆，但台身较高时工程量较大，一般用于桥梁跨度较小的低矮桥台。

（2）桥台的表示方法

① 构造图：如图 7-27 所示为公路上常用的 U 形桥台图。这类桥台比较简单，只需用一个总图就可以将其形状和尺寸表达清楚。该桥台总图包括纵剖面图、平面图和侧面图。侧面图是台前、台后组合图，由 1/2 台前和 1/2 台后合成表示。所谓台前，是指人站在桥下观看桥台，所得到的投影。所谓台后，是指人站在路堤上观看桥台，得到的投影，此图只画可以看到的部分，用以表达桥台正面和背面的形状和尺寸。纵剖面图是沿桥台对称面剖切而得到的全剖面图，主要表示桥台内部的形状和尺寸以及各组成部分所使用的材料。平面图是一个外形图，主要表达桥台的平面形状和尺寸。

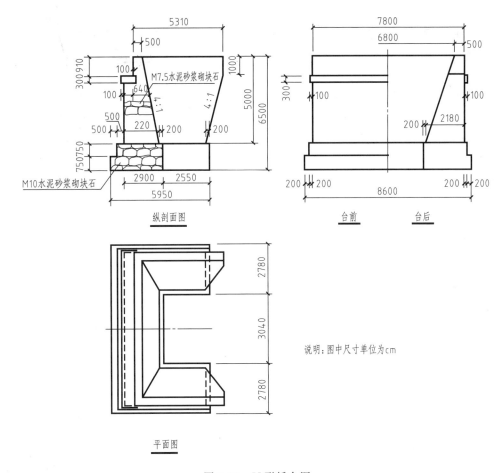

图 7-27 U 形桥台图

桥台图是人们考虑没有填土情况下画出的。如图 7-28 所示为某桥 0 号桥台图，主视图是 1—1 剖面图表示，左视图采用 3—3（台前）与 4—4（台后）两个半剖面组合，俯视图为 2—2 视图外加一个 5—5 剖面图。图中材料数量表还列出了各种材料的数量与用途。

② 钢筋布置图：如图 7-29 所示为某桥桥台台帽、背墙钢筋构造图，由于模板比较简单，故与配筋图画在了一起。

配筋图是把构件视为一透明体，突出钢筋的布置而画出的，由立面图、平面图和剖面图组成。配筋图中表达了构件的外形、大小尺寸：全宽 9.0m，背墙竖向坡度与路线坡度一致，为 0.2%，由路中对称分布，保证了梁端平行。配筋图中最主要是表明了构件内部钢筋的分布情况。表示钢筋骨架的形状以及在模板中的位置，为绑扎骨架用。

钢筋详图是表明构件中每种钢筋加工成型后的形状和尺寸的图。图上直接标注钢筋各部分的实际尺寸，不画尺寸线和尺寸界线。详细注明钢筋的编号、根数、直径、级别、数量（或间距）以及单根钢筋断料长度，它是钢筋断料和加工的依据，从本例可以看出，共有 5 种不同形式的钢筋。

在钢筋明细表中，标明了钢筋的编号、直径、级别、每根长度、根数、总长度和总重量。可作为预算和施工下料的依据。

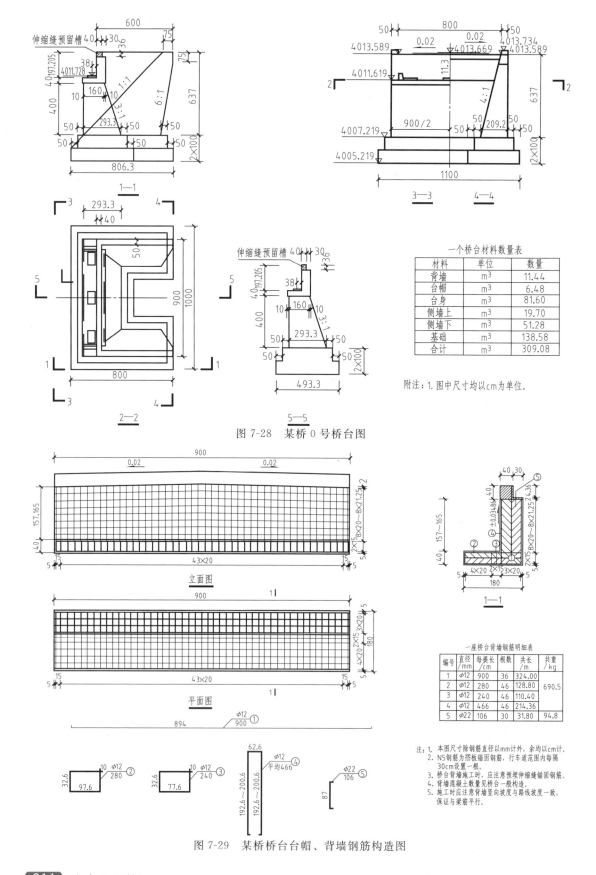

图 7-28 某桥 0 号桥台图

一个桥台材料数量表

材料	单位	数量
背墙	m³	11.44
台帽	m³	6.48
台身	m³	81.60
侧墙上	m³	19.70
侧墙下	m³	51.28
基础	m³	138.58
合计	m³	309.08

附注：1.图中尺寸均以cm为单位。

一座桥台背墙钢筋明细表

编号	直径/mm	每根长/cm	根数	共长/m	共重/kg
1	φ12	900	36	324.00	690.5
2	φ12	280	46	128.80	
3	φ12	240	46	110.40	
4	φ12	466	46	214.36	
5	φ22	106	30	31.80	94.8

注：1.本图尺寸除钢筋直径以mm计外，余均以cm计。
2.N5钢筋为搭板锚固钢筋，行车道范围内每隔30cm设置一根。
3.桥台背墙施工时，应注意预埋伸缩缝锚固钢筋。
4.背墙混凝土数量见桥台一般构造。
5.施工时应注意背墙竖向坡度与路线坡度一致，保证与梁筋平行。

图 7-29 某桥桥台台帽、背墙钢筋构造图

2. 桥墩图

（1）桥墩的组成及作用 在两孔和两孔以上的桥梁中除两端与路堤衔接的桥台外其余的中间支撑结构称为桥墩。桥墩分为实体墩、柱式墩和排架墩等。按平面形状可分为矩形墩、尖端形墩、圆形墩等。建造桥墩的材料可用木料、石料、混凝土、钢筋混凝土、钢材等。桥墩的位置和桥梁上部结构的分跨布置密切相关，应通过技术经济比较决定。桥墩分重力式桥墩和轻型桥墩两大类。桥墩由基础、墩身、墩帽组成，如图7-30所示。

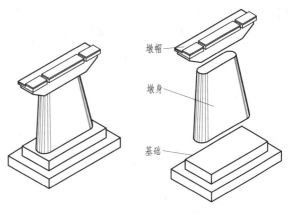

图 7-30 桥墩的组成

埋在地面以下的部分是基础，在桥墩的底部。根据地质情况的不同，基础可以采用扩大基础、桩基础或沉井基础。如图7-30所示桥墩的基础为扩大基础，由上下两层长方体组成。扩大基础的材料一般为浆砌片石或混凝土。

墩身是桥墩的主体，如图7-30所示墩身的横断面形状呈圆端形，墩身上小下大。墩身的横断面通常还有圆形、矩形或尖端形。墩身的材料一般为浆砌片石或混凝土。通常墩身顶部400mm高的部分放有少量的钢筋混凝土，便于与墩帽连接。另外，墩身还可以与桩基础结合构成桩柱式桥墩，这种桥墩结构简单，施工方便，占地面积小。

墩帽位于桥墩的上部，一般由顶帽和托盘两部分组成。托盘上大下小，与墩身连接时起过渡作用。顶帽位于托盘之上，在其上面设置垫石以便安装桥梁支座。如图7-30所示墩帽高的一边为安装固定支座之用，低的一边为安装活动支座之用。墩帽由钢筋混凝土制成。

（2）桥墩的表示方法 表示桥墩的图有桥墩图、墩帽图和墩帽钢筋布置图。桥墩图又称桥墩概图，用来表达桥墩的整体形状和大小，其中包括墩帽的基本形状和主要尺寸、墩身的形状和尺寸，以及桥墩各部分所用的材料。

由于桥墩构造比较简单，一般就用三视图和一些剖面或断面图来

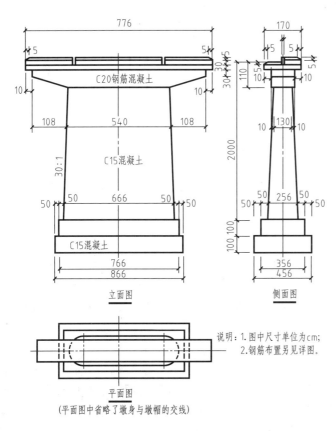

立面图

侧面图

平面图

（平面图中省略了墩身与墩帽的交线）

说明：1. 图中尺寸单位为cm；
2. 钢筋布置另见详图。

图 7-31 圆端形桥墩图

表示。如图 7-31 所示的圆端形桥墩图就是用立面图、平面图和侧面图来表达桥墩的整体形状。对于外形较复杂的桥墩可以增画某些剖面和断面图。由于桥墩左右对称，所以也可以把平面图画成半平面和半剖面的组合图形。通常是把左边一半画成平面图，右边一半画成在墩身顶部或底部剖切的剖面图，以点划线为分界线。

在桥墩图中，由于画图的比例较小，如果墩帽的结构没表达清楚，就需要用较大的比例画出墩帽图。对于顶帽形状不复杂的桥墩，可将墩帽图与墩帽钢筋布置图合画在一起。由图 7-31 可看出圆端形桥墩的墩帽形状简单，墩帽图就省略不画了。墩帽内的钢筋布置情况由墩帽钢筋布置图表示。

图 7-32 所示为某桥桥墩构造图，它是钻孔双柱式桥墩。由帽梁、双桩柱、横系梁和桩基础组成。采用三面投影图表示其结构形状。桥墩下面是两根阶梯钢筋混凝土立柱，上部直径 140cm，下部直径 150cm。系梁尺寸及构造等见详图。

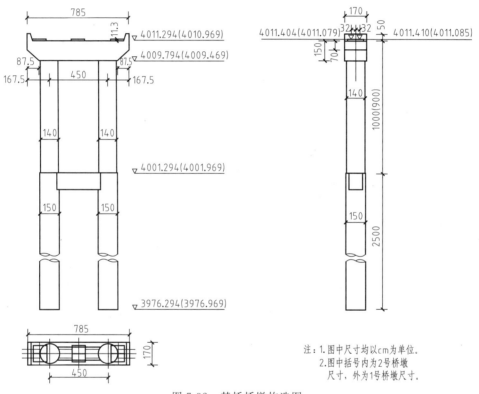

注：1.图中尺寸均以 cm 为单位。
2.图中括号内为 2 号桥墩尺寸，外为 1 号桥墩尺寸。

图 7-32　某桥桥墩构造图

图 7-33 所示为某桥 1 号桥墩柱桩钢筋构造图。如图所示①⑤⑥号钢筋为受力筋，主要用来承受由荷载引起的拉应力或者压应力，使桥墩的承载力满足结构功能要求，受力筋接头均采用对焊。②⑦⑩号钢筋为加强筋，用来满足斜截面抗剪强度，并联结受力筋和受压区混筋骨架，它们设在主筋内侧，每 2m 一道，自身搭接部分采用双面焊。③④⑧号钢筋为螺旋钢筋，沿主筋圆周表面缠绕，螺旋钢筋也多用于圆形的柱、桩等混凝土构件，是另一种形式的箍筋，采用螺旋钢筋主要是螺旋是一整体，可减少钢筋焊接量。⑨号钢筋为定位钢筋，在浇筑过程中，为了保证构件的保护层厚度、净距等构造要求而设置的固定钢筋骨架位置的钢筋，定位钢筋每隔 2m 设一组，每组 4 根均匀设于桩基加强筋⑦四周。桩基钢筋笼分段插入桩孔中，各段主筋采用焊接，钢筋接头按规范要求错开布置。

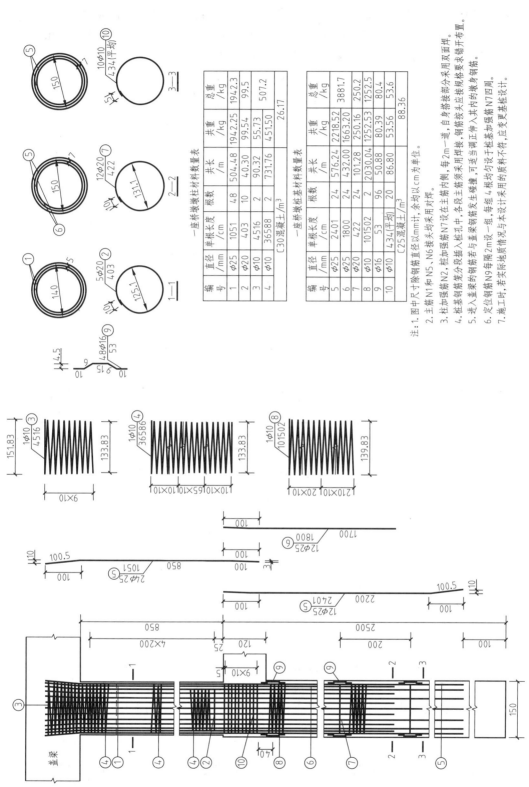

一座桥墩柱材料数量表

编号	直径/mm	单根长度/cm	根数	共长/m	共重/kg	总重/kg
1	φ25	1051	48	504.48	1942.25	1942.3
2	φ20	403	10	40.30	99.54	99.5
3	φ10	4516	2	90.32	55.73	507.2
4	φ10	36588	2	731.76	451.50	
C30混凝土/m³					26.17	

一座桥墩桩基材料数量表

编号	直径/mm	单根长度/cm	根数	共长/m	共重/kg	总重/kg
5	φ25	2401	24	576.24	2218.52	3881.7
6	φ25	1800	24	432.00	1663.20	250.2
7	φ20	422	24	101.28	250.16	1252.5
8	φ10	101502	2	2030.04	1252.53	80.4
9	φ16	53	96	50.88	80.39	53.6
10	φ10	434(平均)	20	86.80	53.56	
C25混凝土/m³					88.36	

注：1. 图中尺寸除钢筋直径以mm计，余均以cm为单位。
2. 主筋N1和N5，N6接头均采用对焊。
3. 柱加强筋N2，桩加强筋N7设在主筋内侧。
4. 柱加强筋笼分段插入桩孔中，各段主筋须采用单焊接，钢筋接头采用单焊接，钢筋按主接规格要求错开布置，自身搭接部分采用双面焊。
5. 进入盖梁的钢筋若与盖梁钢筋发生碰撞，可适当调整或伸入伸入墩身内的墩身钢筋。
6. 定位钢筋N9每隔2m设一组，每组4根均匀设于桩基冲强筋N7四周。
7. 施工时，若实际地质情况与本设计采用的资料不符，应变更基桩设计。

图7-33 某桥1号桥墩柱桩钢筋构造图

3. 主梁图（T型梁）

（1）组成与一般构造图　如图 7-34（a）所示为装配式钢筋混凝土 T 桥主梁断面图，T型梁由梁肋、横隔板、翼板组成。由于 T 型梁每根宽度较小，因此在使用中常常几根拼装在一起，所以习惯上称两侧的 T 型梁为边主梁，中间的 T 型梁为中主梁。

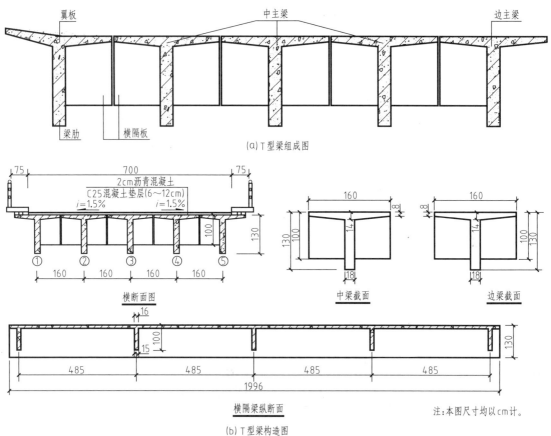

(a) T型梁组成图

(b) T型梁构造图

图 7-34　主梁架构造图

如图 7-34（b）所示为装配式钢筋混凝土 T 桥主梁图一般构造图，桥标准跨径＝20.00m，计算跨径＝19.70m。从图中可以看出各部分形状及各部分尺寸。T 型梁之间主要靠横隔板联系在一起，所以中主梁两侧均有横隔板（见中梁截面图），而边主梁只有一侧有横隔板（见边梁截面图）。

（2）主梁钢筋布置图　如图 7-35 所示为主梁钢筋布置图，由立面图、断面图、钢筋详图和钢筋用量表组成。

① 立面图。由于梁是对称的，所以只画出了 1/2 部分。主梁的钢筋，首先是按钢筋详图成型的，将受力钢筋、架立钢筋焊成一片片钢筋骨架，再用箍筋、水平分布钢筋绑扎成一个整体，桥梁图中常称这种主梁钢筋布置图为主梁骨架构造图。为此，图中要有整个主梁的配筋图即立面图（主梁的翼板和横隔梁用虚线画）、一片钢筋骨架图和各种钢筋的详图。

② 横断面图。为便于了解钢筋的横向布置情况，应有必要的横断面图。在如图 7-35 所示的 1—1、2—2 横断面图中，为表示叠置在一起的被截断的钢筋，可改实点为圆圈，并在断面图形外侧列出受力筋和架立钢筋表格，标出相应的钢筋编号，以便读图。

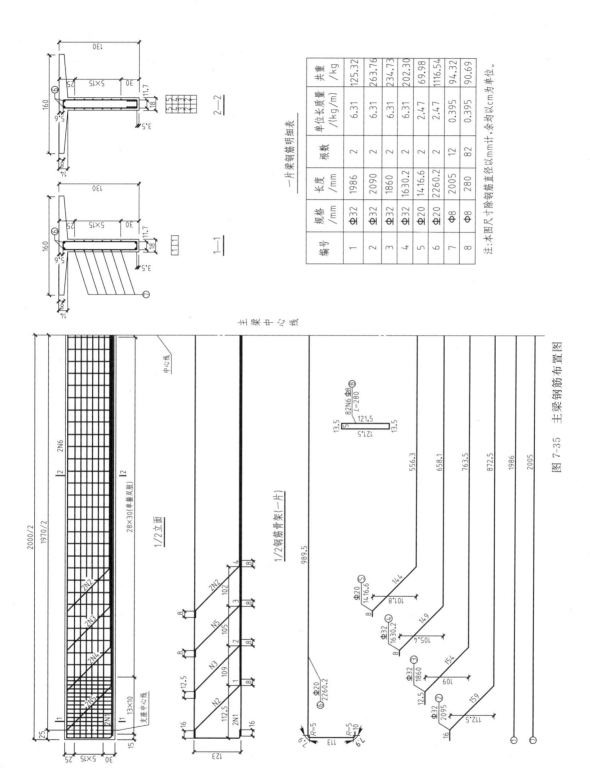

一片梁钢筋明细表

编号	规格/mm	长度/mm	根数	单位长质量/(kg/m)	共重/kg
1	Φ32	1986	2	6.31	125.32
2	Φ32	2090	2	6.31	263.76
3	Φ32	1860	2	6.31	234.73
4	Φ32	1630.2	2	6.31	202.30
5	Φ20	1416.6	2	2.47	69.98
6	Φ20	2260.2	2	2.47	1116.54
7	Φ8	2005	12	0.395	94.32
8	Φ8	280	82	0.395	90.69

注:本图尺寸除钢筋直径以mm计,余均以cm为单位。

图 7-35　主梁钢筋布置图

③ 钢筋详图。钢筋的编号有时习惯用在数字前冠以 N 字，有时也用在数字外画圈编号，一张图纸中还经常混用，例如：N1 即①，N2 即②等。

如图 7-35 所示的主梁的每片钢筋骨架由① ② ③ ④ ⑤号受力钢筋、⑥号架力钢筋、⑦为分布筋、⑧为箍筋。各类钢筋按图中所给各尺寸焊接成骨架。至于每号钢筋的直径、长度、形状等，则要依据钢筋详图和明细表。在画图时，故意把每条钢筋之间留出适当空隙，以便于读图。

第三节　涵洞工程图

涵洞是公路或铁路与沟渠相交的地方使水从路下流过的通道，作用与桥相同，形状有管形、箱形及拱形等。此外，涵洞还是一种洞穴式水利设施，有闸门以调节水量。涵洞在公路工程中占较大比例，是公路工程的重要组成部分。

涵洞与桥梁的区别在于跨径的大小及结构型式的不同。根据《公路工程技术标准》(JTG B01—2014) 规定，凡单孔跨径小于 5m（实际使用中有突破规范界限做到 6m 的情况）、多孔跨径总长小于 8m，以及圆管涵、箱涵不论其管径和跨径大小、孔径多少，统称为涵洞，如图 7-36 所示。

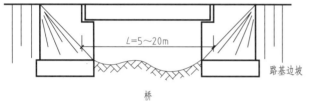

图 7-36　涵洞与桥的区别

一、涵洞的组成

涵洞一般由基础、洞身和洞口组成。

洞身是涵洞的主要部分，洞身形成过水孔道的主体，它应具有保证设计流量通过的必要孔径，同时又要求本身坚固而稳定。洞身的作用是一方面保证水流通过，另一方面直接承受荷载压力和填土压力，并将其传递给地基。洞身通常由承重结构（如拱圈、盖板等）、涵台、基础以及防水层、伸缩缝等部分组成。钢筋混凝土箱涵及圆管涵为封闭结构，涵台、盖板、基础联成整体，其涵身断面由箱节或管节组成，为了便于排水，涵洞涵身还应有适当的纵坡，其最小坡度为 0.3%。常见的洞身形式有管涵、拱涵和箱涵。

洞口是洞身、路基、河道三者的连接构造物。洞口建筑由进水口、出水口和沟床加固三

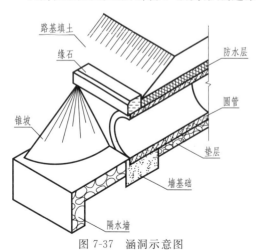

图 7-37　涵洞示意图

部分组成。洞口的作用是：一方面使涵洞与河道顺接，使水流进出顺畅；另一方面确保路基边坡稳定，使之免受水流冲刷。沟床加固包括进出口调治构造物，减冲防冲设施等。洞口建筑类型常见的有八字式、端墙式、锥坡式、平头式和走廊式等。如图7-37所示为圆管涵洞。

盖板涵主要由盖板、涵台、洞身铺底、伸缩缝、防水层等构成。如图7-38是盖板涵的轴测图，图中标出了涵洞各部分的名称。

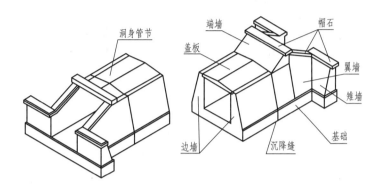

图 7-38　盖板涵示意图

拱涵主要由拱圈、护拱、涵台、基础、铺底、沉降缝及排水设施组成。如图7-39所示是入口抬高式拱涵的轴测图，图中标出了涵洞各部分的名称。

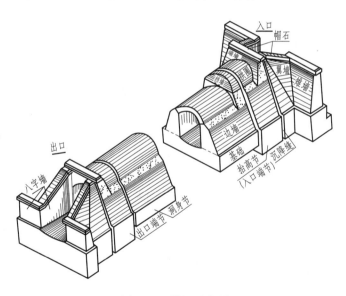

图 7-39　拱涵示意图

二、涵洞的表达

涵洞主要用一张总图来表示，总图上主要有立面图、平面图和剖面图。由于涵洞是狭长的工程构筑物，因此常以水流方向为纵向，并以纵剖面图代替立面图。涵洞的平面图与立面图对应布置，为了使平面图表达清楚，画图时不考虑洞顶的覆土，但应画出路基边缘线位置及对应的示坡线。一般洞口正面布置在侧面图位置，当进、出水口形状不一样时，则需要分别画出其进、出水口的布置图。有时平面图和立面图以半剖形式表达，水平剖面图一般沿基础顶面剖切，横剖面图则垂直于纵向剖切。涵洞工程图除包括上述三种投影图外，还需要画出必要的构造详图，如钢筋布置图、翼墙断面图等。涵洞图上亦大量出现重复尺寸。

涵洞体积较桥梁小，故画图所选用的比例较桥梁图稍大，一般采用 1∶50、1∶100、1∶200 等。

1. 圆管涵

管涵是洞身以圆形管节修建的涵洞。如图 7-40 所示钢筋混凝土圆管涵洞，洞口为端墙式。由于其构造对称，故采用半纵剖面图、半平面图和侧面图来表示。

（1）半纵剖面图　由于涵洞进出洞口一样，左右基本对称，所以只画半纵剖面图，以对称中心线为分界线。纵剖面图中表示出涵洞各部分的相对位置和构造形状以及各部分所用的材料。涵洞上的缘石材料为钢筋混凝土，截水墙材料为浆砌块石，墙基材料为干砌条石，排水坡度为 1‰，圆管上有 15cm 厚的防水层，路基宽 8m，洞身上路基填土大于 50cm，护坡的坡度为1∶1.5。

（2）半平面图　半平面图也只画一半，不考虑填土。图中表示出管径尺寸与管壁厚度，以及洞口基础、端墙、缘石和护坡的平面形状和尺寸，涵顶覆土作透明体处理，并以示坡线表示路基边缘。

（3）侧面图　侧面图用洞口立面图表示，主要表示管涵孔径和壁厚、洞口缘石和端墙的侧面形状及尺寸、锥形护坡的坡度等。为使图形清晰可见，把土壤作为透明体处理。图示管涵的管径 75cm，护坡的坡度为 1∶1，缘石三面各有 5cm 的抹角。图示管涵的侧面图按投射方向的特点又称为洞口正面图。

2. 拱涵

如图 7-41 所示表示的是用于铁路的混凝土拱形涵洞，孔径为 300cm。

拱涵图由中心剖面图、入口正面、出口正面、半平面及半剖面、1—1 剖面、2—2 剖面和拱圈图组成，应根据各图形间的投影关系逐一弄清涵洞各组成部分的形状和大小。

（1）洞身　由中心剖面图可知，每一洞身节的长度是 400cm，共有 $n+1$ 节，两节间有 3cm 宽的沉降缝，外面铺有防水层。防水层一般由两层石棉沥青夹一层沥青浸制麻布做成，宽 50cm 缝内塞以 5cm 的沥青浸制麻布。洞身外部铺 20cm 厚的纯净黏土层。由 2—2 剖面图可知基础厚度为 140cm，中部较薄，为 80cm，下面回填松散土。从图中还可以看出五边形边墙的断面形状、位置和尺寸。

从中心剖面图的出口部分和 2—2 剖面可以看出，出口端洞身节右端，凸起一段端墙，端墙的左面在洞身拱圈以上为一个斜平面，对照半平面图可知端墙顶厚 55cm，底厚 100cm。在半平面中画有该斜平面与拱圈顶面的椭圆弧交线。在端墙上面有 390mm×55mm×25mm 的帽石，其上部右、前、后三边都做有 5cm 的抹角。

入口端没有抬高节，其洞身节的构造和尺寸与出口端的相同。

（2）出入口　为了便于画图和读图，入口正面图就画在中心纵剖面图入口端的左面；出口正面图画在中心纵剖面图出口端的右面。

入口由翼墙、雉墙、帽石和基础组成。对照中心纵剖面和半平面和半剖面的左端，以及入口正面图，可以看出，基础呈 T 形，厚 150cm。翼墙设置于洞口的两侧，其右端面与基

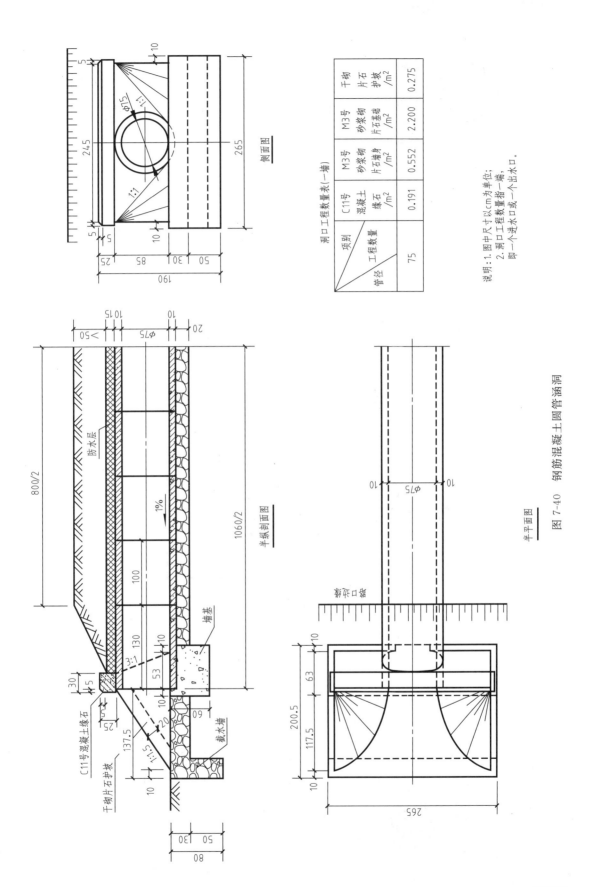

洞口工程数量表（一墙）

项目 工程数量 管径	C11号混凝土缘石 /m²	M3号砂浆砌片石墙身 /m²	M3号砂浆砌片石基础 /m²	干砌片石护坡 /m²
75	0.191	0.552	2.200	0.275

说明：1. 图中尺寸以cm为单位；
2. 洞口工程数量指一端，
即一个进水口或一个出水口。

侧面图

半纵剖面图

半平面图

图 7-40　钢筋混凝土圆管涵洞

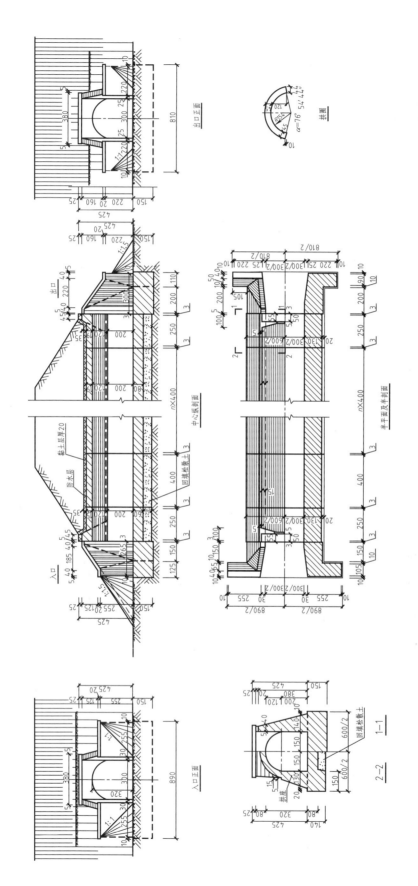

图 7-41　混凝土拱涵

础的右端面对齐。翼墙的内侧面由两个平面组成，右边为 40cm 长的正平面，左边为铅垂面；外侧面的两个平面中，一个是梯形侧垂面，另一个是一般位置的三角形平面；顶面由一个水平正方形和一个平行四边形的正垂面组成。

两雉墙的断面形状是梯形，由中心纵剖面图中带有虚线的梯形表示。雉墙的外端面是正平面，内端面与翼墙的内侧面重合。

帽石位于翼墙和雉墙顶部，为宽 40cm、厚 20cm 的长条，上边有 5cm 抹角。

出口形状与入口一样，但尺寸有所不同，读者可自行阅读。

（3）锥体护坡和沟床加固 路基填土在出入口的雉墙前围成一个锥体，锥体的表面上铺设干砌片石，叫做锥体护坡。由出入口正面图和中心纵剖面图可以看出，出入口外的锥体护坡是 1/4 椭圆锥，顺路堤边坡方向的坡度为 1∶1.5，顺雉墙面的坡度为 1∶1。出入口护坡锥顶的高度由路基边坡与雉墙端面边线的交点确定。沟床铺砌由出入口起延伸到锥体护坡之外，其端部砌筑垂裙，图中未示，具体尺寸另有详图表示。

第四节　隧道工程图

隧道通常指为火车、汽车以及行人等穿越山岭或水下而修建的地下建筑物。隧道由主体构造物和附属构造物组成。主体构造物是为了保持岩体稳定和行车安全而修建的人工永久建筑物，一般指洞身和洞门构造物。附属构造物是为了运营管理、维修养护、给水排水、供电、通风、照明、通信、安全等而修建的构造物，附属结构一般包括避车洞、防水设施、排水设施、通风设施等。

隧道虽然很长，但由于隧道洞身断面形状变化较少，因此隧道工程图除了用平面图表示它的地理位置外，表示构造的图样主要有进、出口隧道洞门图、横断面图（表示断面形状和衬砌），以及隧道中交通工程设施等图样。隧道工程图主要有洞身衬砌断面图、隧道洞门图以及避车洞的构造图等。

一、洞身衬砌断面图

沿开挖的隧道壁面建造的，用以防止围岩变形和地层塌方，以及阻挡地下水渗漏的构筑物称为衬砌。衬砌简单说来就是内衬，常见的就是用砌块衬砌，也可以是预应力高压灌浆素混凝土衬砌。对于围岩坚硬完整而又无渗漏水的隧道，也可不作衬砌，但一般需在壁面上喷浆或喷混凝土，以防止岩石风化剥落。表达衬砌结构的图叫做隧道衬砌断面图。

衬砌断面图表达的内容有边墙的形状、尺寸、拱圈各段圆拱的中心及半径大小、厚度，洞内排水沟及电缆沟的位置及尺寸，混凝土垫层的厚度及坡度等，如图 7-42 所示为某隧道衬砌标准断面图。

从图中可以看出此隧道为曲墙式现浇混凝土衬砌，厚为 40cm。其拱圈三段圆弧半径分别为 8m、5.3m 和 10m；拱圈三段圆弧的圆心角分别为 $55°9'25''$、$62°25'18''$ 和 $14°28'30''$。路面宽 10.5m，朝向东（图的右侧）有 1.5% 的排水坡，为一侧排水，排水沟分布在路的两侧，电缆沟紧邻排水沟靠近边墙，路中央设有盲沟。

二、隧道洞门图

洞门位于隧道的两端，是隧道的外露部分，俗称出入口。其作用从结构方面讲，具有支撑山体、稳定边坡并承受覆盖地层上的压力的作用；从建筑装饰方面讲，它具有美化隧道以

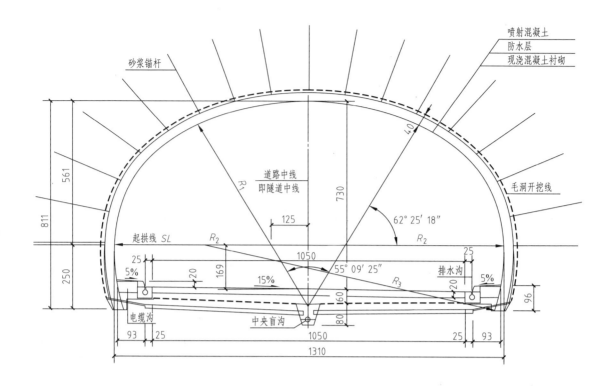

说明:1.图中尺寸单位为cm。
2.本图结构型式仅为示意,具体做法详见其他设计图。

隧道内轮廓曲线表

分项	R_1	R_2	R_3
半径	800	530	1000
圆心角	55° 9′ 25″	62° 25′ 18″	14° 28′ 30″

图 7-42　某隧道衬砌标准断面图

及整条道路的作用。前者是受力需要,后者是审美和艺术的需要。

因洞口地段的地形、地质条件不同,洞门有许多结构形式,如环框式、端墙式(一字式)、翼墙式(八字墙)、柱式、台阶式、削竹式等。

隧道洞门图一般包括隧道洞口平面图、立面图、剖面图和断面图。

1. 洞口平面图

从图 7-43 可知此洞为端墙式洞门,曲墙式衬砌。洞口桩号为右线端 RK93＋970。隧道与道路路堑相连,路堑路面宽 12.75m,两侧有 0.8m 宽的洞外排水边沟。两侧山体的水沿是 1:1 的边坡经 2m 宽平台再沿 1:0.5 边坡流到洞外排水沟排走。

平面图中表达了洞顶仰坡度为 1:1,墙后排水沟的排水坡度两边为 5％,中部为 3％。图中还表示了洞门墙和拱圈的水平投影以及墙后排水沟内的排水路线。

2. 洞口立面图

隧道洞口立面图实质上是在路堑段所作的一个横剖面图。从图 7-43 中可看到路堑的断面以及端墙、拱圈和边墙的立面形状和尺寸。可以看出,隧道的拱圈和边墙是用两个不同圆心不同半径的圆弧组成。路堑边坡上设有 2m 宽的平台,平台尺寸标注在平面图中。

图 7-43 中表示了墙后的排水情况,结合平面图可以看出山体的水流入墙后的排水沟后,沿箭头方向分别以 3％和 5％的坡度流入落水井,穿越端墙后通过位于路堑边坡上平台的纵

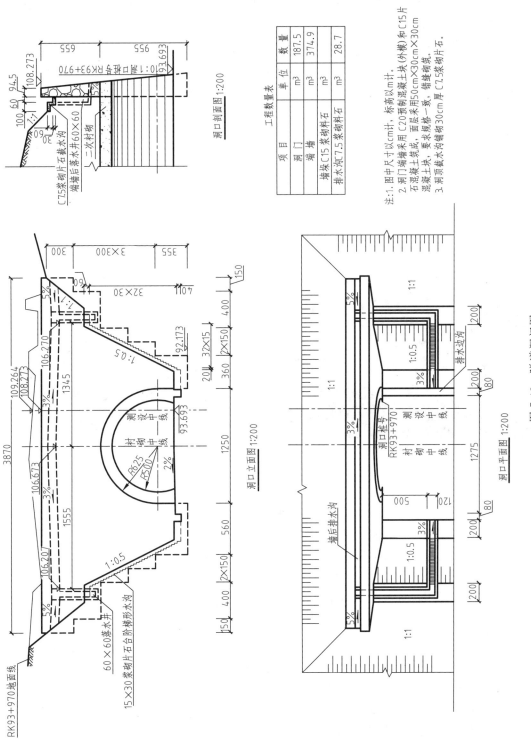

向水沟，再沿阶梯形水沟流入洞外排水边沟排走。

图 7-43 中标示了墙后排水沟的沟底坡度，落水井和阶梯形水沟的规格和位置，以及各控制点的标高。此外，还绘出了洞门桩号处的地面线，供设计时使用以便施工。

3. 洞口剖面图

隧道洞口剖面图是沿着衬砌中线剖切所得的纵剖面图。图 7-43 中表示了洞口端墙、墙后排水沟和落水井的侧面形状和尺寸以及隧道拱圈的衬砌断面。可以看出，端墙面的倾斜坡度为 10∶1，端墙分两层砌筑。洞顶仰坡坡度为 1∶1，穿越端墙的纵向排水坡度为 5％。

4. 工程数量表

图 7-43 中工程数量表中列出了隧道洞门各组成部分的建筑材料和数量，以便施工备料。

三、避车洞图

避车洞是供行人和隧道维修人员及维修小车避让来往车辆或临时存放器材而设置的洞室，它们沿路线方向交错设置在隧道两侧的边墙上，如图 7-44 所示。避车洞有大、小两种。

　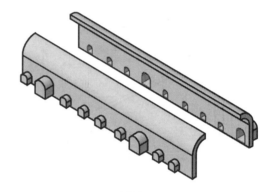

(a) 实例　　　　　　　　　　　　　　　　　　　(b) 示意图

图 7-44　避车洞

大避车洞：在碎石道床的隧道内，每侧相隔 300m 布置一个大避车洞，在整体道床的隧道内，因人员行车待避较方便，且线路维修工作量较小，可相隔 420m 布置。

小避车洞：无论在碎石道床或整体道床的隧道内，每侧边墙上应在大避车洞之间间隔 60m（双线隧道按 30m）布置一个小避车洞。

避车洞工程图用位置示意图和详图表示。

1. 避车洞位置示意图

避车洞位置示意图用来表示大、小避车洞的相互位置，用立面图和平面图表示，图示尺寸单位为 cm。立面图一般采用纵剖面，沿纵向 1∶2000 比例绘制，沿高度方向 1∶200 比例绘制，如图 7-45 所示。从图中可以看出此图表示的是双线隧道，大避车洞每隔 300m 设置，小避车洞每隔 30m 设置。立面图中还标注出了大小避车洞的剖切位置：1—1 为小避车洞的剖切位置，2—2 为大避车洞的剖切位置。

2. 避车洞详图

避车洞详图表示避车洞的材料、构造做法及尺寸要求，采用剖面图和断面图表达，详图尺

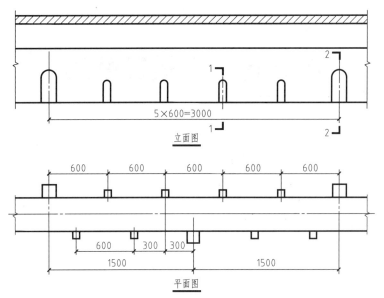

图 7-45　避车洞位置布置图

寸单位为 mm，如图 7-46、图 7-47 所示。

（1）小避车洞详图　如图 7-46 所示的 1—1 剖面图表示小避车洞的尺寸及侧面构造，小避车洞高 1.7～2.2m，洞深 1m。3—3 断面表达了小避车洞的立面尺寸及构造，钢筋混凝土砌筑。立面形状为矩形和拱形组合，拱形半径为 1.25m 和 1.55m，洞宽 2m。避车洞坡度朝向路面。

（2）大避车洞详图　如图 7-47 所示的 2—2 剖面图表示大避车洞的尺寸及侧面构造，钢筋混凝土砌筑。大避车洞

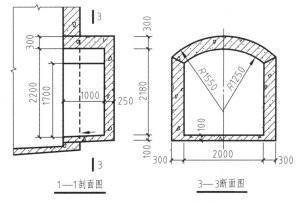

图 7-46　小避车洞详图

高 1.8～2.8m，洞深 2.5m。4—4 断面表达了大避车洞的立面尺寸及构造，立面形状也为矩形和拱形组合，拱形半径为 2.5m 和 2.9m，洞宽 4m。避车洞坡度朝向路面。

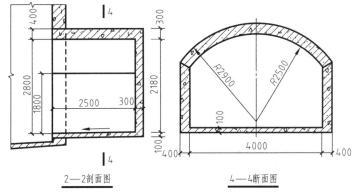

图 7-47　大避车洞详图

第八章　机械工程图

现代化的土木工程是一个多学科共同协作的过程，各类建筑在施工中经常要对各种施工机械进行革新、保养和维护。此外，建筑上的有些构造设备和金属配件，如门窗开关和铰链、金属栏杆和扶手、灯饰和开关、卫生器具的安装件、暖通设备等，无论是设计还是施工都是按机械图的规定绘制和装配的。所以，作为一个从事土木工程的技术人员，掌握一定的机械制图知识是必须的。

机械图与土木工程图的图示基本原理都是正投影法。由于机械具有运动的特点，其零件的形状、结构、材料以及加工等同建筑物、构筑物有很大的差别，因此在表达方法和内容上也不尽相同，采用的标准也不同。机械工程图遵循《技术制图》和《机械制图》等国家标准。

第一节　机件的常用表达方法

一、视图

视图是机件向投影面作正投影所得到的图形。它主要用于表达机件的外部结构与形状。在视图中一般只画出机件的可见部分，必要时才用虚线画出其不可见的投影。视图分为基本视图、向视图、局部视图和斜视图。

1. 基本视图

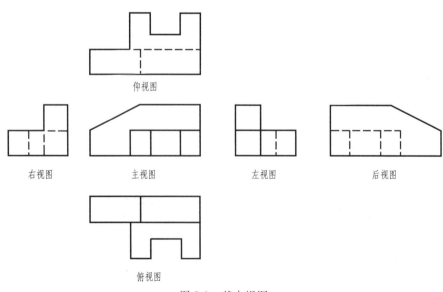

图 8-1　基本视图

同土木工程图的基本视图一样，机械图的基本视图也是六个，它们的形成原理完全一样，只是在名称与标注上有所不同。

六个基本视图的标准配置关系如图 8-1 所示。国家标准规定：当采用标准配置（按投影关系配置）时，同一个机件画在同一张图样上一律不标注视图的名称。

2. 向视图

将形体从某一方向投射所得到的视图称为向视图。向视图是可自由配置的视图。根据专业的需要，只允许从以下两种表达方式中选择其一。

① 若六视图不按上述位置配置时，也可用向视图自由配置。即在向视图的上方用大写拉丁字母标注，同时在相应视图的附近用箭头指明投射方向，并标注相同的字母，如图 8-2 所示。

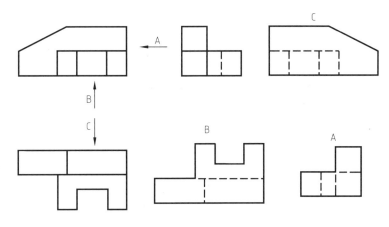

图 8-2　向视图表达之一

② 在视图下方标注图名。标注图名的各视图的位置，应根据需要和可能，按相应的规则布置，如图 8-3 所示。

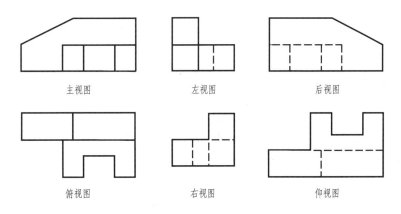

主视图　　　　　左视图　　　　　后视图

俯视图　　　　　右视图　　　　　仰视图

图 8-3　向视图表达之二

3. 局部视图

如果形体主要形状已在基本视图上表达清楚，只有某一部分形状尚未表达清楚，这时可将形体的某一部分向基本投影面投影，所得的视图称为局部视图，如图 8-4 表示。

画局部视图时应注意下列几点。

① 局部视图可按基本视图的配置形式配置，如 A 向视图；也可按向视图的配置形式配置，如 B 向视图，如图 8-4（c）表示。

② 标注的方式是用带字母的箭头指明投射方向，并在局部视图上方用相同字母注明视图的名称，如图 8-4（b）所示。

③ 局部视图的周边范围用波浪线表示，波浪线是细实线，如 A 向视图。但若表示的局部结构是完整的，且外形轮廓又是封闭的，则波浪线可省略不画，如 B 向视图。

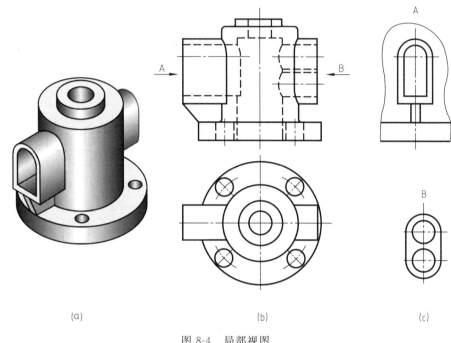

(a)　　　　　　　　　　　　(b)　　　　　　　　　　　　(c)

图 8-4　局部视图

4. 斜视图

当形体的某一部分与基本投影面成倾斜位置时，基本视图上的投影则不能反映该部分的真实形状。这时可设立一个与倾斜表面平行的辅助投影面，且垂直于 V 面，并对着此投影面投影，则在该投影面上得到反映倾斜部分真实形状的图形。像这样将形体向不平行于基本投影面的投影面投影所得到的视图称为斜视图，如图 8-5 所示。

画斜视图时应注意下列几点：

① 斜视图通常按向视图的配置形式配置并标注。即用大写拉丁字母及箭头指明投射方向，且在斜视图上方用相同字母注明视图的名称，如图 8-5（a）所示；

② 斜视图只要求表达倾斜部分的局部性状，其余部分不必画出，可用波浪线表示其断裂边界，如图 8-5（b）所示；

③ 必要时，允许将斜视图旋转配置。表示该视图名称的大写拉丁字母应靠近旋转符号的箭头端，如图 8-5（c）所示。

表 8-1 所示为机械图、土木建筑图的视图名称、标注对照。

二、剖视图

基本视图、向视图、局部视图和斜视图重点表达的是机件的外形。而当机件的内部结构

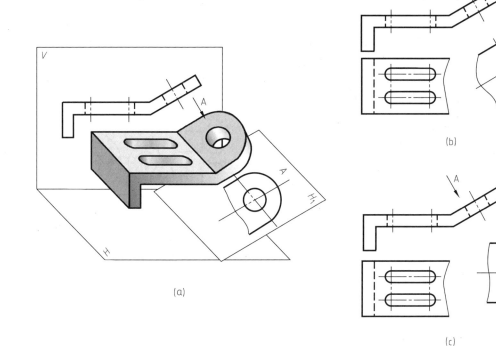

图 8-5　斜视图

比较复杂时，在视图中就会出现很多虚线。虚线过多会影响图面的清晰，造成读图的困难，且不利于尺寸标注。为了清晰地表达机件的内部结构，采用剖视图。

表 8-1　机械图、土木建筑图的视图名称、标注对照表

视图名称		机械图与土建图的视图标注	
机械图	土建图	标准配置	非标准配置
主视图	正立面图	不必标注	机械图：在非标准配置的视图上方正中水平地标出视图的名称（如"A"），在相应的视图附近用箭头指明投影方向，并在箭头旁注上相同的字母 土建图：在非标准配置的基本视图下方正中水平地注出视图的名称，并在图名下画上粗横线（如"平面图"）；在局部视图与斜视图下方正中水平地标注出视图的名称（如"A 向"），在相应的视图附近用箭头指明投影方向，并在箭头旁注上相同的字母
俯视图	平面图		
左视图	左侧立面图		
右视图	右侧立面图		
仰视图	底面图		
后视图	背立面图		
局部视图			
向视图		必须标注（方向同右）	
斜视图			

注：在机械图中，当斜视图采用摆正作图时，应在视图名称后加注旋转符号；在土建图中，当斜视图采用摆正作图时，应在视图名称后加注"旋转"二字（如"A 向旋转"）。

　　机械工程图中的剖视图在概念上来说等同于土建图的剖视图，但在标注上略有不同。

　　按照剖切面剖开机件的不同程度情况，剖视图也分为全剖视图、半剖视图和局部视图。

1. 全剖视图

　　假想用一个剖切平面完整地剖开机件，将处在观察者与剖切平面之间的形体移去，而将剩余部分向投影面投影所得到的视图称为全剖视图。

　　为了完整地表达机件的内部结构，剖切平面的选取应平行于剖视图所在的投影面，且应

通过机件的内部结构中心轴线或对称面。

全剖视图适用于外形简单、内部结构复杂的工程形体，如图 8-6 所示。

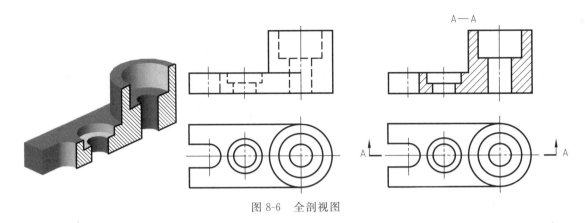

图 8-6　全剖视图

2. 半剖视图

当机件具有对称面时，在垂直于对称平面的投影面上投影所得到的图形，可以以对称中心线为界，一半画成剖视，另一半画成视图，这种剖视图称为半剖视图。

半剖视图适用于对称机件或大体对称机件（不对称部分已在其他视图中表达清楚）的表达，如图 8-7 所示。

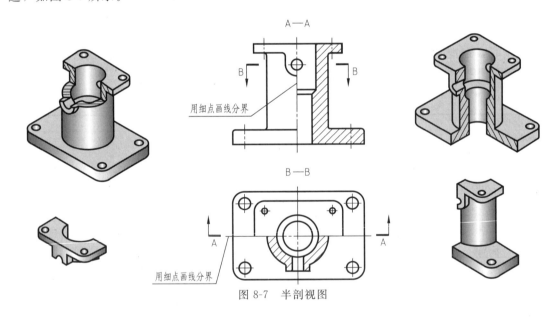

图 8-7　半剖视图

3. 局部剖视图

用剖切平面局部地剖开机件所得到的剖视图称为局部剖视图，如图 8-8 所示。

画局部剖视图时，应以波浪线作为剖开部分与未剖开部分的分界线。波浪线应视为断裂面的投影，因此它不能贯穿通孔与通槽，也不能超出机件的轮廓线，且不能与其他的图线重合。

局部剖视图适用于内、外结构复杂，且都需要表达的不对称机件。

剖视图一般需要用粗短划标注出表示剖切平面位置的剖切符号，用箭头在剖切符号的起止处表示出投影方向，箭头旁加注大写字母"×"，并在剖切图的上方正中用同样的字母水平地标注剖视图的名称"×—×"。

当剖切位置明显，剖视图按投影关系配置，中间又没有其他图形隔开，且剖切面通过机件的对称平面或基本对称平面时，可省略标注。

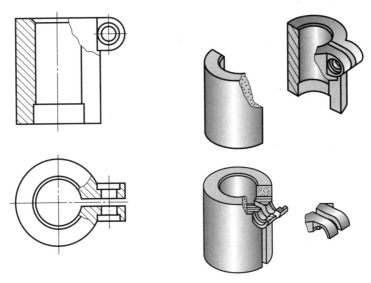

图 8-8　局部剖视图

机械图、土木建筑图的剖视图标注对照如表 8-2 所示。

表 8-2　机械图、建筑图的剖视图标注对照表

项　　目	机械的剖视图	土建的剖视图
剖切符号	在积聚的剖切平面的两端用粗短画线画出剖切平面的位置	
投影方向	用垂直于剖切符号的箭头表示投影方向，并在箭头旁加注大写字母	用垂直于剖切符号的粗折线表示投影方向，并在折线旁加注数字
剖视图的名称	用相同字母"×—×"表示剖视图的名称（如"A—A"），水平地标注在剖视图的上方正中	用相同数字"×—×"表示剖视图的名称，水平地标注在剖视图的下方正中，并在图名下加粗横线表示（如"2—2"）
省略标注的基本原则	①当剖视图按投影关系配置，中间又没有其他图形隔开时，可省略表示投影方向的箭头（折线） ②当剖视图按投影关系配置，中间又没有其他图形隔开，且剖切面通过机件的对称平面或基本对称平面时，可省略全部标注 ③当剖切位置很明显时，可省略全部标注	

三、剖切面与剖切方法

获得剖视图的剖切方法主要有三种：单一剖、阶梯剖和旋转剖。无论采用何种剖切方法均可获得全剖视图、半剖视图和局部剖视图。

1. 用单一剖切面剖切

每次只用一个剖切平面剖开机件的方法称为单一剖。

单一剖时的剖切平面可与基本投影面平行，如图 8-6～图 8-8 所示；也可不与基本投影面平行，但通常应垂直于一个基本投影面，后种剖切方法也称为斜剖，如图 8-9 所示。

斜剖适用于倾斜内部结构的表达。

采用斜剖画出的剖视图必须标注，如表 8-2 及图 8-9 所示。

斜剖后获得的剖视图可按箭头所指的投影方向配置图形；也可将剖视图平移至图纸的适当位置；在不至于引起误解的情况下，还允许将剖视图形旋转摆正，但旋转后的图名应加注旋转符号，如图 8-8 所示的 B—B 旋转。

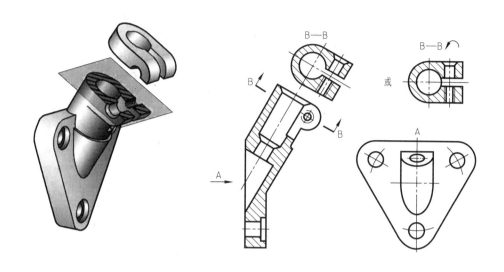

图 8-9　单一剖切——斜剖视图

2. 用多个平行的剖切面剖切

用多个平行的剖切平面剖开机件的方法称为阶梯剖。阶梯剖适用于多个内部结构不共面而难以用单一剖表达的机件。采用阶梯剖画出的剖视图必须标注，如表 8-2 及图 8-10 所示。

在采用阶梯剖画出的剖视图中，不应画出剖切平面转折处的分界平面的投影，剖切平面的转折处也不应与图中的轮廓线重合，且在图形中不应出现不完整的结构要素。

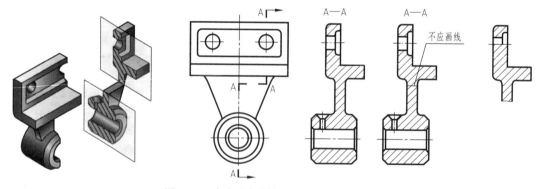

图 8-10　多个平行剖切——阶梯剖视图

3. 用交线垂直于某一基本投影面的两相交剖切平面剖切

用两个相交的剖切平面（交线垂直于某一基本投影面）剖开机件的方法称为旋转剖。旋转剖常用于具有回转轴线的机件。采用旋转剖画出的剖视图必须标注，如表 8-2 及图 8-11 所示。

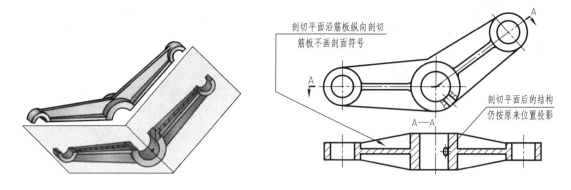

图 8-11　两相交剖切平面剖切——旋转剖视图

四、断面图

机械工程图中的断面图在概念上来说等同于土木建筑图的断面图。

假想用剖切平面将机件某处切断，仅画出剖切面与机件接触部分（亦称断面）的图形，称为断面图。

断面图分为移出断面图和重合断面图两种。

1. 移出断面图

移出断面图的图形应画在视图之外，其轮廓线用粗实线绘制。移出断面图一般都需要标注。

移出断面图通常应尽量配置在剖切符号或剖切平面迹线的延长线上，如图 8-12（b）所示；当断面图对称时，可画在视图的中断处并省略标注，如图 8-12（c）所示；必要时也可将移出断面图挪至图纸的适当位置并简化标注，如图 8-12（d）所示。

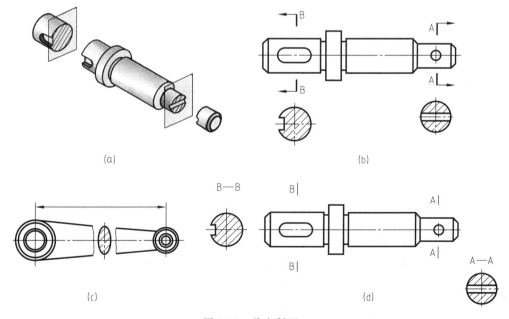

图 8-12　移出断面

2. 重合断面图

在不影响图形清晰的前提下，断面也可按投影关系画在视图内。画在视图内的断面图称为重合断面图。

重合断面图的轮廓线用细实线表示。

对称的重合断面图不需标注，如图 8-13 （a) 所示；不对称的重合断面图不必标注字母，但仍要画上剖切符号和表示投影方向的箭头，如图 8-13 （b) 所示。

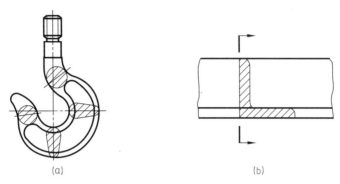

图 8-13　重合断面

机械图、土木建筑图的断面图标注对照如表 8-3 所示。

表 8-3　机械图、建筑图的断面图标注对照表

项　　目	机械的断面图	土建的断面图
剖切符号	在积聚的剖切平面的两端用粗短画线画出剖切平面的位置	
投影方向	用垂直于剖切符号的箭头表示投影方向，并在箭头旁加注大写字母	在表示投影方向的剖切符号同一侧，加注数字"×"
断面图的名称	用相同字母"×—×"表示断面图的名称（如"A—A")，水平地标注在断面图的上方正中	用相同数字"×—×"表示断面图的名称，水平地标注在断面图的下方正中，并在图名下加粗横线表示，如"2—2"
省略标注的基本原则	①按投影关系配置的不对称移出断面及不配置在剖切符号延长线上的对称移出断面，均可省略表示投影方向的箭头/数字 ②配置在剖切符号延长线上的不对称移出断面，可省略字母 ③对称的重合断面、配置在剖切符号延长线上的对称移出断面以及配置在视图中断处的移出断面，可省略全部标注	

五、规定画法和简化画法

为了更清晰地反映某些零件或装配体的特征或结构形状，使图形更加简化，国家标准《机械制图》规定了一些画法，现简要介绍如下。

1. 局部放大图

用大于原图形的比例画出机件上部分结构的图形，称为局部放大图。

局部放大图可视需要画成视图、剖视图或断面图，而与被放大部位原来的表达方式及原来所采用的比例无关。

画局部放大图时，原视图上被放大部位应用细实线圆（或长圆）圈出，如图 8-14 所示。若同一机件有多处被放大，需在小圆外用罗马数字依次表明，并在局部放大图的上方正中以

分数的形式注出相应的罗马数字及所用比例。当机件只有一处被放大时，只需注出所用比例。

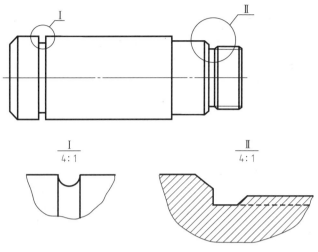

图 8-14　局部放大画法

2. 肋板、轮辐、薄壁以及均匀分布的孔、槽的规定画法

对于机件上的肋、轮辐及薄壁等，如按纵向剖切，这些结构都不画剖面符号，而用粗实线将它与邻接部分分开。但当剖切平面横向剖切这些机件时，应在相应的剖视图上画出剖面符号。当零件回转体上多个均匀分布的孔、槽、肋结构不处于剖切平面上时，可将这些结构旋转到剖切平面上画出。这时的孔可只画出一个（或几个），其余用点画线表示其中心位置，必要时在图中注明孔的个数即可，如图 8-15 所示。

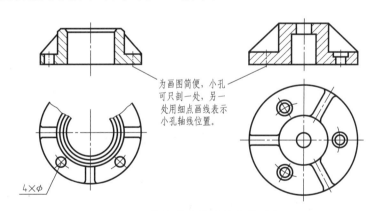

为画图简便，小孔可只剖一处，另一处用细点画线表示小孔轴线位置。

$4 \times \phi$

图 8-15　均匀分布的孔和肋的画法

第二节　标准件与常用件

在各种各样的机械设备、土建安装和仪器仪表中，螺钉、螺栓、螺柱、螺母、垫圈等螺纹紧固件被广泛地使用，由于这类零件应用广、用量大，国家标准对其结构与规格实行了标准化，因此，这类零件也称为标准件。另一类机械中常用的传动件，如齿轮、蜗轮、蜗杆等，在结构、尺寸与重要参数上也都实行了标准化、系列化，因此，这类零件称为常用件。

一、螺纹的规定画法与标注

螺纹是在圆柱表面上沿着螺旋线所形成、具有相同轴向剖面的连续凸起与沟槽。

螺纹有内螺纹与外螺纹之分。加工在圆柱外表面上的螺纹称为外螺纹（如螺钉、螺栓等）；加工在圆柱内表面上的螺纹称为内螺纹（如螺孔、螺母等）。

内、外螺纹的形成及其加工方法如图 8-16 所示。

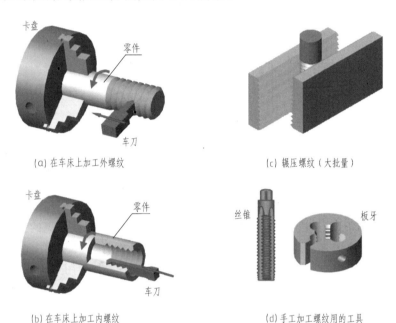

(a) 在车床上加工外螺纹　　　　　(c) 辗压螺纹（大批量）

(b) 在车床上加工内螺纹　　　　　(d) 手工加工螺纹用的工具

图 8-16　内、外螺纹的形成及加工方法

螺纹的牙型、公称直径（大径）、线数、螺距及旋向等都是螺纹的形成要素，如图 8-17 所示。当内、外螺纹旋合连接时，两者的上述要素必须一致。

国家标准《机械制图》规定了机械制图图样中螺纹和螺纹紧固件的画法。

1. 外螺纹的规定画法

外螺纹牙顶所在的轮廓线（即大径），画成粗实线；螺纹牙底所在的轮廓线（即小径），画成细实线。小径通常画成大径的 0.85 倍。螺纹终止线用粗实线表示，如图 8-18（a）所示，如剖切，则如图 8-18（b）所示。

在非圆视图中小径应画入倒角；在投影为圆的视图中，倒角规定不必画出，小径圆也只画出大约 3/4 圆周。

2. 内螺纹的规定画法

内螺纹在非圆视图中通常采用剖切作图，如图 8-19（a）所示，内螺纹牙顶所在的轮廓线（即小径），画成粗实线；螺纹牙底所在的轮廓线（即大径），画成细实线。小径仍为大径的 0.85 倍。螺纹终止线也用粗实线表示。此时螺纹小径不应画入倒角，剖面线画至表示螺纹小径的粗实线为止；在投影为圆的视图中，倒角规定不必画出，大径圆也只画大约 3/4 圆周。

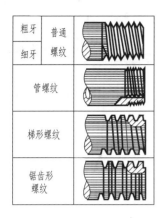

粗牙	普通	
细牙	螺纹	
管螺纹		
梯形螺纹		
锯齿形螺纹		

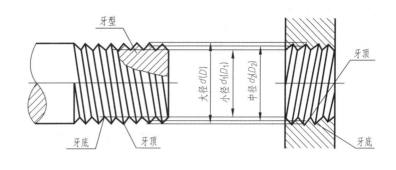

(a) 常见的螺纹牙型

(b) 螺纹的大小径

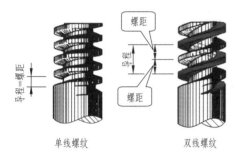

单线螺纹　　　双线螺纹

(c) 螺纹的线数、导程和螺距

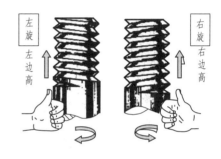

(d) 螺纹的旋向

图 8-17　内、外螺纹的形成要素

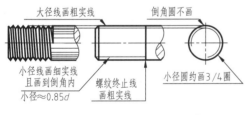

(a) 规定画法

(b) 剖切画法

图 8-18　外螺纹的画法

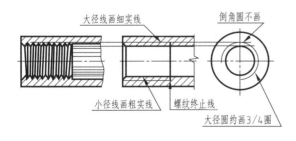

(a) 规定画法

(b) 锥坑画法

图 8-19　内螺纹的画法

对于不穿通的螺孔，钻孔深度应大于螺孔深度。由于钻头的刃锥角约为 120°，因此孔端的锥坑应画成 120°，如图 8-19 （b） 所示。

3. 内、外螺纹的旋合画法

内、外螺纹的旋合画法通常采用剖视方法表示。在剖视图中，旋合部分按外螺纹绘制，其余部分仍按各自的画法表示，如图 8-20 所示。

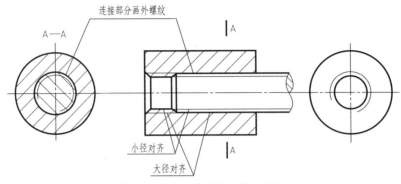

图 8-20　内、外螺纹的旋合画法

4. 标准螺纹的规定标注

国家标准对螺纹的牙型、大径、和螺距有统一的规定，凡这三项要素符合国家标准的螺纹称为标准螺纹。

普通螺纹是牙型为三角形的螺纹，其螺纹代号为"M"。

普通螺纹的完整标注格式规定为：

螺纹代号　公称直径×螺距　旋向—螺纹公差带代号—螺纹旋合长度代号

普通细牙螺纹需注出螺距；普通粗牙螺纹不必注写螺距。

右旋螺纹不必注写旋向；左旋螺纹的旋向用"LH"表示。

螺纹公差带代号包括螺纹中径和顶径的公差带代号，当中径和顶径的公差带代号相同时，只需注写一个。

螺纹的旋合长度分长、中、短三个等级，它们分别用字母"L、N、S"表示，当螺纹的旋合长度为中等时，不必注写；特殊需要时，可直接注出旋合长度的数值。

常见螺纹的标注如表 8-4 所示。

表 8-4　常见螺纹的标注示例

螺纹类别	特征代号		标注示例	说　明
连接螺纹	普通螺纹	粗牙	M10-6g　M10-6H	粗牙普通螺纹，公称直径 $\phi10$，螺距 1.5(查表获得)；外螺纹中径和顶径公差带代号都是 6g；内螺纹中径和顶径公差带代号都是 6H；中等旋合长度；右旋
	M	细牙	M8×1LH-6g　M8×1LH-7H	细牙普通螺纹，公称直径 $\phi8$，螺距 1，左旋；外螺纹中径和顶径公差带代号都是 6g(公差直径≥1.6mm 公差带代号为 6g 时不标注)；内螺纹中径和顶径公差带代号都是 7H；中等旋合长度

螺纹类别		特征代号	标 注 示 例	说　明
连接螺纹	管螺纹	G	55°非密封管螺纹 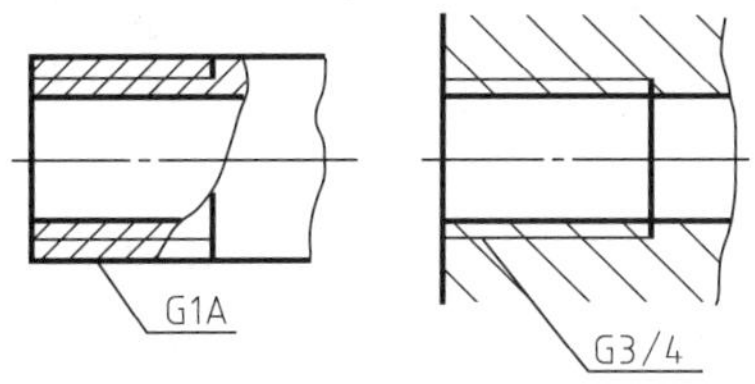 G1A　　G3/4	55°非密封管螺纹,外管螺纹的尺寸代号为1,公差等级为A级;内管螺纹的尺寸代号为3/4,内管螺纹公差等级只有一种,省略不标注
		Rc Rp R1 R2	55°密封管螺纹 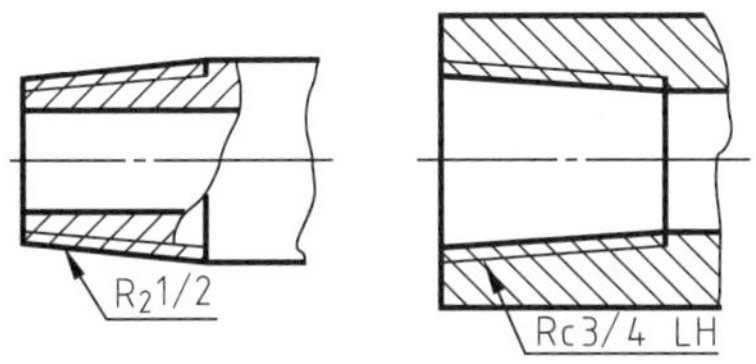 R₂1/2　　Rc3/4 LH	55°密封圆锥管螺纹,与圆锥内螺纹配合的圆锥外螺纹的尺寸代号为1/2,右旋;圆锥内螺纹的尺寸代号为3/4,左旋;公差等级只有一种,省略不标注。Rp是圆柱内螺纹的特征代号,R1是与圆柱内螺纹配合的圆锥外螺纹的特征代号
传动螺纹	梯形螺纹	Tr	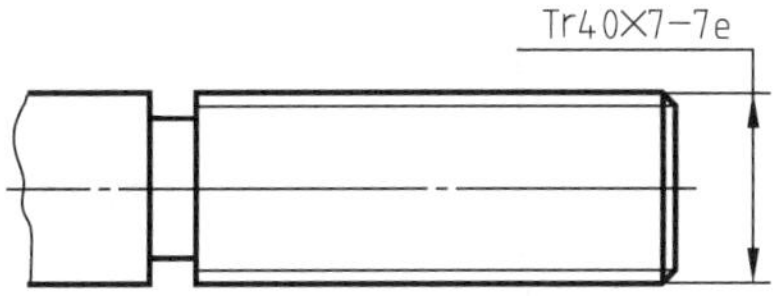 Tr40×7-7e	梯形外螺纹,公称直径ϕ40,单线,螺距7,右旋,中径公差带代号7e;中等旋合长度
	锯齿形螺纹	B	B32×6-7e	锯齿形外螺纹,公称直径ϕ32,单线,螺距6,右旋,中径公差带代号7e;中等旋合长度
	矩形螺纹		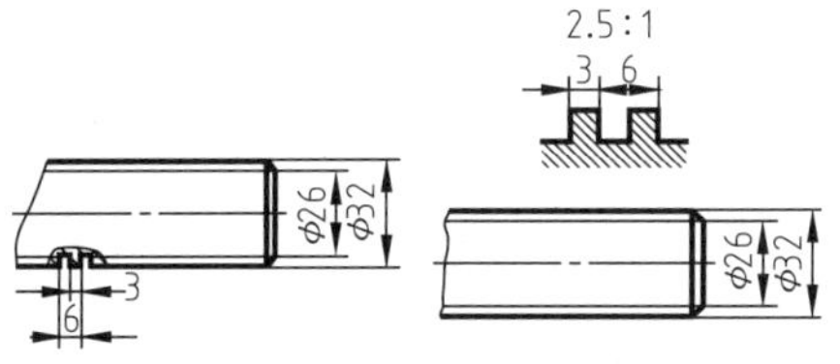 2.5:1 3　6 ϕ26 ϕ32　ϕ26 ϕ32 3 6 注法一　　注法二	矩形螺纹为非标准螺纹,无特征代号和螺纹代号,要标注螺纹的所有尺寸。单线,右旋;螺纹尺寸如图所示

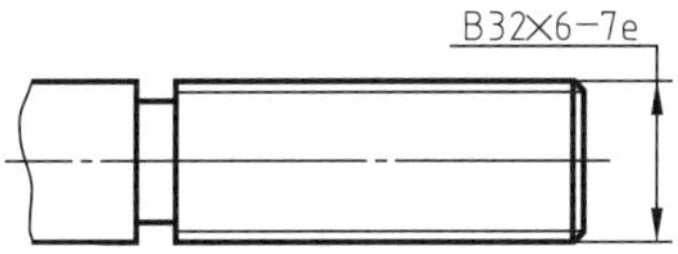

二、螺纹紧固件的比例画法与装配画法

当已知螺纹的大径 d 时,全部的螺纹紧固件可依据螺纹大径的比例关系画出,如图 8-21 所示。

各类设备上常用螺栓连接不太厚的、并能钻成通孔的零件,如图 8-22（a）所示,表示用螺栓连接两块板的画法,图中被连接的两块板钻有直径比螺栓略大的孔（孔径≈1.1d）,连接时,将螺栓插入两个孔中,再套上垫圈,以增加支承面积、防止损伤零件的表面,最后,用螺母拧紧。沉头螺钉连接画法如图 8-22（b）所示。

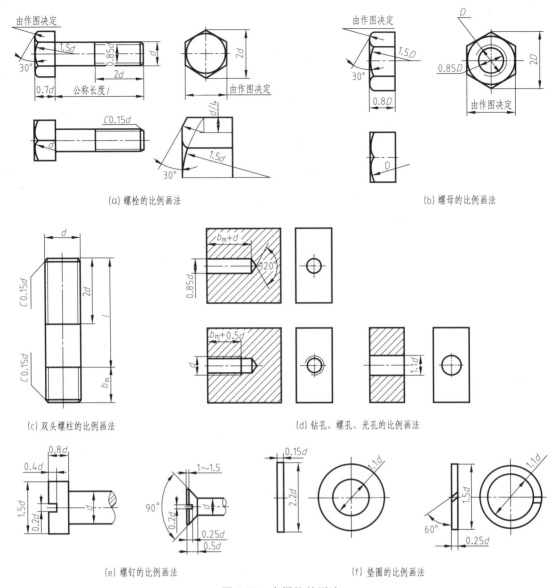

(a) 螺栓的比例画法   (b) 螺母的比例画法

(c) 双头螺柱的比例画法   (d) 钻孔、螺孔、光孔的比例画法

(e) 螺钉的比例画法   (f) 垫圈的比例画法

图 8-21   内螺纹的画法

三、圆柱齿轮的几何要素与规定画法

齿轮是众多机械设备中的传动零件，模数和压力角是其重要的标准化参数，它属于常用件。

常见的齿轮传动有圆柱齿轮、锥齿轮、蜗杆和蜗轮。而圆柱齿轮的轮齿又有直齿、斜齿和人字齿等。下面主要介绍直齿圆柱齿轮的几何要素与规定画法。

直齿圆柱齿轮的几何要素有：分度圆、齿顶圆、齿顶高、齿根高、齿距、模数、压力角等，其中模数 m 是设计与制造齿轮的重要参数，如图 8-23 所示。轮齿是齿轮的主要结构，它的结构和尺寸有明确的国家标准。凡齿轮符合标准规定的齿轮称为标准齿轮。

设计齿轮时，首先要确定模数 m 和齿数 z，其他各要素尺寸都与模数和齿数有关，具体计算公式如表 8-5 所示。

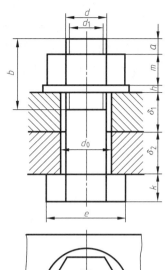

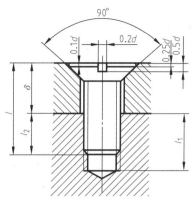

$$d_0=1.1d \qquad a=0.3d$$
$$d_1=0.85d \qquad b=1.5\,d$$
$$d_2=2.2d \qquad m=0.8d$$
$$e=2d \qquad h=0.15d$$
$$k=0.7d$$

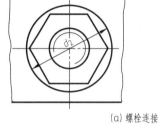

(a) 螺栓连接

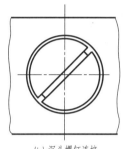

(b) 沉头螺钉连接

图 8-22　螺纹连接件的画法

直齿圆柱齿轮

圆锥齿轮传动

蜗杆蜗轮

(a) 常见齿轮传动

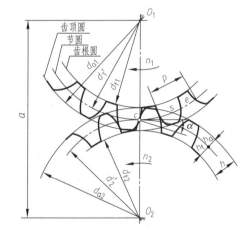

(b) 几何要素

图 8-23　齿轮

表 8-5　直齿圆柱齿轮各几何要素的尺寸计算

几何要素的名称	代号	计算公式
齿顶高	h_0	$h_0=m$
齿根高	h_f	$h_f=1.25m$
齿高	h	$h=2.25m$
分度圆直径	d	$d=mz$
齿顶圆直径	h_a	$h_a=m(z+2)$
齿根圆直径	d_f	$d_f=m(z-2.5)$
基本几何要素:模数 m、齿数 z		

画单个圆柱齿轮时，按照国家标准《机械制图》的规定，齿顶圆和齿顶线应用粗实线绘制，分度圆和分度线应用点画线绘制，齿根圆和齿根线应用细实线绘制（也可省略不画）。在剖视图中，当剖切平面通过齿轮的轴线时，轮齿一律按不剖处理，此时的齿根线用粗实线绘制。当需要表示斜齿与人字齿的齿线的形状时，可用三条与齿线方向一致的细实线表示，如图 8-24 所示。

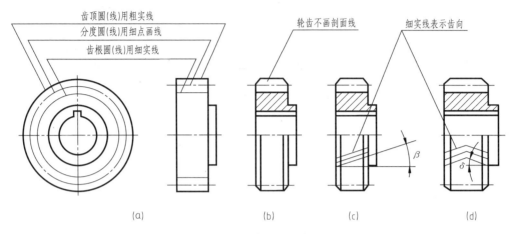

图 8-24　圆柱齿轮的规定画法

对于啮合的圆柱齿轮画法，在齿轮为圆的视图中，啮合内的齿顶圆均可用粗实线绘制，也可将啮合内的齿顶圆省略不画。在剖视图中，当剖切平面通过两啮合齿轮的轴线时，在啮合内，应将一个齿轮的轮齿用粗实线绘制，另一个齿轮的轮齿被遮挡的部分用虚线绘制（被遮挡的部分也可省略不画）。在齿轮不为圆的外形视图中，啮合区的齿顶线不必画出，此处的分度线应用粗实线绘制，其他处的分度线仍用点画线绘制，如图 8-25 所示。

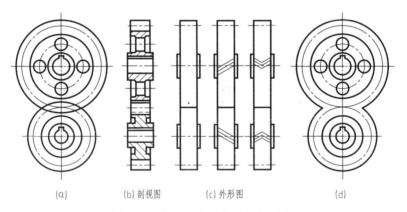

图 8-25　圆柱齿轮啮合的规定画法

第三节　零 件 图

零件图表达了机器零件详细的内、外结构形状，尺寸大小，技术要求等，是用于指导制造和检验零件的重要依据。

一、零件图的内容

一般来说，零件图应包含如下内容。

1. 一组视图

在零件图中，需根据零件的形状特征，选取一组必要的视图（包括外形视图、剖视图、断面图、局部放大图等）来完整、清晰地表达零件的内、外形状和结构。

2. 全部尺寸

在零件图中应完整、正确、清晰、合理地标注出加工制造零件所需要的全部尺寸。

3. 技术要求

在零件图中必须采用规定的代号、数字、文字简明地表示出制造和检验该零件时所应达到的技术要求（包括尺寸公差、形状位置公差、表面粗糙度、热处理等，本章限于篇幅，不作详述，请读者参阅有关教材）。

4. 标题栏

零件图的标题栏中应按规定填写零件的名称、数量、材料、比例、图号，以及设计、制图、校核人员的签名等。

二、零件的分类及其表达方法

每一部机器和部件都是由许多零件组成的。由于每一个零件在机器和部件中所起的作用各不相同，其结构形状也就多种多样。为便于研究，根据零件的作用和结构形状划分，大致可分为四类：轴套类、盘盖类、叉架类以及箱体类。

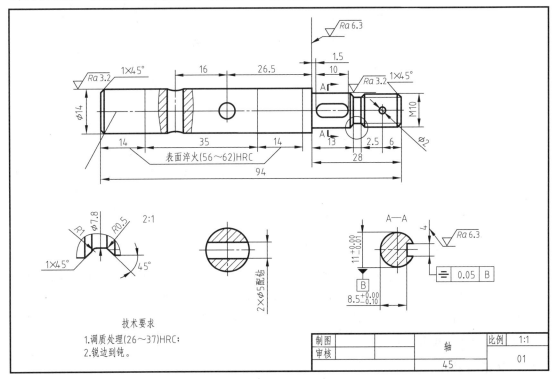

图 8-26　轴套类零件图

1. 轴套类零件

轴套类零件指的是轴、衬套等零件。这类零件的基本形状是同轴回转体，其主要加工工序多数在车床上进行，如图 8-26 所示。因此，借助于直径尺寸的标注，采用一个基本视图就能表达出它们的基本形状。为便于加工时图物对照，应将视图中的轴线水平放置。对于轴上的销孔、键槽等，一般应朝前放置，以便在主视图中能表达出它们的形状和位置，至于其深度与贯通情况则应借助于移出断面图来表达。对于轴上不够清晰的结构要素，可采用局部放大图来表示。

2. 盘盖类零件

盘盖类零件指的是齿轮、压盖、法兰盘一类的零件。这类零件的主体多是由同轴回转体构成，其基本形状是扁平的盘状，且经常会带有各种形状的凸缘、均匀的圆孔和肋等结构，如图 8-27 所示。盘盖类零件的主要加工工序多数也是在车床上进行的。这类零件一般说来轴向尺寸较小，而径向尺寸较大，与轴套类零件正好相反。

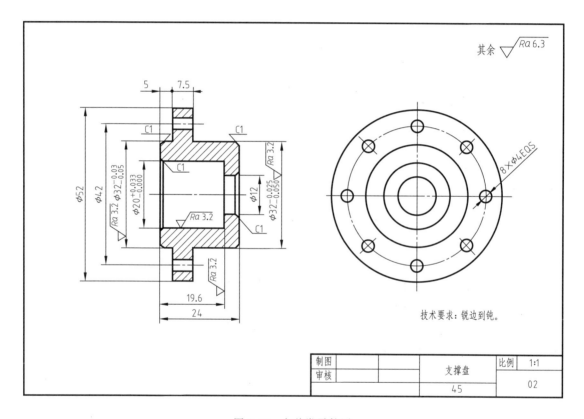

图 8-27　盘盖类零件图

盘盖类零件一般采用两个基本视图，为便于加工时工人看图方便，应将主视图中的轴线水平放置（即将零件按加工位置安放），为表达内部结构，主视图常采用剖视的方法；至于另一个应选用左视图或右视图来补充表达零件的外形轮廓和各组成部分（如孔、肋、轮辐等）的结构形状与相对位置。

3. 叉架类零件

机器上的叉架类零件有拨叉、摇臂、连杆等。这类零件的形体较为复杂，通常采用铸造工艺来制造零件的毛坯，然后对毛坯进行切削加工。叉架类零件一般具有肋、板、杆、筒、座、凸抬、凹坑等结构。多数叉架类零件可分为工作、固定和连接三个部分，如图 8-28 所示。

由于叉架类零件的作用及安装到机器上位置的不同而表现出各种形式的结构，它们不像轴套类、盘盖类零件那么有规则，且各加工表面往往都在不同的机床上进行加工，因此其零件图的布置应优先考虑工作位置，并选择最能反映其结构形状特征的方向的视图作为主视图。

对于有倾斜结构的叉架类零件，仅采用基本视图往往不足以清晰地表达这部分结构的详细情况，因此也常采用局部视图、斜视图、断面图、局部剖视图和斜剖等表达方法。

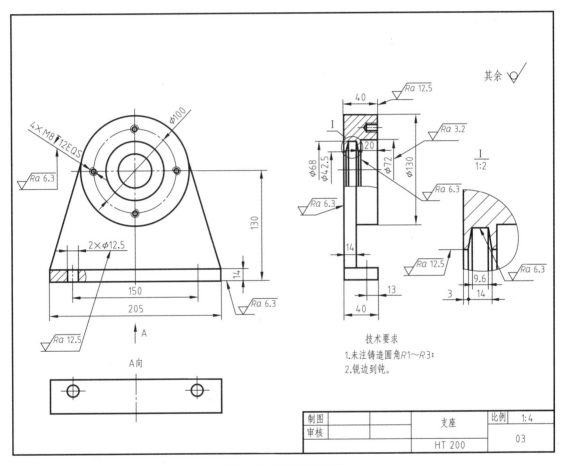

图 8-28　叉架类零件图

4. 箱体类零件

箱体类零件包括各种泵体、阀体、机箱、机壳等，这类零件是用来支承、包容、保护运动零件或其他零件的，因此均为中空的壳体，具有内腔和壁，此外，还具有轴孔、螺孔、轴承孔、凸台和肋等结构。这一类零件通常都是铸件，如图 8-29 所示。

箱体类零件的加工工序较多，加工位置的变化频繁。因此在选择主视图时，主要考虑工作位置和形状特征，而其他视图应根据实际情况适当采用剖视、断面、局部视图等多种表达形式，以清晰地表达零件的内外结构与形状。

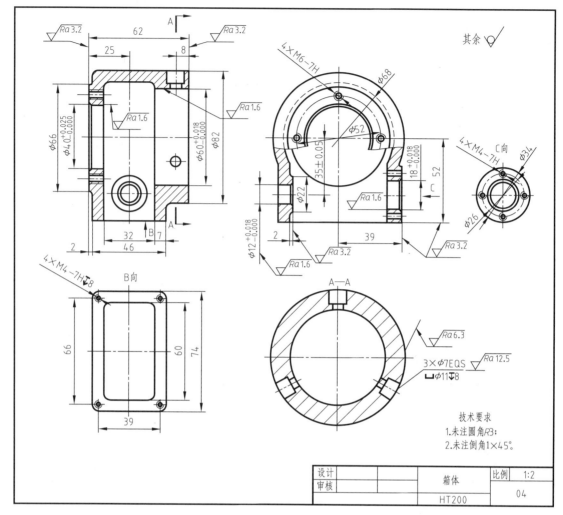

图 8-29　箱体类零件图

第四节　装　配　图

每一台机器或部件都是由若干个零件按一定的装配关系和技术要求装配起来的，表示这台机器或部件（装配体）的图样称为装配图。

装配图是生产中重要的技术文件。它表示机器或部件的结构形状、装配关系、工作原理和技术要求。设计时，一般先画装配图，再根据装配图绘制零件图供加工用，最后根据装配图把加工好的零件装配成机器或部件；同时，装配图还是安装、调试、操作和检修机器或部件的重要参考资料。

一、装配图的主要内容

根据装配图的作用，它必须包括如下主要内容。

（1）一组视图　装配图由一组视图构成（包括外形视图、剖视图、断面图、局部放大图等），用以表达各组成零件的相互位置和装配关系，机器或部件的工作原理和结构特点。

（2）必要的尺寸　在装配图中只需标注出如下的几类尺寸：机器或部件的规格（性能）尺寸、零件之间的配合尺寸、外形尺寸、安装尺寸和其他重要尺寸等。

（3）技术要求　在装配图中应用文字简明地表示出机器或部件的装配、安装、检验和运转过程中的一些技术要求。

（4）标题栏　在装配图的标题栏中应对装配体的每一个不同的零件编写序号，并在明细表中依次填写各零件的序号、名称、数量、材料和备注等内容。此外，还应填写装配体的名称、规格、比例、图号以及设计、制图、校核人员的签名等。

二、装配图的视图表达方法

在装配图中，两零件的接触表面画一条线，不接触表面画两条线。

在装配图中，如果想要表达的部件的内部结构或装配关系被一个或几个零件遮住，而这些零件在其他视图中已经表达清楚，则可以假想将这些零件拆去，并在相应的视图附件注明"拆去××"的字样，这种画法称为拆卸画法。

在剖开的装配图中，相邻两零件的剖面线的方向应该相反，或者方向一致、间隔不等。

当剖切平面通过紧固件以及轴、连杆、球、键、销等实心零件的纵向对称平面时，这些零件按不剖绘制。

两零件邻接可假想沿某些零件的结合面剖切。此时，该结合面不画剖面线。

对于薄片零件的断面、细丝弹簧、微小的间距等，若按它们的实际尺寸在装配图中很难画出或难以明确表示时，允许不按比例，而采用夸大画法。

装配图中的零件工艺结构（如小圆角、倒角、退刀槽等）可不必画出。

对于若干相同的零件组（如螺栓连接等），可详细地画出一组或几组，其余用点画线表示出装配位置即可。

三、由零件图画装配图

球阀是用于启闭和调节管道系统中的流体流量的部件。其装配示意如图 8-30（a）所示，分解后各零件如图 8-30（b）所示。

(a)　　　　　　　　　　(b)

图 8-30　球阀

球阀的工作原理是：扳手的方孔套进阀杆上部的四棱柱，当扳手处于图示位置时，阀门全开，管道畅通；当扳手按顺时针方向旋转时，通道不断变小，至90°时，阀门全部关闭，管道断流。

在明确了工作原理之后，应确定主视图的表达方案。由于球阀的工作位置多变，因此一般将其通道放成水平，选择最能清楚地反映主要装配关系和工作原理的那个方向作为主视方向，并采用适当的剖视，尽可能多地表达各个主要零件以及零件间的相互关系。

根据确定的主视图，再选取能反映其他装配关系、外形及局部结构的视图。据此，球阀采用了沿前后对称面剖开的主视图，清楚地反映出各零件间的主要装配关系和球阀的工作原理。由于本例比较简单，故左视图省略，俯视图只画外形，表达扳手与定位凸块的关系。

画装配图时，应最先画出各视图的主要轴线（装配干线）、对称中心线、大的底面和端面的积聚性投影（作图基线）。由主视图开始，多个视图交替进行。画剖视图时，应以装配干线为准，依次画出各个零件。底稿完成后，经仔细校核，再加深，画剖面线，标注尺寸。最后，填写明细表、标题栏，完成作图，如图 8-31 所示。

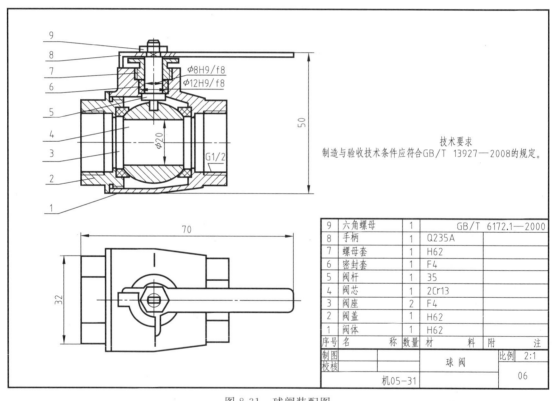

图 8-31　球阀装配图

参考文献

[1] 周佳新. 土建工程制图. 北京：中国电力出版社，2012.

[2] 周佳新. 园林工程识图. 北京：化学工业出版社，2008.

[3] 周佳新，张久红. 建筑工程识图. 第2版. 北京：化学工业出版社，2013.

[4] 周佳新，姚大鹏. 建筑结构识图. 第2版. 北京：化学工业出版社，2008.

[5] 周佳新，刘鹏，张楠. 道桥工程识图. 北京：化学工业出版社，2014.

[6] 邓学雄，太良平，梁圣复，周佳新. 建筑图学. 北京：高等教育出版社，2007.

[7] 丁建梅，周佳新. 土木工程制图. 北京：人民交通出版社，2007.

[8] 丁宇明，黄水生. 土建工程制图. 北京：高等教育出版社，2004.

[9] 朱育万等. 画法几何及土木工程制图. 北京：高等教育出版社，2000.

[10] 赵大兴. 工程制图. 北京：高等教育出版社，2007.

[11] 何斌等. 建筑制图. 北京：高等教育出版社，2005.

[12] 大连理工大学工程画教研室. 机械制图. 北京：高等教育出版社，2004.